電気に強いプレジャーボートオーナーになろう！

電装系大研究

はじめに

　ボートオーナーの中にも「どうも電気は苦手で……」と、おっしゃる方は多いようです。何の前触れもなく動かなくなったり、突然動くようになったり。船齢を重ねた艇では、それこそ次から次へと不具合個所が出てきて、どうにもお手上げ……という方もいらっしゃるでしょう。

　なぜ、電気系はむずかしいといわれるのでしょうか？　電気は目に見えず、手に取ることもできず、音も聞こえず、匂いをかぐこともできません。それにくわえて、何十本もの細い電線がウネウネとあちらこちらを這い回っていたり、エンジンルームのそこら中にセンダーの配線がつながっていたりして、そのようすに、ただただ圧倒されてしまう方が多いのでしょう。つまり飲まれているんです。

　電気を伝える電線は、ボートの血管であり神経です。ですから、艇の体、その隅々にまで張り巡らされているのは当然のこと。また、太いものがあったり、細いものがあったり、枝分かれしていたりするのも、また然り……と思えば、何ということはないでしょう？　最近の4ストローク船外機のように電子制御のてんこ盛り……というのは専用の測定器が必要になるので話は別としても、それ以外の部分は、ちょっとした電気の知識があれば十分対応できるのです。ボートの世界は、意外とローテクなんですよ。

　本書では、電気のイロハからボートの電装系、その基本的な仕組み、さらに仕組みを知ることで得られるトラブル対策など、ボートの電気にまつわるお話をできるだけ網羅しました。電気に造詣が深い方にはもちろんとして、とくに電気嫌いの貴兄に楽しんでいただければ幸いです。

Contents

電装系大研究

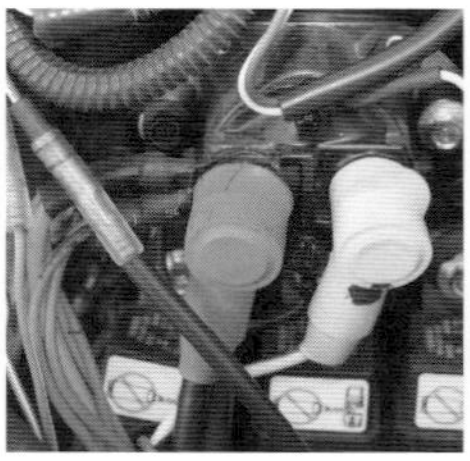

Chapter 1

電気の基本

電気アレルギーをきっと払拭できる

Chapter 1　電気の基本

1 4つのキーワード

電気の最も基本的な事柄について解説しましょう。電装系を理解するためにはどうしても避けて通れない道です。覚えるキーワードは、たったの4つ。この4つのキーワードを覚えてしまえば、電気アレルギーをきっと払拭できると思います。

ボートで使うのは、大半が直流電源12ボルト

電気には「直流」と「交流」があります。「DC」や「AC」とも呼ばれていますが同じことです、といわれただけで頭が痛くなってしまうかもしれませんが、基本中の基本事項なので、まずはちょっとだけがまんしてください。「DC」は「直流」、つまりバッテリーに代表されるような電池から供給される電気。「AC」は「交流」、家庭にあるコンセントに代表される発電所や発電機から供給される電気です。

ボートで使われる直流電源は12ボルトや24ボルト、交流電源は115ボルトや230ボルトなどがありますが、ボートの電装系ではほとんど大多数の艇が直流のDC、それも12ボルトなのが普通です。24ボルトの直流電源を持つ艇もそうですが、交流電源を持つものは発電機を持つ大型艇で、エアコンなどを装備するようになってから登場したものですね。これは筆者の感覚でしかありませんが、ボート全体からすると90パーセント以上はDC12ボルトのみの艇ではないでしょうか。

コンセントと乾電池の違い。プラスとマイナスがある直流電源

この直流電源を考えるときに知らなければならないのは、プラスとマイナスがあるということ程度です。小学校の理科の実験で、豆電球と乾電池で電気が流れる実験をしましたよね？ 電源と負荷のプラスとマイナスを電線で結んでやる、要はあれと同じです。こう考えると簡単に感じることと思います。

電気の呼び名	DC	AC
	Direct Current	Alternate Current
	直流	交流
特徴	バッテリーに代表される電池から生まれる電気。一定の電圧が一方方向に流れる	発電機から生まれる電気。電圧や流れる向きが交互に変わる
ボートで使われる電圧	12V	100〜115V
用途	航海灯やビルジポンプ、GPS、ウインドラスなどに使われる	エアコンや電子レンジなど、いわゆる大容量の家電に使われる

4つのキーワード。電圧V、電流I、抵抗R、電力W

電気を表す基本的なキーワードを紹介します。電気の流れようとする力、圧力を表すのは「電圧」で記号は「V」、単位はボルト（Vと表記）です。次にどのくらいの量が流れるのかは「電流」で記号は「I」、単位はアンペア（Aと表記）です。

さらに電気の流れにくさを「抵抗」と呼び、記号は「R」、単位はオーム（Ωと表記）です。そして、1秒間に電気がどのくらいの仕事をするかという値を「電力」と呼び、記号は「W」、単位はワット（Wと表記）です。

以上、電圧V、電流I、抵抗R、電力Wの4つが、電気を表す基本的なキーワードです。そしてこの4者の間には非常に大切な、次の関係があります。

V=IR（電圧=電流×抵抗）
W=VI（電力=電圧×電流）

という公式。これはどんなときにでも成り立つ、非常に大切な関係式です。後々、電気のことを理解するうえでどうしても必要なことですので、ぜひ覚えてください。

とはいえ、簡単な公式でも丸暗記の状態ではすぐに忘れてしまいがちです。そこで前者V(電圧)=IR(電流×抵抗)は「電圧Vは、電流Iと抵抗Rに比例する」、同様に後者W(電力)=VI(電圧×電流)は「電力Wは、電圧Vと電流Iに比例する」と覚えるとよいでしょう。さらに前者をもう少しよく見ると、「電圧Vが一定のとき、電流Iは抵抗Rが小さいほど大きくなる」、後者は「電力Wが一定のとき、電流Iは電圧Vが低いほど大きくなる」ということがわかると思います。こんな簡単な式でも、非常に重要なことを表しているのです。

この式を使うと、例えば12ボルトのバッテリーで灯している20ワットの電球に流れている電流は1.7アンペア、100ボルトの家庭用コンセントで灯している100ワットの電球には1アンペアの電流が流れていることがわかります。

電圧Vは水圧。電流Iは水流。抵抗Rは蛇口の開き具合

電気の基本的性質は電圧Vと電流I、抵抗R、そして電力Wですが、水でも同じことがいえます。電圧Vに相当する水圧、電流Iに相当する水流、そして抵抗Rや電力Wも水と同じです。簡単に説明してみましょう。

例えば水鉄砲を強く押せば勢いよく噴き出して遠くまで飛びます。反対にそっと押すとチョロチョロとしか出ずに遠くまで飛びません。これがすなわち水圧というものです。前者は水圧が高く、後者は水圧が低いわけですね。これが電気でいう電圧Vに相当します。水圧が高ければ遠くに飛ぶように、電圧Vが高いと電気も遠くまで届こうという力が大きくなります。例えば家庭電源の100ボルトでは空を飛びませんが、何十万ボルトもある雷は空を駆け抜けて遠くに落ちます。

次に抵抗Rですが、水道の蛇口を思い浮かべていただくとよいでしょう。上水場から高い圧力で送られてくる水ですが、蛇口を閉めていると水は出ませんが、開いていくと段々と水の出がよくなります。蛇口を大きく開いたり小さく閉めたり……これにより水量、電気でいう電流Iを調整しています。これが、すなわち抵抗Rです。

水圧(電圧V)と蛇口(抵抗R)が、水流(電流I)を決める

周り近所がみな水を使うような夕方になると、なんとなく蛇口から出る水に勢いがないなあ、ということがありますよね。同じ蛇口の開き具合でも、水圧が高いときは水がたくさん出ますし、水圧が低い場合は少ししか出ません。つまり水の出方は、蛇口の開き具合のほかに水圧が関係しているということです。これがすなわち電気でいうV(電圧)=IR(電流×抵抗)という関係式です。

電圧Vが同じなら、抵抗Rが小さければ電流Iが増え、逆に抵抗Rが高ければ電流Iが減る……。電圧Vが高ければ、同じ抵抗Rでも流れる電流Iは多くなり、逆に電圧Vが低ければ少なくなる……簡単なことですよね?

弱くて豊富な水流と、強くて少ない水流が同じ仕事をする

最後に電力Wについてみてみましょう。まず昔の水車小屋に出てくるような、大きな水車を思い浮かべてください。大きな川の流れの中でゆったりと回る水車。今、水車は水の流れによって回っている……すなわち、仕事をしている……ことになります。ゆったりとした水の流れ、つまり低い水圧と、とうとうと流れる豊かな水量、つまり大きな水流によって回っているとします。これが今にも水が枯れそうな、チョロチョロとした小さな水流では水車は動かないに違いありません。つまり水車に仕事をさせるには、水流の強さと水流の大きさが関係ありそうだ……ということがわかりますよね。

では次に消防自動車に登場願いましょう。強力なポンプで吐き出されるホースの水を止まってしまっている水車に当てると、先ほど低い水圧ながらも豊富な水量で回っていたときと同じように水車が回り始めます。このとき、いくら消防車が吐き出す水が強力でも、その水量は川の流れにとうてい及ばないのは明らか。それでも川の中で回る水車と消防車に回されている水車、どちらも同じ大きさのものが同じスピードで回っているとき、その仕事(電力W)は同じといえます。つまり、弱いながらも大量の水の流れと、少ないながらも強い力で噴出する水が同じ仕事をするというわけです。これがW(電力)=VI(電圧×電流)という関係式になるのです。

Chapter 1　電気の基本

2 V、R、Iの測り方

電気の性質は水と同じように考えられることがわかりましたが、しかしやっぱり電気は目に見えません。それを測るには道具の力を借りるよりほかはないわけです。ここではその道具、テスターやメーターの使い方を解説します。

テスターを使って測るのは、おもに電圧Vと抵抗R

愛艇の電装系を理解しようとしたらどうしてもテスターが必要です。もしお持ちでなかったらテスターは必需品。デジタル式のポケットテスターでよいですからぜひお求めになってください。ホームセンターなどを探せば3000～4000円ぐらいで手に入るはずです。ボートで使うのは基本的なものだけなのであまり多機能な高価なものは必要ありません。電圧Vと抵抗Rが測れるだけの本当にベーシックなものでOKです。

さてこのテスター、何を測るのでしょうか？ 先に挙げた電気の4つの値、電圧V、電流I、抵抗R、電力Wのうち、通常は電圧Vと抵抗Rだけを測ります。電力Wを直接測る手段はなく電圧Vと電流Iから計算しますが、この電流Iを測るのがなかなかたいへんです。これについては後ほどお話ししましょう。

電圧Vと抵抗Rの測り方。電圧Vは機器両端の「差」を測る

まず最も基本的な電圧Vの測り方ですが、これは2点間にある電圧Vの「差」を測ることになるので、テスターの赤と黒のプローブ（針）を何もない電線間に当てても数値は出ません。水車の喩え話を思い出してください。小川に水が流れていたとして、途中何も障害がなければ水の勢いは衰えません。衰えないということは水圧に「差」がないということです。ところが水車という障害を通過すると勢いは衰えます。電気の場合も同じで、これを電圧降下と呼びますが、要は機器に仕事をさせるたびに電圧が下がっていく、とだけ覚えておいてください。

それでは、さまざまな機器を挟んでプラス側とマイナス側にプローブ（針）を当てて測っていきましょう。試しにバッテリーのプラスの端子とマイナスの端子にプローブを当ててみます。通常、赤いプローブはプラス側、黒いプローブはマイナス側に当てるのが「お約束」です。逆に当てると針式のテスターではマイナスのほうに行ってしまうので具合が悪いですが、デジタル式のテスターでは、逆に当ててもマイナス表示になるだけなので別段構いません。ボートの電装系で大切なのは、求める機器までちゃんと電気が来ているか？

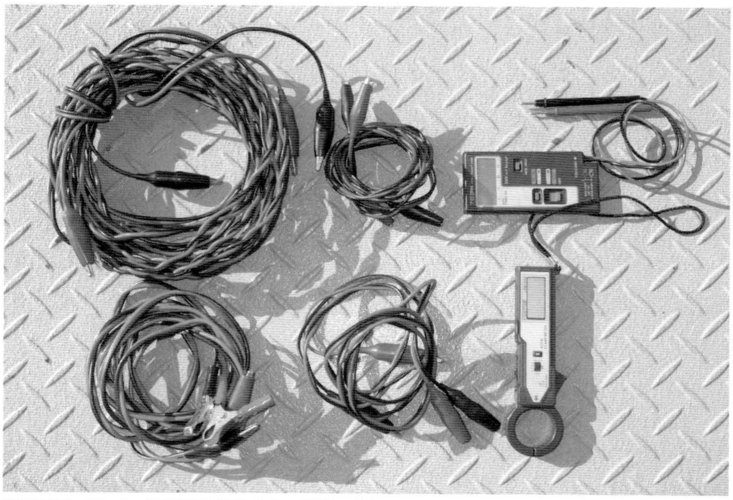

筆者が使っている、電装系作業時の七つ道具。ポケットテスター、クランプメーターと、両端にワニロクリップをつけた電線たち

電圧の測定は測りたいものの両端に、プローブを当てる。デジタルメーターならプラスマイナスを気にする必要はありません

ということです。

一方、抵抗Rの測り方も電圧Vのときと同じですが、テスターに内蔵されている電池から決められた電圧Vで、同じく決められた電流Iを機器に流し、V(電圧)=IR(電流×抵抗)の関係式から抵抗Rを割り出します。ですから、メインスイッチは切って回路に電気を流さない状態で測ることになります。

電流Iを測るには、電線を切断しなければならない

一方､最後に残った電流Iですが､最初に述べたようにこれを測るのはなかなか厄介です。電流Iを測るということは、すなわち電線の中を流れている電気の総量を測るということだからです。このためには電線を切断、つなぎ変えて、電線に流れるすべての電流Iがテスターを通るようにしなければいけません。見ただけでもげんなりとしてしまう、蜘蛛の巣のように絡まりあったボートの配線をいちいちつなぎ変えるなどという芸当ができるはずもありません。もちろん愛艇に電流計を据え付けてしまうというのであれば話は別ですが。もうひとつ重要な問題は、テスターで計測できるのは通常250ミリアンペア程度、ミリアンペアとは1000分の1アンペアという単位で、極々小さなものまでしか測れないということです。このように一般的なテスターでは、実質的に電流Iを測ることができません。そのため通常は、テスター片手に電圧Vだけを頼りに測りまくることになります。ここがボートのトラブルシューティングのむずかしいところです。教科書には、曰く「電圧や電流、抵抗を測って原因を突き止めます……」などとありますが、電流Iは測れないのです。

電線を切断せずに電流Iを測る、便利なクランプメーター

さて、そうはいってもどうしても電流Iを測る必要があるときもあります。そんなときはクランプメーターという特別のテスターを用意しなければなりません。これは通常のテスターについているプローブ(針)の代わりに、開閉式のリングがついていて、このリングを電線に噛ませるだけで電流Iが測れるという優れモノです。その原理は、フレミングの法則……右手とか左手とかある……聞くだけで頭が痛くなってしまう「あの」原理を利用しています。つまり電気の流れにより発生する磁界を測り、そこから電流Iを算出しているわけです。まあ私たち現場の人間には原理なんてどうでもいいではありませんか。

重要なのは電線をつなぎ変えることも、切断することもなく、ただ電線にリングを噛ませるだけで電流Iを測れるという事実だけです。文明の利器に感謝しましょう。唯一問題があるとすると、クランプメーターが高価だということでしょうか。とくに直流電流が測れるものは、ニーズが少ないせいもあるのか、最低でも2万円弱はしてしまいます。まあ、どうしても電流Iが測りたくなったらこういう便利なものもあったような……といったように思い出してください。

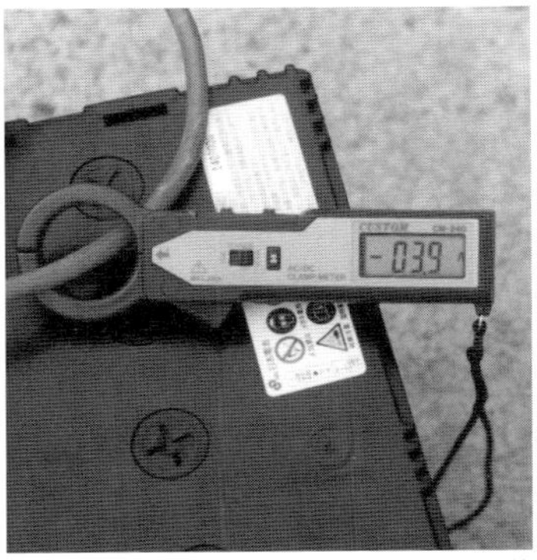

開閉式のリングに電線を通すだけで、電流値を測ることができるクランプメーター。電流値を直に読むことができるのでたいへん便利です

Chapter 1　**電気の基本**

3 配線のコツ

電気を扱ううえでよくお目に掛かるのがこの配線図。電気の経路を書き表したものですが、慣れない方は見ただけで頭が痛くなることでしょう。しかし簡単なルールがあって、そのルールさえ覚えてしまえばむずかしいことはありません。

回路図を書くときは、自分でわかることが大切

まず回路の基本となる電線は、実線で描きます。実線が交差していても、その交点に黒丸が書かれていなければ、その電線同士はつながっていません。黒丸が書かれていたらその電線は接続されています。

スイッチは丸が2つに斜めの線。これがくっついていればスイッチが入っている状態。そして離れていれば切れている状態です。

モーターや電球などの機器にはそれぞれ正規の記号がありますが、別段これは気にしなくても構いません。メーカー作成の回路図でも、たいていは記号の隣に、その機器の名前が記載されています。自分で配線図を書く場合はなおさらで、機器はただの丸印に「ビルジポンプ」などと書いておけば十分です。

電源は長短2本の線で書き表す、などというのもお約束ですが、これも気にしなくてよいです。バッテリーらしく書いた箱に、プラスとマイナスの端子を書いて「+」「−」の記号を書き込んでおきましょう。

機器の中身は、ブラックボックスでいい

ボートオーナーが自分で触ることができる電装系は、いわゆる「電気回路」の部分だけです。這い回っている電線やスイッチ、ヒューズ、そしてライトやGPSプロッタなどの各機器までの配線、こういったものだけ。各機器の中身「電子回路」は、もうブラックボックスとしてしまいましょう。

長年ボートの電装系に慣れ親しんでいる筆者も、こういった「電子」の部分には手を出しません。少なくとも目に見える、手に取れる、そして何よりテスターさえあれば立ち向かえる部分しか手を出さないのが賢明です。「自分の触れる範囲はここまで」と決めてしまえば楽になりますから、諦めずに取り組んでみましょう。

スイッチは電源と機器との間、プラス側に入れる

最も簡単な回路は、電源のプラスとマイナスをつなぐ電線の途中に、機器と電気を遮断するスイッチが入ったものです。このスイッチは回路中のどこに入れればいいかというと、実のところ、機能的にはどこに入れてもOKです。電源のすぐ脇に置こうが、機器の隣に置こうが、電気の行きに置こうが、還りに置こうが、機能的には関係ありません。ですがボートのスイッチは、常にバッテリーのプラスと機器との間、つまりプラス側にあります。これは自動車の場合もそうなっています。このように機器のプラス側にスイッチを入れてオンオフすることで機器の動きを決めているので、「プラスコントロール」とも呼びます。これにはちゃんとした理由がありますが、それは後ほど解説します。

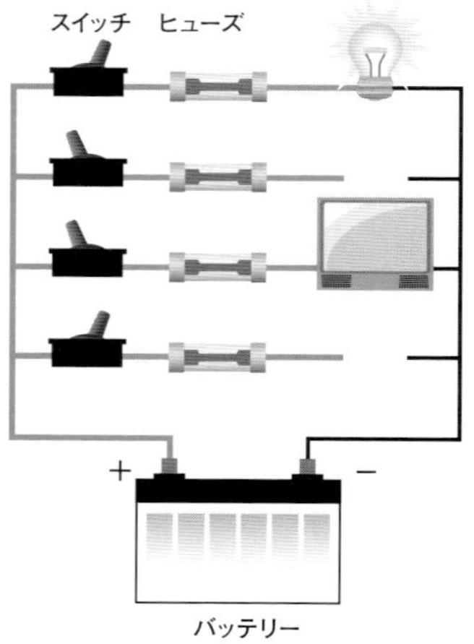

簡単な回路図の一例。むずかしい約束事などは気にしないで、自分が理解できること、これで十分です

バッテリーから延びる、親指の太さほどあるバッテリーケーブル

それから機器がたくさんある場合、いちいちバッテリーから機器まで全ての線を結ぶとたいへん見づらいことになってしまいます。バッテリーから各機器の近くまでは1本の線を引いていき、直前で枝分かれさせるという書き方をするのが一般的で、実際の配線もそのようになっています。この辺りのことも覚えておいてください。

マイナス側は、ボディーアースで回路図を省略

次に機器から電源のマイナス側につなぐ配線です。先ほど回路はプラスとマイナスをつないで完成するというお話をしましたが、スイッチはプラス側にあるので、マイナス側は単に機器からバッテリーまで線をつなぐだけになります。このようなわかりきった線を全部書き込むのはバカげているし、何より回路図がゴチャゴチャとした、わかりにくいものになってしまいます。このため往々にしてマイナス側は、

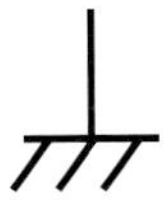

のようなアース記号だけ書いて終わらせてしまうことがよくあります。これをマイナスアースと呼びますが、別にむずかしいことではありません。簡単な「お約束」のひとつです。車の場合だと、実際の配線も金属の車体そのものをマイナス側の還り道として使うため、各機器から10センチ程度の短い電線を近くのボディーに接続してしまうという、実に簡単な配線をしています。これがボディーアースとも呼ばれる所以です。

ヒューズやブレーカーは、火災予防の重要な番人

ショートというのは「ショート・サーキット」の略で、日本語では「短絡」といいます。これはプラスから出た電線が、抵抗を持つ各機器を経由してからマイナスに還ってくるはずが、途中何らかのトラブルで各機器を経由せずにプラスとマイナスが直に接触してしまうことをいいます。こうなると電圧があるのに抵抗0ですから、回路に過大な電流が流れてしまいます。

ショートすると回路に多少の焼け焦げができて、ヒューズが飛んだり、ブレーカーが落ちたりしてしまいます。しかし万が一、ヒューズやブレーカーが回路に入っていなかったら、こんなことではすみません。回路の電線が焼き切れるまでショートし続けることになりますから、火災になることは十分考えられます。

こんな危険を回避する番人が、ヒューズやブレーカーです。回路を遮断することによって火災などの危険を防止しているのです。自分で何か機器を増設するときは、必ず回路にヒューズやブレーカーを入れるようにしてください。

何らかのトラブルがなければ、回路には機器が必要とする以上の余分な電流が流れてしまうことはありません。ならば、ヒューズやブレーカーは必要ないかというと、決してそんなことはないのです。何かの弾みで機器が破損、断線して、剥き出しの電線がブラブラしたり、配線が擦れて被覆が剥げてしまったりと、ショートしてしまう原因はいくらでもあるのです。いったんショートすると、電線は過剰な発熱をし、発火、溶解、最悪の場合火災を引き起こすなど、想像するだけでも怖ろしい事態を招くことになります。

そのほか配線で注意してほしいのは、プラス側には個別にヒューズを設けたり余裕を持った太さの電線を使っていたりするものですが、ことマイナス側は手薄になっていることがよくあるということです。マイナス側には、色々な機器の配線が次々に集結して、かなり大きな電流が流れているケースが珍しくありません。なかなかマイナス側まで気を回すことはむずかしいものですが、過大な電流が流れていないか？　熱を持っていないか？　など一度チェックをしてみましょう。

Chapter 1　電気の基本

4 電線の種類と太さ

電線を選ぶときはその太さが重要だとお話ししましたが、まずは銅線の太さを表す単位を知っておきましょう。ここでは多種多様にわたる、ケーブルの基本的な種類を紹介します。とくに皮膜の種類が重要で、使う個所が違ってきます。

最悪の場合は発火することも。電線の太さが命取りに

電子機器に流れる電流Iは何によって決まるのでしょうか。あまりピンと来ないかもしれませんが、機器側が「自分はこれだけの電流Iを消費します」と決めているのです。水車の場合と違って……ちょっと不思議な気がしますが……その機器が消費する電流Iは、その機器自身が決めているのです。例えば12ボルトで30ワットの電球が灯っていたとき、W（電力）=VI（電圧×電流）の公式から、2.5アンペアの電流Iが流れている、または消費されていることが算出できます。ここで電圧Vが12ボルトで一定なら、巨大な大型ディーゼルエンジン用バッテリーを使っても一般の小型のものを使っても、その電球の消費電流Iは2.5アンペアから変わりません。蛇口に取り付けたホースを何かの装置につないだとすると、蛇口を開いたからといってその装置が勢いよく動くわけではなく、装置自身がバキュームカーよろしく、蛇口から必要な分だけ水を吸い込んでいく、という感じですね。

このため、流れる電流Iの大きさは電線の太さや電源の容量は関係ありません。どんなに大きなバッテリーをつなごうが、どんなに太い電線をつなごうが、つないでいる機器が豆電球ほどの機器なら、ほんのわずかしか電流Iは流れません。逆にスターターモーターなどの大きな機器をつなぐと、とんでもなく大きな電流Iが流れようとします。

このとき十分な大きさのバッテリーに、細い電線をつないだらどうなるでしょうか？　これがたいへん怖ろしい事態を招きます。スターターは電流を喰おうとします。バッテリーはその電流を供給しようとします。しかし電線は流れる電流Iに対して必要な太さを持っていないと……過大な水流を押し込んだホースが破裂するがごとく……熱を持って、最終的には発火したり溶解したりしてしまいます。

身近なところでは、テーブルタップには1500ワットまでというような表示がありますよね。あれは使われている電線やコンセントなどが1500ワット、W（電力）=VI（電圧×電流）を変形するとI=W÷V、すなわち1500ワット÷100ボルトで15アンペアまでしか耐えられないという意味なのです。おさらいになりますが、電気は電線を太くしたからって余分の電流Iが流れるわけではなく、あくまでも電気を消費する機器側が必要とする分しか流れない。その逆に、電線が貧弱でも機器側が必要とするなら強制的に電流Iが流れようとする。水の場合は、どんなに大きな貯水槽を用意しても、どんなに大きな蛇口を全開にしようとも、途中の配管が細いとチョロチョロとしか水が出ませんが、それとは対照的です。電気の場合は、機器が欲すればいくらでも電流Iが流れようとしますから、回路に使う電線は状況に応じたものを使わないと、とんでもない事態になるのです。

平方ミリメートル（スケ）と、AWG（ゲージ）という2つの単位

ホームセンターの電気コーナーをのぞいてみると、たいへんたくさん電線の種類があるのを見て驚くことでしょう。秋葉原の専門店に行くと、さらに100倍くらいはあるかもしれません。それほど電線にはたくさんの種類があります。それぞれ用途に応じてつくられて

いますが、私たちが最も気にしなくてはならないのが、電線の太さです。これがまた色々な単位が入り乱れていて、私たち素人にはわかりにくいこと甚だしい……となっています。

日本では電線の太さは「平方ミリメートル（スクエアミリメートル）」で表します。よくメカニックさんが「ここは2スケの電線で……」なんていっているあれです。スクエアミリメートルを「スケ」と呼んでいるのですね。0.75、1.25、1.5、2.0、3.0、5.5、8.0スケ……と段々太くなり、それにつれて、流せる電流が大きくなります。

一方海外、とくにボートで使われるアメリカの単位では、「AWG（俗にゲージと呼ばれる）」という単位が使われます。16、14、……6、4、……1、0、00、000、0000ゲージと、こちらは逆に数字が小さくなるにつれて太くなります。0ゲージ以下は0を並べるのもスマートではないので、1/0、2/0、3/0、4/0と表記することがあります。よく、バッテリーケーブルとして使われている1/0や2/0などの電線は親指ほどの太さがあり、単に切断するだけでもたいへんな騒ぎですね。

この「平方ミリメートル」と「AWG」との間には対応表があって、海外の機器を買ってワイヤーサイズがAWGで指定されているときも、これを見れば迷う必要はありません。

使うのは「撚り線」に決まり。それよりも皮膜の素材が重要

次に電線の種類ですが、芯が細い銅線の撚り合わせでできている「撚り線」と、1本の太い銅線になっている「単芯線」の2種類があります。「単芯線」は断線などの心配がない点がよいのですが、フレキシビリティーがないので繰り返し曲げられるようなところには使えませんし、何より工事がしにくいため普通は使いません。用途は一般家庭内の壁裏や天井裏の配線などですね。通常は、細い銅線を撚り合わせた撚り線を使います。

ボートで使うのは、細い銅線を撚り合わせた、撚り線を使うのが普通

芯は撚り線を使えば間違いないのですが、問題になるのは外側の被覆です。基本的に各種ビニールでできていますが、その材質によって用途、というか使える条件が異なってきます。ボートの配線では、通常赤黒の「VFFケーブル」というものを使いますが、例えば直射日光や風雨に晒されるようなところで使える耐候性のものやエンジンルームなど高温の場所でも使える耐熱性のもの、オイル混じりのビルジやガソリンなどに触れても大丈夫な耐油性のものなど、さまざまな種類があります。使う場所によって適したものを選びましょう。

AWGサイズ	平方ミリメートルサイズ（スクエアミリメートル）	最大電流（A）
18	0.75	20
16	1.25	25
14	2	35
12	3.5	45
10	5.5	60
8	8	80
6	14	120
4	22	160
2	30	210
1	38	245
0（1/0）	50	285
00（2/0）	60	330
000（3/0）	80	385
0000（4/0）	100	445

電線のサイズと単位換算表。日本ではスクエアミリメートルが、海外ではAWGゲージがよく使われています。電線のサイズによって、流すことのできる最大電流が決まっています。ただし最大電流は使用状況や被覆の材質によっても変わるので、過信は禁物。常に安全率を考えて使用すること

電線は長くなると、このように「巻き」で売られています。左がボートの電装系作業によく使われる、赤黒のVFFケーブル。筆者は余裕を持って2スケのものをよく使います。右は家庭用配線に使われる単芯線のVVFケーブルで、ボートではあまり使いません

さらに可能なら、通常の銅線が裸で皮膜に包まれている普通タイプではなく、錫でメッキされているマリン用のものを使ってください。ただし国内ではホームセンターや専門店などを探し回ったとしても中々入手が困難ですから、海外からの通販で取り寄せるのがよいかと思います。こういった専用の電線を使うと、腐食に強いため後々のトラブルを起こす確率がぐっと下がってきます。

配線はなるべく太い電線を、なるべく短く使うのが基本

ドライヤーやアイロンなど電気を多く使う機器を動かすと、電線やコンセントがほのかに温かくなっているのに気づいたことはありませんか？ なぜ発熱するかというと、電線に抵抗があるからです。抜群に電気導電性に優れる銅でできている電線ですから、抵抗などないように思えますが、そんなことはありません。

そのため、電線は太ければ太いほどよい、ということが基本になります。ただし、用もないのにやたらと太い電線を使うのは、高い、重い、太くて嵩張る、硬くて取り回しがたいへんなどなど、不自由でしかたありません。あちらこちらの配線がバッテリーケーブルのような極太の配線だったらどうなるでしょうか？ 考えただけでゾッとしますよね。そこで機器が必要とする電流を十分に流せる太さを保ちながらも、配線作業のことも考慮して、適度な太さの電線を選ぶことになるのです。

では、実際のところどのくらいの太さの電線を使えばよいのでしょうか？ 確かに各電線は、その太さに応じた最大電流まで流しても大丈夫です。しかしその電線の距離が変わると、「電気の質」が変わってくるのです。これも先の電線の抵抗によるのもで、発熱するという仕事をしているということは、その分、電流が消費され、電圧が低下しているのです。単に電線を流れていくだけで、電圧が下がってしまう、この現象を俗に「ドロップ」と呼びます。これはある電線に対して使用する電流が大きければ大きいほど顕著です。

このドロップは結構無視できないものなのですよ。とくに12ボルト仕様の場合、元々の電圧が低いこともあって、少しでも電圧が下がると、各機器の運転許容範囲を超えてしまうことが少なくないのです。例えばGPSプロッターなどでは12ボルト艇でも24ボルト艇でも使えるように、動作範囲が10.7ボルトから28ボルトくらいまであるのが普通です。36ボルト艇でも使えるようになっているモデルすらあります。しかしいずれの場合も下限は10.7ボルトです。この下限10.7ボルトというのは、12ボルトにとっては、わずか10パーセント程度の許容範囲でしかありません。つまりちょっとでも電圧が下がると、まともに動かなくなってしまいます。ライトやヒーターのような単純なものならいざ知らず、精密な電子機器にとって、ドロップは決して無視できないものなのです。

このように、電線は機器の種類や消費電流に加えて、その長さによっても、太さを吟味する必要があります。同じ負荷、同じ消費電流でも、距離が遠くなればなるほど、太い電線を使わなくてはなりません。

ちなみにターミナルが接触不良を起こしていても、電線が細過ぎる場合と同じような不具合を起こします。電流不足で機器がうまく作動しないならともかく、接点不良個所から発火することさえあるので、よく注意してください。

Chapter 2

電装の基本

行きで制御、還りはまとめて。これが基本

Chapter 2-1
ダイヤグラム

Chapter 2-2
ボートの配線

Chapter 2　**電装の基本**

1 ダイヤグラム

ダイヤグラムというと難解に聞こえてしまうかもしれませんが、実はその逆。目に見えないものや複雑過ぎるものを、単純な形に変えて表現したものがダイヤグラムです。多少の「約束ごと」さえ覚えてしまえば、とても便利なものといえるでしょう。

目に見えない電気を、目に見えるように色分けする

電気を通すだけなら、電線は十分な太ささえあれば何だって構いません。極端な話、庭の手入れに使う針金だってよいのです……いや、漏電は怖いですが……、ただしそうはいっても電気は目に見えません。やみくもに電線をつないでしまうと、その電線がいずこへ電気を流しているのか皆目見当がつかなくなってしまいます。それは私たち素人だけでなくプロも同じことで、そのため人が目で見てわかるように電線の被覆は、DC（直流）だったらプラスは赤でマイナスは黒、家庭用コンセントに使われているAC（交流）だったら黒はホットで白はニュートラル、グリーンはアースに……という使い方ができるように色分けされています。もちろんその通り使わなくても、ちゃんと電気は流れますが、無用の混乱や事故を防ぐための、言わば電気工作の「約束ごと」のひとつです。

サンダーボルト Ⅳ

アルファドライブ：エキゾーストエルボにイグニッションモジュールが付いている全てのエンジン

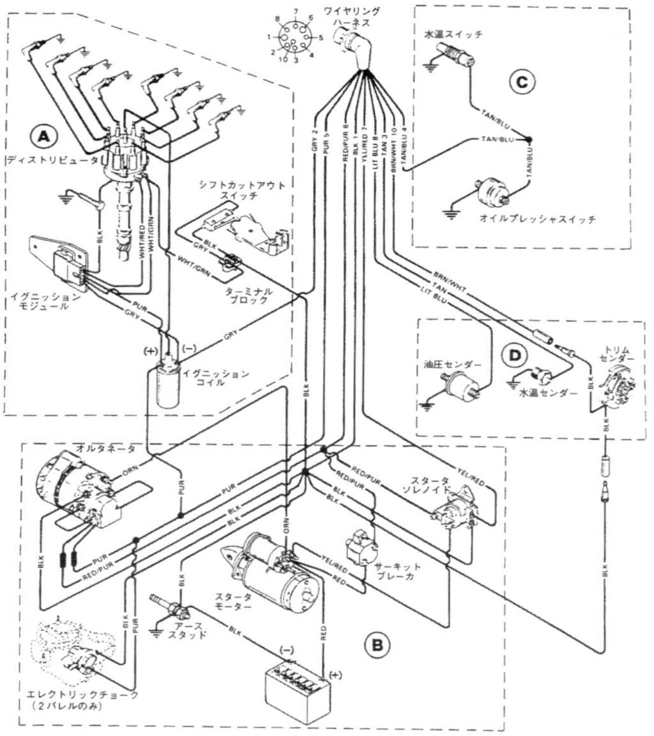

Ⓐ イグニッションシステム　Ⓒ オーディオウォーニングシステム

Ⓑ 始動・充電システム　Ⓓ メータシステム

エンジン関係の配線がすべて載っているカラーリングダイヤグラム。各エンジンメーカーが用意していて、電線の色の使い分けが記載されています。修理に持ち込んだときなどに、ぜひ見せてもらいましょう。たいへん参考になります（出典：マーキュリーマリンジャパン）

その場しのぎの色分けは、自分でも忘れてしまいがち

自分で工作する場合も、この「約束ごと」に倣ってさえいれば、大きな間違いは起こしにくいと思います。時々、間に合わせで「何色でもいいから使っちゃえ」と色を無視して使ったりすると、そのときはそれで大丈夫でも、後々トラブルを起こしやすくなります。「自分がわかれば何でもいい」というのが一番信用できなくて、「自分が使

うから」こそ、後々誰が見てもわかるようにしておきましょう。人間というのは、……もちろん筆者もそうですが……ちょっと時間を置くとすぐ忘れちゃいますからね。

後々のために注意して欲しいのは、DCのマイナスとACのホットが同じ黒色だということです。一般家庭ではACだけで、DCの配線と一緒になることはないのですが、ジェネレーターを持っていたり陸電につながれていたりするボートでは、DCの配線とACの配線が混在しています。このため素人が工作をすると、時としてDCのマイナスをACのホットに繋いでしまうという、たいへんな事故が起こってしまうことがあります。このため最近ではDCとACがごちゃ混ぜにならないように、ボートでDCを使う場合は、そのカラーリングを赤と黒ではなくて、赤と黄などにするケースもあるようです。

複雑になっていく電気配線。カラーリングダイヤグラムを有効活用

ここまでが色使いの基本の話ですが、現実のボートの配線にはハーネス（多数の電線を束にしたもの）が多々使われています。ヘルムステーションから出ている電線のハーネスを見ただけで、きっとゲンナリしてしまうでしょう。プラスとマイナスの太い電線のほかに、点火コイルに行くもの、スターターに行くもの、各種センダーに行くもの、オートチョークに行くもの……と配電盤を持たないような艇でも20本くらいの束になっているのではないでしょうか？ 工場で組み付けるときはまだよいとしても、あとから手を入れようとすると、きっとプロでも、そしてもちろん私たち素人にも、何がなんだかわからないですよね。

しかしこの辺りがダイヤグラムの最大有効活用といったところで、ボートビルダーが工夫を凝らして、赤と黒以外にも細やかに色分けされているのです。赤、青、黄、緑、黒、茶、ピンク、橙紫……と実にカラフルなものですが、それだけにとどまらず、単色だけでは足りない場合は黄色に赤いラインが入っていたり、青白ツートンだったりと、しっかりと識別できるようになされているのです。

そして、どの色、どの配色パターンが、何の配線に相当するかを一覧にした表を、各ボートビルダーが用意しています。これを「カラーリングダイヤグラム」と呼びますが、ぜひ私たちユーザー側も一度は見ておきたいものです。なぜ束になった電線があんなにカラフルなのか？ また、メカニックがなぜいとも簡単に配線をいじれるのかがわかるというものです。

しかし、このカラーリングダイヤグラムは、ボートビルダーによって違うのが玉に瑕。アメリカなどでは規格が決められているので、各ビルダーが使うカラーリングダイヤグラムはほとんど同じなのですが、日本国内ではそういったことがありません。そのため初めて触るビルダーの艇だと、慣れ親しんだビルダーのものとの大きな違いに面食らうことしばしばです。一方、同一ビルダーであれば、同じルール、カラーリングダイヤグラムになっています。私たち素人はプロのメカニックと違って、そうそう色々なビルダーの配線をいじる必要はないと思うので、これはこれでよしとしましょう。愛艇のものだけ知っていれば十分です。

プロの仕事は、ちゃんと整備のことを考えている

電装系のウイークポイントであるカプラーやターミナルをチェックするとき、テスターを片手にして取り組みますが、どの線が何の線だかわからないと非効率なこと甚だしいのです。こんなとき、カラーリングダイヤグラムさえ知っていれば、目指す電線をすぐ探し当てることができます。こんなありがたいものはありませんよね。

また電線は、当たり前といえばそれまでですが、艇体の壁の裏とか、ダクトの中とか、人目に触れない場所に配線されていることがほとんどです。筆者など、ボートの電気系をいじっているときに自分が蟻になってたどって行けたらな……と思うことがしばしばですが、それでも各ビルダーはちょっとした工夫をしていて、例えば分岐や結線はちゃんと手が届いて目に見える場所にしてあることがほとんどです。さすがにプロの仕事だな、と唸らされることもよくあります。

電線の接続部には、こういったカプラーやコネクターが使われていることが多いですね。写真はボルボAD41のエンジンに使われている、配線のコネクター

Chapter 2　**電装の基本**

2 ボートの配線

まずは電装系全体がどのように構成されているかをみてみましょう。艤装をしたり、実際のフィールドで起こるさまざまな電装系のトラブルに対処したりするためには、やはりその仕組みを理解しておくことが必要になります。

スイッチパネルの裏側の配線。数多くの電線があるので気後れしてしまいます。しかし安心してください。基本さえマスターすれば必ずわかるようになりますから。スイッチパネルには、プラス側の配線だけ来ています

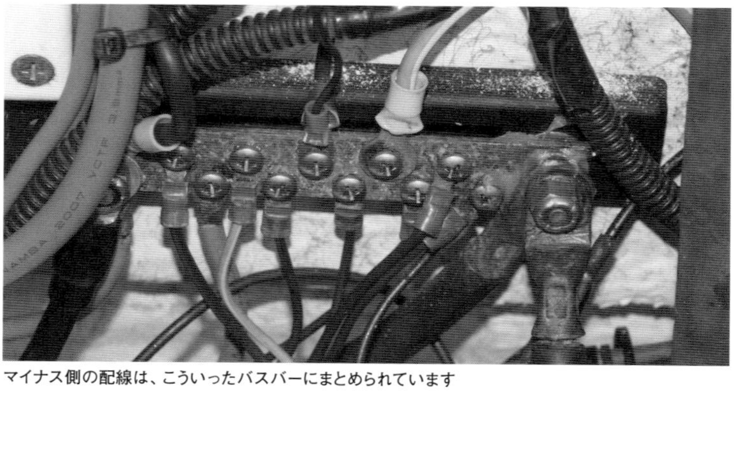

マイナス側の配線は、こういったバスバーにまとめられています

プラス側は1本を分岐、マイナス側も1本で還す

DC（直流）系のパワーの源はいうまでもなく、バッテリーとエンジンについているオルタネーターです。これは発電機の一種で、AC（交流）電気を生み出します。すぐ後でお話しするように、ほとんどのボート搭載機器はDC系のものですから、発電機にプラスして、ACからDCへ変換する整流器が内蔵されています。

バッテリーから出た太い電線は、赤いプラス側がメインスイッチとスターターを経て配電盤へ導かれ、黒いマイナス側がエンジンブロックに接続されています。そして配電盤からヘルムステーションや、各種の電装機器に分岐されます。しかし中型以下の船外機艇などでは配電盤を持たず、直接エンジンからヘルムステーションに電線の束が延びているものもあります。ここで覚えていただきたいのは、「電装機器には必ずプラスとマイナスの2本の配線が必要」だということ。もうひとつ、以前「マイナスアース」と紹介しましたが、「ボートのマイナス側の配線は、すべてひとつにまとめられてしまっ

ている」ということです。バスバーなどにまとめられていることも多いですね。

繰り返しになりますが、ひとつひとつの電装機器が、直接バッテリーから配線されているということはありません。そんなことをしていたら、配線だらけになってしまいますからね。プラス側も配電盤までは1本の太い線で来ていてそこから枝分かれをする、マイナス側は手近なもの同士結ばれていたりして、そこからバッテリーの方へ還っていく……これが大きな特徴です。

自動車とは違って ボートの場合は、マイナス側が1本必要

これら配線の基本は自動車の場合も同じですが、自動車と違って船体が金属ではないボートではマイナス側の配線も必要で、機器の近くでほかのマイナス配線と一緒にまとめられ、電源まで基本的に1本の配線で還って来ます。ボディーが金属でできている自動車はそれさえ省略されて、マイナス側の配線は手近なボディーやシャーシに接続されているだけです。これが車の配線がプラス側1本しかない理由です。ちなみにボートでもアルミや鉄など金属でできているものがありますが、ボディーアース（ハルアースと呼ぶべきか？）はしていません。FRPの艇と同様に、1本だけながら還りのマイナス線があります。せっかく金属なのにボディーアースを使わないのは……車と違ってそんなことをすると「電蝕」を誘発するからで、これについては後ほど紹介します。この辺りもボートのむずかしさですね。

多少の違いはあるものの、大原則はプラスとマイナスの2本

さて話を少し戻して、各電装機器が動くためには、それぞれに最低限プラスとマイナスの2本の電線が必要です。これが大原則です。

ただし、あくまでこの大原則に則ったうえで、多少のアレンジがされているものもあります。例えば水温計や油圧計のようなメーターなどでは、センダー（一般にいうセンサーのこと）で測定した信号を伝える電線と、メーター内の照明用にもう2本電線が引かれています。またビルジポンプなどでは、フロートスイッチによるオート用の回路と、手動でオンオフをコントロールする電線がもう1本導かれています。こう何本もの電線がつながっていて、見ただけで「あ〜」とため息をつきたくなってしまう方もいるでしょうが、基本的には2本、なのです。

逆にスターターは、マイナス側が自動車の場合と同様にエンジンにアースされているので、1本しか配線がありません。

プラスコントロールの元、キースイッチは大電流を制御している

先にもいいましたが、各スイッチは必ず配電盤から各機器に行く途中に設置されています。以前お話した「プラスコントロール」というヤツですね。各機器のオンオフは、プラス側からの電流を制御しているのです。

とくにヘルムステーションのキースイッチは、スターターを動かすだけではありません。かなり専門的な話になってしまい恐縮ですが、ガソリンエンジンでは点火プラグに供給する電流、ディーゼルエンジンでは燃料ソレノイドやカットオフソレノイド、そのほかメーター類やアクセサリー、オルタネーターの励磁電流など、キースイッチは想像する以上に多くの電流を制御しています。艇の大きさや装備の数にもよりますが、10アンペアくらい流れていることも珍しくはありません。

最後に、配電盤に設置されたブレーカーや、各機器のヒューズの大元として、エンジンにブレーカーが設置されているというのもお忘れなく。よく「電気が来ない来ない」と大騒ぎした挙句、ここのブレーカーが落ちていただけ、などという笑い話もあります。

マークルーザー5.0Lガソリン船内外機のサーキットブレーカー。年式によってさまざまなタイプがありますが、エンジンには必ずこういったサーキットブレーカーがありますので、位置を確認しておいてください

ソレノイドを使えば、大電流のオンオフを、遠隔からコントロールできる

ボートの電装系を理解するためには、どうしてもソレノイドのことを理解する必要があります。ボートでいうソレノイドの役目とは、ソレノイドに流れる小さな電流をオンオフすることによって、そのソレノイドが大きな電流をオンオフする、といったものです。そのためか「リレー」と呼んだりすることがあります。このソレノイドを使って、離れた場所にある色々な機器のオンオフをコントロールしているのですね。

なぜこんな面倒なことをしているかというと、ひとえに「電線には流せる電流には制限があり、細い電線には大電流は流せない」からなのです。大電流を必要とする機器があったとすると、その大電流を供給する電線は非常に太いものになります。機器をオンオフするためだけに、その太い電線をいちいちヘルムステーションまで導いているのでは非効率なことこの上ないのです。

多段式にソレノイドを設置し、小さなスイッチで大電流を制御

機器の近くにソレノイドを設置し、ヘルムステーションから導かれた細い電線でそのソレノイドをオンオフして、間接的に機器をオンオフします。ここが「リレー」とも呼ばれる所以ですね。

このソレノイドによってスターターモーターに必要な数百アンペアという大電流を、ヘルムステーションにあるごく小さなスイッチのオンオフで制御できるのです。いわば多段式ロケットのような構造ですね。

航海灯のような小電力の機器であればソレノイドを挟まずにスイッチから直接オンオフ、ドライブのチルトポンプやエアコン、冷蔵庫のような中程度の機器であればソレノイドひとつ挟んでオンオフ、船内外機以上のスターターのような大電流の機器であれば、ソレノイドを2個直列に挟んでオンオフしています。それぞれ2段式、3段式ロケットのようなものですね。

ヘルムステーションのスイッチは機器を直接コントロールしているだけではなく、ものによってはソレノイドによって間接的に制御しているのだということを理解しておいてください。

原理は単純な電磁石だが、ソレノイドの使い方は多種多様

このソレノイド、原理的にはただの電磁石です。ソレノイドの中身は大部分が電磁石のコイルになって

ボートでは、離れた場所から大電流をオンオフするのに多用されるソレノイド(リレー)。機能については、必ずマスターしておいてください。ボートの電装系を理解するうえでの大切なポイントです

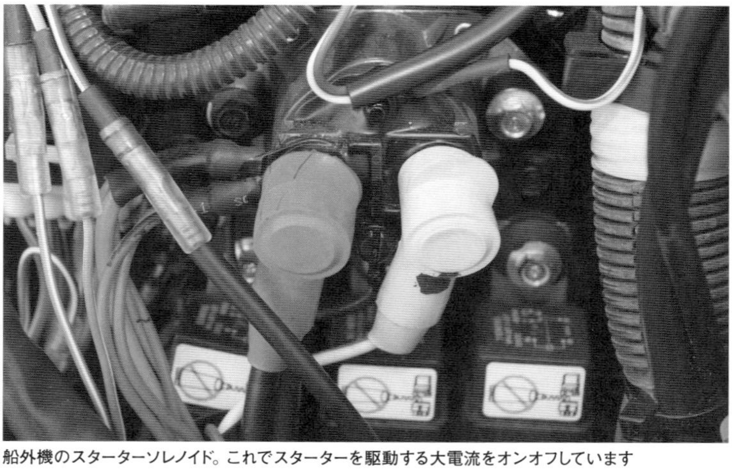

船外機のスターターソレノイド。これでスターターを駆動する大電流をオンオフしています

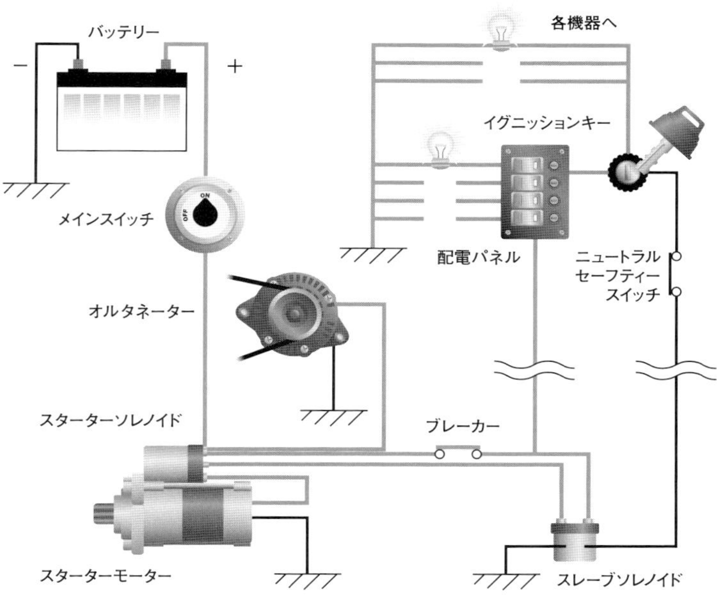

船内外機艇や船内機艇の配線全体図。スターターを回すためにスレーブソレノイドを噛ましているのが、大きな特徴です。このように愛艇の配線図を書き起こしておくと、後々とても役に立ちますよ

いて、ソレノイド自身へのオンオフによって接点がくっついたり離れたりします。そしてこの接点が、機器への通電をオンオフするというわけです。

つまり、ソレノイド自身を動かすためのプラスとマイナスの端子が一対、そしてソレノイドがオンオフを制御する回路の端子が一対あります。前者をコントロール端子、後者を大端子などと呼ぶこともありますが、通常後者が太い端子になっているので簡単に区別できると思います。

とはいえソレノイドが制御できる電流の大きさにも制限があって、電流が大きくなればなるほどソレノイドも大きくなっていき、そのソレノイド自身の消費電流も大きくなります。そのため船内外機のスターターのように大電流を必要とする機器をオンオフするソレノイドは、それなりに大型になります。そのためヘルムステーションのキースイッチでは直接制御できず、真ん中にもう一段ソレノイドを噛ませて多段式にするのです。

またソレノイドの中には、単に通電をオンオフするのではなく、レバー類の出し入れを行うものもあります。電気の力を機械的な往復運動に変換しているのですね。具体的にいうとエンジンをオンオフするソレノイドなどが、それに当たります。このようにボートの電装系を理解するには、このソレノイドが非常に重要になってくるのです。

輸入艇より国産艇が、小馬力で24ボルト化する

まず、24ボルト仕様はディーゼル船内機のみにあるものです。ガソリンエンジンでは、例えばクルセーダー8.2Lなどの最大排気量でも12ボルトです。では、どのくらいのディーゼルエンジンになったら24ボルトになるのか？　というと、輸入艇と国産艇では、12ボルトから24ボルトへの切り替わるエンジンサイズが、微妙に異なります。

国産艇……といってもこのサイズを持っているのはヤマハとヤンマーだけですが……では、輸入艇に比べてより小馬力で24ボルト化します。300馬力程度で切り替わるのではないでしょうか。ボルボのTAMD71（375馬力）などの300馬力オーバーのエンジンを積んだ国産艇は、すべて24ボルトとなっています。一方、輸入艇の場合、300馬力程度では、まず12ボルトです。キャタピラーの大馬力エンジン3208（375馬力）を積んだ艇でも12ボルト仕様なのが普通です。

ちなみに同じエンジンでも、搭載する艇によって12ボルト仕様と24ボルト仕様の両方があることがあります。どちらの仕様にするかはビルダーチョイス、もしくは納艇先国のマリン事情により決まります。

24ボルトに変えると、同じ電力Wなら電流Iは半分になる

さて、それでは24ボルトにすると、どんなメリット、またはデメリットがあるのでしょうか？　ここでもう一度、基本関係式のうち電力Wの式を思い出してください。

W＝VI（電力＝電圧×電流）

この式からすると、同じ電力W、

簡単に「パワー」と置き換えてもよいですが、それに対して電圧Vが倍になれば電流Iは半分になることがわかります。この電流Iが少なくて済む、というのが24ボルト化する最大のメリットなのです。

ボートの場合、最大電力を使用するのはスターターで、大型ディーゼルになると1000アンペア以上の電流を必要とすることもしばしばです。ちなみに以前乗っていた艇で測定したとき、エンジンはJ&T8.2L（300馬力）ディーゼルエンジンが12ボルト仕様だったのですが、エンジンスタート時のピーク電流は1100アンペアでした。このように大型ディーゼルをスタートするのに必要な電流は、非常に大きなものになってしまいます。そのため相当大きなバッテリーが必要ですし、またバッテリーのコンディションも常に最良にしておかなければなりません。

ところが24ボルト仕様にすると、必要な電流は半分となって500アンペア程度でよいことになります。この500アンペアという値なら、ごくごく平凡なサイズのバッテリーでも対応することができます。また大型バッテリーにしてみても、その程度の電流なら負担が少なく、少々くたびれた状態でも容易に対応できるというものです。

24ボルト化で電流が少なくなり、配線を細くすることができる

そもそもバッテリーのことを抜きにしても、低電圧で大電流というのは扱いにくいのです。前述したように、電線の太さは必要な電流の大きさに比例します。電圧の大きさには比例しません。12ボルト仕様では極太の電線を使用しなくてはならないところを、24ボルト仕様にすればどこにでもあるような細い電線で事足りるのです。ところで、単に電線を細くできるだけで、電圧が上がったことに対して何か注意することはないのか……例えば絶縁を強化しなくてもよいのか……というと、「YES。何も考えなくてよいです」とお答えします。12ボルトが24ボルトになったところで、しょせん低電圧ですから、絶縁の強化など考えなくても問題ありません。もっとも、これが50ボルトを超えるとしたら、きっと怖くて触れないでしょうけど。万一、感電したらたいへんです。バッテリー4つ直列につなぐと、立派な溶接機として使えますからね。

24ボルトのメリットは、日本のマリン事情に最適

ここでなぜ国産艇がより小さいエンジンで24ボルト化するかというと、日本のマリン事情が深く影響しています。最近でこそ近代的なマリーナが増え、常時陸電を引けるようになりましたが、ちょっと昔は保管中ただ浮いているだけ、というのが普通でした。

そのような状況では、係留中にビルジポンプが電力を消費したり、長期間放置されたりと、バッテリーはだんだん衰弱しています。そんな衰弱したバッテリーに、大きなエンジンを始動するため大電流を流せといっても無理があり、バッテリートラブルが多発してしまうのですね。

海外の……といってもほぼ米国を指しますが……マリーナは完備されており、常時陸電が引かれてバッテリーチャージャーが働いています。そのためバッテリーは常によいコンディションで、スタート時に必要な大電流を発揮できます。そんな理由から、国産艇では比較的小馬力から24ボルトに移行するのです。24ボルトならバッテリーコンディションが多少悪くても、スターターを動かすことができるからですね。

ではなぜすべての艇を、24ボルトにしないのか

24ボルト仕様にしたときのデメリットですが、まずバッテリー自身のコストが高くなって重量が増し、より広い設置スペースが必要。それに、安価な12ボルト仕様の機器が使えない、いやそもそも24ボルト仕様の機器が少ない、対応する充電器も少ない、などが加わります。

別段、12ボルトがよいか、はたまた24ボルトがよいのか、というような話をしているわけではありません。愛艇が12ボルトならばそれなりに、24ボルトならばそれなりに対応して使っていけばよいのです。ただし注意したいのは、大型艇で12ボルトを使っている場合は、エンジン始動のためにバッテリーのコンディションには注意を払う必要があるということと、24ボルト仕様の艇に乗っている場合は、それに適合した艤装をするということです。

Chapter 3

始動系と点火系

定期的なメインテナンスは、ここからはじまる

Chapter 3-1
始動回路

Chapter 3-2
点火の仕組み

Chapter 3-3
点火プラグ

Chapter 3-4
点火系の整備

Chapter3　始動系と点火系

1 始動回路

ごく小型の船外機を除いて、エンジンはスターターモーターで始動します。これは自動車でもお馴染みですよね。基本的な部分は船外機でも船内外機でも同じです。ここではこの上なく大切な始動回路の仕組みについて解説しましょう。

スターターには極太の配線が1本、バッテリーから引かれている

エンジンを見ると、バッテリーのプラス側の端子から出た太い電線は、メインスイッチを経由して、スターターと一体になっている「スターターソレノイド」の大端子に導かれています。このスターターとスターターソレノイドは、数百アンペア以上の電流にも耐えられる、非常に太い電線でつながれています。ちなみにスターターは、エンジン下部のフライホイール近辺に設置されています。一方、マイナス側の配線は船外機でも船内外機でも、バッテリーのマイナス側の端子から短い銅線でエンジン自体に直接接続されているので、いたって簡単です。

ただし大型のディーゼル船内機艇のように艇が大きくなってくると、時々スターターから太いマイナスの電線が出ていることがあります。これは「インシュレーティッドスターター」といい、電蝕の影響を少なくするための特別な配線です。まあマイナス側の電線が出ているといっても、バッテリーに直接戻っているだけですから、あまり気にしなくてよいでしょう。通常、スターターにはプラス側の電線しか導かれていないことを覚えておきましょう。

さて、ここまでがスターターが必要とする電流の供給回路です。電装系の大動脈ですね。でも意外と簡単でしょう？ ここまでは数百アンペアという大電流が流れるので、ターミナルの取り付けなどが少しでも緩むと、それだけで動かなくなってしまうことがありますから注意が必要です。もちろん端子のサビも禁物です。

船外機の場合は、スターターとスターターソレノイドが別々になっていますが、メインスイッチからスターターソレノイドまで、太い電線でつながれていることに変わりありません。

ボルボAD41に使われているスターターのクローズアップ。マスターソレノイドの配線がよくわかります

同じくボルボAD41のスターターに配線されている、マイナス側の電線。よくこれが腐食して、トラブルを起こします

ボルボディーゼル全景。バッテリーから出た太いバッテリーケーブルのプラス側はマスターソレノイドの大端子に、マイナス側はエンジン自体にアースされています

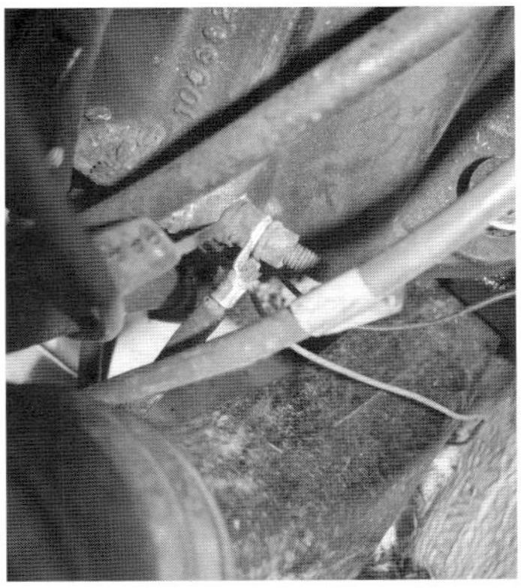

エンジンに接続された（アースされた）、マイナス側のバッテリーケーブル。マイナス側はバッテリーから直接エンジンまで接続されています

キースイッチの接触が悪いと、その不具合は多岐に渡る

次にスターターのオンオフをコントロールする、制御回路のほうをみてみましょう。もちろんスターターをオンオフするのは、言わずと知れたヘルムステーションにあるキースイッチです。キーをスタートの位置までひねると、スターターソレノイドがオンの状態になり、そしてこのスターターソレノイドがスターターまでの大電流を流します。これが基本ですが、実際にはさまざまな安全回路や、上手くスターターを動かすための工夫がされています。詳しくみてみましょう。

ガソリン船内外機に使われている、イグニッションスイッチ。非常に単純な構造です

イグニッションスイッチの裏側の配線です。バッテリーから来るプラス側の電線と、各機器へ行く電線群、そしてスターターへ行く電線がつながれています

まず、このキースイッチはスターターを動かすだけではなく、ガソリンエンジンでは点火系の電気、ディーゼルエンジンでは燃料の噴射制御、そのほかアクセサリーやオルタネーターの励磁電流など、多数の電流を制御しています。このためキースイッチの接触が悪くなってくると、こういった機器全般が不具合になってしまいます。エンジンやアクセサリー類の電流は、すべてこのキースイッチで制御されているということを忘れないでください。ちなみにキースイッチに供給される電気は、メインスイッチやスターターソレノイドから分岐され、エンジンサイドについているサーキットブレーカーやヒューズを経て、ヘルムステーションまで導かれています。

ニュートラルスイッチは、トラブルを起こしやすい注意個所

実のところここまでは、とくに始動回路とは呼びません。ここからが、本格的な始動回路となります。

キースイッチのスタート位置の端子からスターターソレノイドに電流が向かうのですが、その途中には「ニュートラルセーフティースイッチ」があります。これは万一の事故を防ぐためのもので、クラッチが入っている状態ではスターターが回らないようにする仕組みになっています。自動車に例えると、ちょうどオートマチック車がニュートラルかパーキングではないと、セルモーターが回らないのと同じですね。

この「ニュートラルセーフティースイッチ」は、シングルレバーではレバーの中に、クラッチとスロットルが別々になっているダブルレバーではクラッチレバーの中にあります。また、油圧を使った中大型艇では、レバー部ではなくてエンジンサイドのアクチュエーター部や、船内機ではミッションのレバー

船内外機のスロットルレバーとクラッチレバー。このクラッチレバーの裏側に、始動回路の安全装置、ニュートラルセーフティースイッチが埋め込まれています

クラッチレバーの裏側をクローズアップ。左側、クラッチレバー端の出っ張りに押されているマイクロスイッチが、ニュートラルセーフティースイッチ。接触不良を起こしやすい要チェック個所です

部に組み込まれていたりもします。

このニュートラルセーフティースイッチは小さなスイッチで、実はよく接触不良を起こす注意個所なのです。ここが接触不良を起こすと、いくらキーをひねってもスターターが回らなくなってしまいドキドキさせられることがあります。

スターターソレノイドは、スレーブソレノイドを介して駆動

ニュートラルセーフティースイッチを経由したあとはスターターソレノイドか、船内外機ではスターターソレノイドを駆動する小型のソレノイドにつながります。この小型のソレノイドを「スレーブソレノイド」と呼ぶことがありますが、つまりはキースイッチをひねると、いったん小さなスレーブソレノイドがオンになり、それがさらにスターターソレノイドを動かして、やっとスターターが回るというわけです。なぜこのような多段式の構造になっているかというと、船内外機ではエンジンが大きいため、結果的にスターターも大きくなって消費電流が大きくなります。それに必要な大電流を流すため、必然的にスターターソレノイドも大型になり、スターターソレノイド自身を駆動する電流も大きくなってしまうのです。しかも大型艇になるほどヘルムステーションまでの距離があります。その距離を経て大型のスターターソレノイドのための電流を制御するのは無理があり、そのため小電流でも制御できる小型のスレーブソレノイドを介してスターターソレノイドをコントロールしているのです。

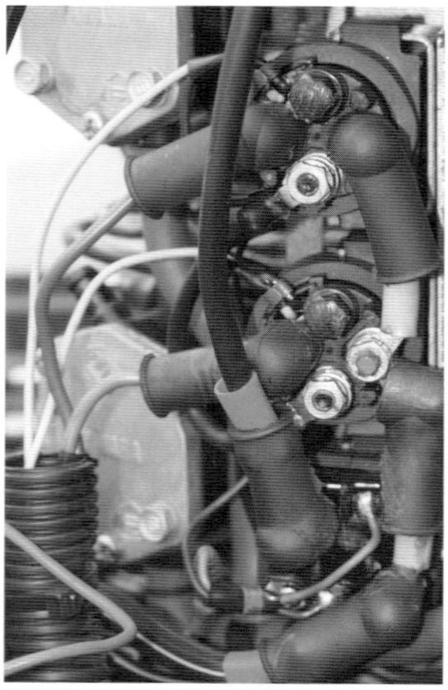

船外機のソレノイド群。各種の電装機器をコントロールしています

マークルーザーガソリン船内外機のスレーブソレノイド。サーキットブレーカーのカバーの中にあります

以上が始動回路のメカニズムです。当然のことながら、このシステムのどこか1カ所でも不具合があったらスターターは回らないということになります。

スターターは巨大なDCモーター。エンジンとの接続に工夫あり

エンジンを始動させるときに一番重要な働きをするのは、なんといってもスターター本体です。基本的なスターターの仕組みは巨大なDC（直流）モーターと同じですが、詳しいモーターの仕組みはさておき、ここではスターター特有の構造についてみてみましょう。

スターターはエンジンのフライホイールに組み込まれているギアに組み合わされています。このギアをスターターが強制的に動かして、エンジンを始動させるのです。そのためスターターが回るときだけフライホイールとかみ合い、そしてエンジンが始動したらリリースする機構になっています。

船外機用のスターターでは、モーターの回転軸がそのままフライホイールへ接続するシャフトになっています。その軸にはらせん状の溝が刻んであり、モーターの回転に従ってピニオンギア（小型の

船外機スターターのクローズアップ。ピニオンギアとフライホイールの位置関係がよくわかります

船外機スターターピニオンギアのクローズアップ。スターターが回転するとピニオンギアが駆け上って、フライホイールとミートします。スターターを止めると、バネの力で元に戻ります

ボルボ船内外機のスターター。上部に見えるマスターソレノイドの力で、ピニオンギアが写真のように押し出されてフライホイールとミートします

ギア）が溝を駆け上り、フライホイールとミートします。スターターが止まるとピニオンギアはバネの力で元の位置に戻り、フライホイールから外れます。そのため船外機用のスターターモーターは、軸にちょっと工夫がしてあるだけで、普遍的なDCモーターと何も変わりません。スターターをオンオフするソレノイドも少し大きいというだけで、どこでも見掛けるタイプのものです。一方、船内外機以上のスターターは、大きく重いエンジンを始動させなくてはならないため、モーターの回転軸をいったん減速し、トルクを稼いでからフライホイールと接続します。やはり接続とリリースにはピニオンギアを使うのですが、船外機で使っていたような簡単な方法では用が足りません。船内外機では「フォーク」と呼ばれる一種のテコで、このピニオンギアを動かしています。そしてこのフォークを動かしているのが、スターターソレノイドなのです。スターターソレノイドは内部の電磁石を利用してフォークをも動かしているのですね。

もちろんスターターソレノイドの主な役目はスターターへの通電をオンオフすることなのですが、ここにはきわめて大きな電流が流れます。そのためスターターソレノイド内部の接点はどうしても焼きつきやすくなります。接点が円盤状になっていて、それが自由に回転することで焼きつきを防ぐ工夫がしてあるものの、それでも使い込むにしたがってだんだんと傷んでしまうということを覚えておいてください。

マスターソレノイドの内部にある、大端子間のコンタクト（接点）。この円盤がソレノイドの動きで上下して、スターターを回す電流を流します

マークルーザーのスターターを分解したところ。下側がマスターソレノイド。ピニオンギアとマスターソレノイドをつないでいるのが、テコを利用したフォーク。これによりピニオンギアが押し出されます

Chapter 3　**始動系と点火系**

2 点火の仕組み

ガソリンエンジンの場合、空気と燃料の混合気を点火するには数万ボルトという高電圧が必要です。バッテリーから供給される12ボルトの電圧を数万ボルトまで高め、タイミングを合わせて放ちます。その仕組みをみてみましょう。

電気点火と圧縮点火。ガソリンエンジンは前者

点火系と呼べる機構はガソリンエンジンにしかありません。シリンダーに入った燃料に点火する方法には大きく分けて2つ、「電気点火」と「圧縮点火」があります。

前者はガソリンエンジンに、後者はディーゼルエンジンに用いられている点火方法です。圧縮点火とは、気体を急激に圧縮すると温度が上昇しますが、それを利用して点火するというものです。この点火方法をとるディーゼルエンジンは、いったん始動してしまえばミスファイアを起こすことはほとんどありません。気を使わなければならないのはプレヒート機構ぐらいですかね。

一方、電気点火のガソリンエンジンでは、適切な運転をするためには外部の点火装置に注意を払わなくてはなりません。

スパークさせるための高電圧と、点火のタイミングが必要

シリンダー内の空気と燃料の混合気に点火するのは、点火プラグの役目です。点火プラグは碍子で絶縁された一対の電極を持ち、高電圧を掛けることで、このわずかな電極間にスパーク（コロナ放電）を発生させることができます。このためスパークプラグと呼んだりしますよね。日常生活でこのスパークを見られるのがガスレンジです。火を点けようとつまみを「点火」位置まで回すと、「パチッチッチッチッ」と鋭い音と共に、ガスバーナー付近に青白い火花が散っているのをご覧になったことがあるかと思います。これがスパークです。基本的な仕組みは、点火プラグのスパークと同じものです。

シリンダー内の混合気は、この

船外機のヘッドカバーを外したところ

ガソリン船内外機の全景。アレスターカバーの下側に、点火コイルとディストリビューターがあります

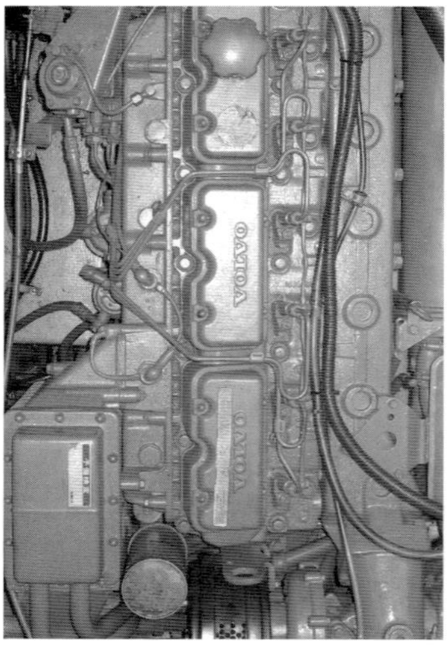

ディーゼルエンジンの全景。ディーゼルエンジンには点火機構はありません

スパークによって着火され燃焼します（あくまでも「燃焼」であって「爆発」ではないところに注意してくださいね）。この仕組みは船外機だろうと船内外機だろうと変わりません。さて、このスパークを飛ばすためには、数万ボルトの高電圧が必要です。バッテリーの12ボルトをなんとかして高電圧にして、そのスパークを適切なタイミングで飛ばさなければならない……これが点火系のすべてです。

12ボルトを数万ボルトに変換する、イグニッションコイル

点火系はエンジンのタイプ別にその構造が大きく異なり、バリエーションが多いので、一口に解説することは困難ですが、なるべく簡単に解説しましょう。

まず船外機からみてみます。点火系の仕組みは2ストロークエンジンでも4ストロークエンジンでも変わりません。プラグコードをたどっていくと、エンジン後方に赤ちゃんの掌くらいの、黒い半円筒状の装置を見つけることができると思います。これが「イグニッションコイル」と呼ばれるものです。このイグニッションコイルというのは、言うなれば変圧器(トランス)の一種です。変圧器の概略とは、鉄心の一次側と二次側、2カ所をコイルで巻き、その巻き数の差で電圧を変換するというものですが、イグニッションコイルの場合は、その一次側と二次側の巻き数が極端に違うと思ってください。バッテリーの12ボルトを、スパークに必要な数万ボルトにするわけ

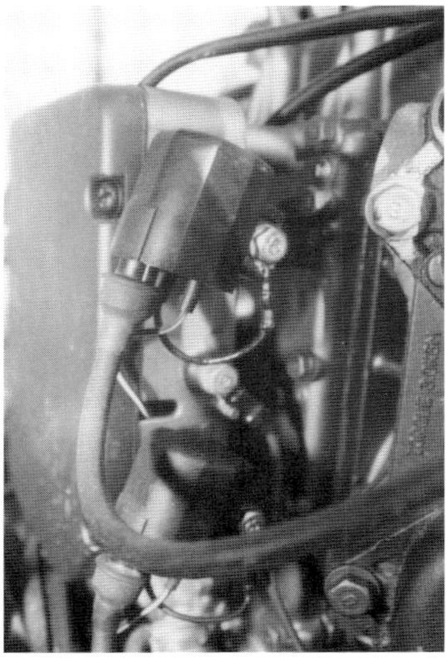
船外機のイグニッションコイル。船外機には各気筒ごとに専用の点火コイルがあって、それぞれが短いハイテンションコードで結ばれています

船内外機の点火コイルとディストリビューター。ディストリビューターは、点火コイルが発生した高電圧を、各気筒に分配する役目を持っています

ですからね。

ちなみに数万ボルトといっても、流れる電流はごくわずかなものです。静電気をみてみましょう。金属に触れる前にバチッとくるわけですから、電圧にしてみたらやはり数万ボルトということになりますが、まさか静電気で火傷することはないでしょう。それと同じです。

船外機の点火タイミングは、ブラックボックスCDIが担う

船外機のイグニッションコイルは気筒の数だけあって、ひとつのコイルがひとつの気筒のみを担当する、専用のものとなっています。

さて、このイグニッションコイルに電気を流したり切ったり、またはタイミングを計ったりするのは、現在の船外機ではすべて電子デバイスが行っています。よく「CDI」とか呼ばれているヤツですね。俗にフルトラ（フルトランジスタのこと）と呼ばれていたものですが……ちょっと古いですか？　近年ではフルトラ以外を見つけることが困難ですからねえ。

このように船外機の点火コントロールは、すべて電子的に行われていますから、機械的に消耗してトラブルを起こすことはありません。また、このCDIユニットはブラックボックスで、私たち素人にはアンタッチャブルな領域です。もちろんユニット本体での信頼性は十分高く、まずトラブルを起こす心配はありません。それより、こ

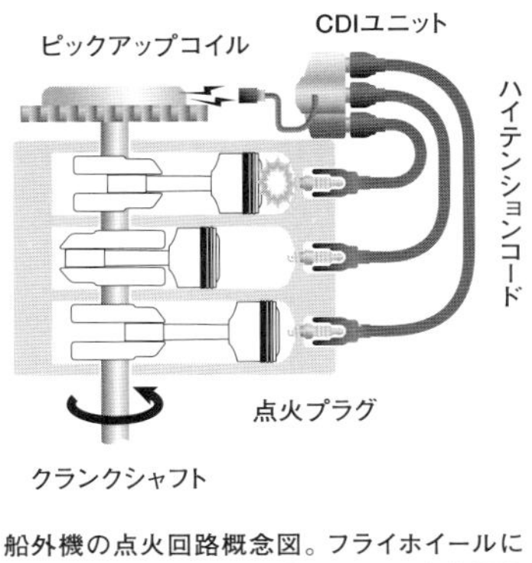

船外機の点火回路概念図。フライホイールに組み込まれたピックアップコイルで回転位置を検出し、CDIユニットから各点火コイルに指令が下って、スパークを飛ばします。船外機の場合はすべて電子的です

のユニットに送電しているカプラーの接触不良とか、ヒューズ切れとか、そういったトラブルが目立ちます。

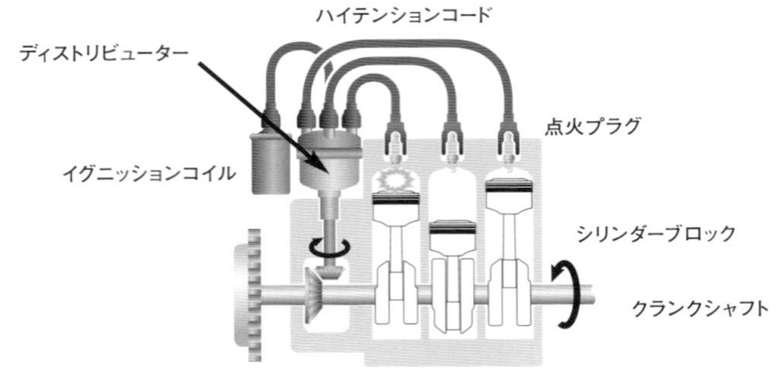

船内外機の点火回路概念図。ディストリビューターはクランクシャフトの回転を抽出して、それに同調しています。点火コイルが発生した高電圧を、ディストリビューターが各気筒に分配しています

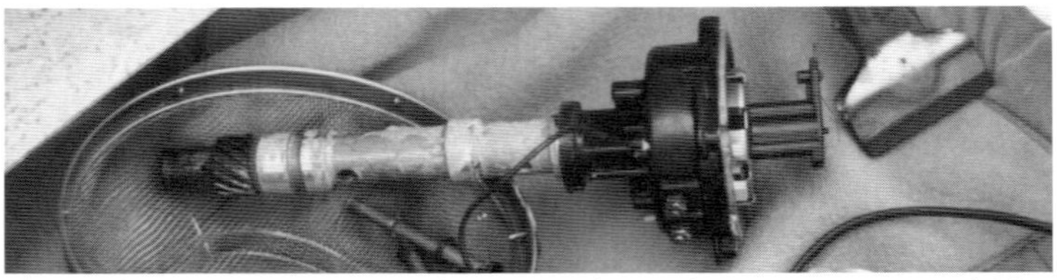
ディストリビューターを取り外したところ。表面に見えるディストリビューターの下には、このようなシャフトがあって、クランクシャフトと同調しています

船内外機では、ディストリビューターが高電圧の電流を各気筒に分配

次に船内外機をみてみましょう。船外機と違って船内外機の場合は、エンジンのタイプにより、イグニッションコイルにもバリエーションがあります。直列型エンジンでもV型エンジンでも同じですが、ほとんどの船内外機ではイグニッションコイルはエンジンに対してひとつだけです。

このため、ひとつのイグニッションコイルが生み出した高電圧の電流を、「ディストリビューター」というデバイスによって、各気筒に分配する仕組みになっています。このディストリビューターとは俗に「ディスビ」と呼ばれているもので、点火プラグから出ているプラグコードが、このディスビに集結されているので簡単に見つけられると思います。形状は例外なく円筒形です。ディストリビューターの語源は「Distribute（分配するという意味）」ですから、まさに文字通りといった感じです。このディストリビューターの内部にはエンジンのクランクシャフトの回転に同調したシャフトがあって、そこにアームが取り付けてあります。このアームがイグニッションコイルから供給される高電圧の電流を、適切なタイミングで各気筒に振り分けているのです。

未だ船内外機では、機械的に点火タイミングを計るものもある

古くからの血を受け継ぐ船内外機には、船外機と違って未だすべ

コンタクトポイント式の点火コイルとディストリビューター。旧型の船内外機では、未だにこの機械的な機構が使われています

ディストリビューターキャップを開けたところ。内部にはコンデンサーとコンタクトブレーカーが見えます。このコンタクトブレーカーが、点火コイルに流す電気をオンオフしています

ディストリビューターキャップの裏側。真ん中が点火コイルから来る高電圧を受け取る接点、外周に並んでいるのが各気筒につながる接点です

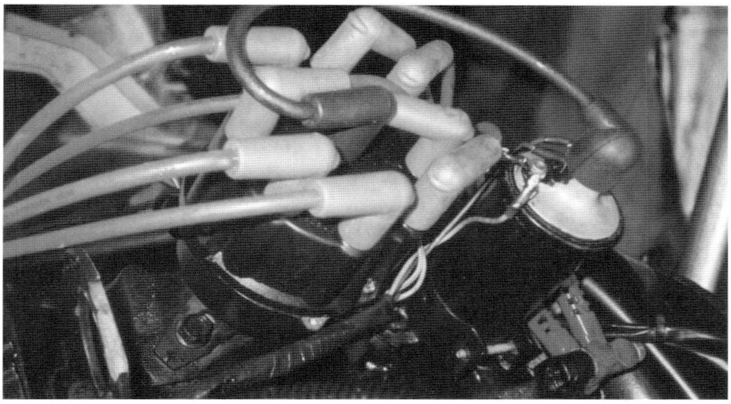

マークルーザーの電子式点火機構、サンダーボルトイグニッションの全景

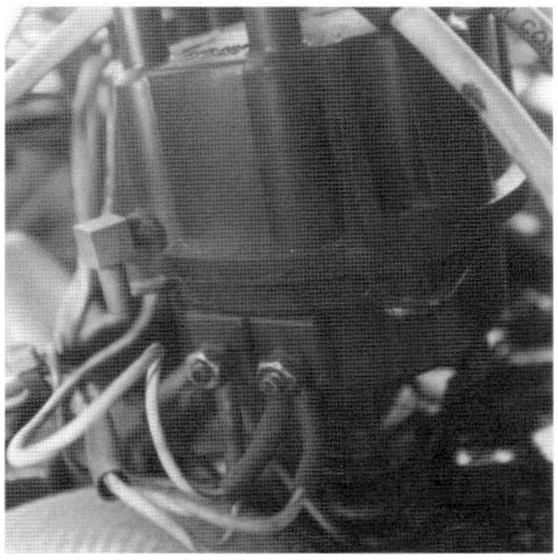

ディストリビューターに組み込まれた、回転センサーの端子

サンダーボルトイグニッションの心臓部であるCDIユニット。これによりガソリン船内外機の弱点だった、点火系の信頼性が高くなりました

てメカ機構のみで点火のタイミングを調節しているものがあります。自動車ではめったに見ることがなくなりましたが、マリンエンジンではまだまだ生き残っているのです。それが「コンタクトブレーカー」。別名「ポイント」とも呼ばれ、現在の船外機では、完全にCDIが取って代わる役目を果たすものです。

コンタクトブレーカーは、ディストリビューターのシャフト……クランクシャフトと同調したものですが……それに取り付けられたカムによってオンオフされる、言わばスイッチのようなものだと考えてください。ちなみにカムの山数は気筒数と同じだけあります。頭が混乱してしまいそうですが、ディストリビューターのシャフトはクランクシャフトの回転と完全に同調しているので、そのシャフトに取り付けられているカムはピストンの動きと完全に連動するわけです。ですからスパークのタイミングを計るのはそれほど難しくはありません。もちろん組み付けるときはクランクシャフトの回転角と厳密に一致させなければなりませんが、それはプロの仕事です。

また、ディストリビューターの中にはコンデンサーがあって、これはイグニッションコイルに流す電気を一時的に貯めておく、言わばダムのような役割を持っています。メカ式の点火機構ではこのポイントとコンデンサーがよくトラブルを起こします。

船内外機でも点火タイミングは、電子制御化され信頼性もアップ

最近の船内外機では、船外機と同様に点火のタイミングを計る機構がまとめてトランジスタ化されています。こうしてようやくガソリン船内外機の弱点が改善されて、かなり信頼性が上がった感があります。このようにフルトラ化されている船内外機では、電気系の弱さをとくに気にする必要はないでしょう。

また、船内外機でもディストリビューターの代わりに、船外機のようにして各気筒分のイグニッションコイルを持つタイプもあります。こういったタイプのトラブルは、船外機のものと似てきます。

近年、船外機ではとくに点火系のコンピューター制御化が著しく、オーバーヒート時にはスロットル開度に無関係で一定の低回転を維持したり、オイル切れを検知したらスパークを止めてエンジンを壊さないようにしたりするなどのセーフティー機構が組み込まれています。キャプテンの落水時にエンジンの暴走を防ぐストップランヤードのスイッチなども、この点火系に組み込まれている一種のセーフティー機構ですね。

珍しく、ディストリビューターを使っていない船内外機。船内外機の中には船外機と同じような機構を持ったものもあるのです

Chapter 3　**始動系と点火系**

3 点火プラグ

日本のプラグメーカーは世界でも有数の品質を誇り、近年では点火プラグが原因のトラブルは本当に少なくなりました。そのためか普段は気遣われることもないパーツですが、ここではそんな点火プラグについてみていきましょう。

シリンダーヘッドと一体化し、エンジンの内部と外部を結ぶ

点火系を最も象徴するパーツといえば、やはり点火プラグをおいてほかにないでしょう。点火プラグ（スパークプラグ）は、非常に狭い隙間を持った一対の電極です。碍子に埋め込まれているのは十分な絶縁性を持たせるためであり、これによって点火プラグに高電圧の電流を流すことができます。

シリンダーヘッドに開いたネジ穴へねじ込んで取り付けますが、点火プラグのネジ切り部は鉄製で非常に丈夫なつくりになっています。つまり点火プラグがシリンダーヘッド頂部の一部を形成し、電極がシリンダー内に露出するようになるわけです。

熱価の選び方で、燃焼温度をコントロールできる

イグニッションコイルで発生した高電圧の電流が、この狭い隙間で開いた電極の間にスパークを飛ばして、シリンダー内の混合気を点火します。また、この点火プラグは仕様によってエンジン運転中のプラグの温度、ひいてはエンジンの燃焼状態を調整する働きもあります。

燃焼状態を調節する働きは、点火プラグの「熱価」というものに左右されます。この熱価とは「熱の伝えやすさ」の値で、この値が高くなると外に熱を逃がしやすくなり、燃焼温度を下げることができるので、これを「コールドタイプ」と呼びます。その逆に熱価が低いものは熱が逃げにくく、燃焼温度が高くなり「ホットタイプ」になるわけです。熱価が高いコールドタイプは連続で高出力運転をするような場合に適していて、熱価の低いホットタイプは常時低速運転を続ける場合など、点火プラグが燃料かぶりしやすい場合などに適しています。

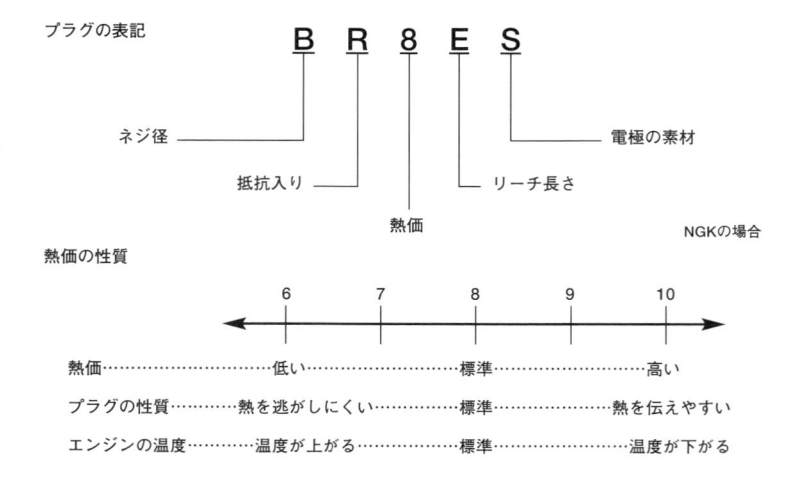

スパークプラグにある刻印。これにより、さまざまなプラグのプロフィールがわかります

ちなみに熱価を高くしたり低くしたりすることを、「番手を上げる」とか「番手を下げる」といったりもします。「番手を上げる」は「熱価の高いコールドタイプ」に、「番手を下げる」は「熱価の低いホットタイプ」にすることになりますよね。

プラグの表記

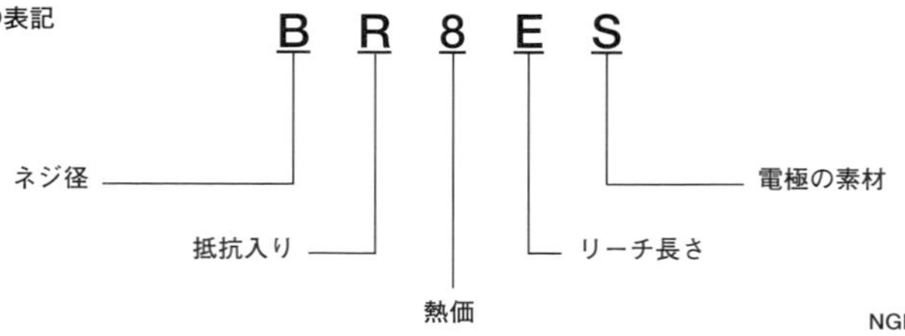

NGKの場合

熱価の性質

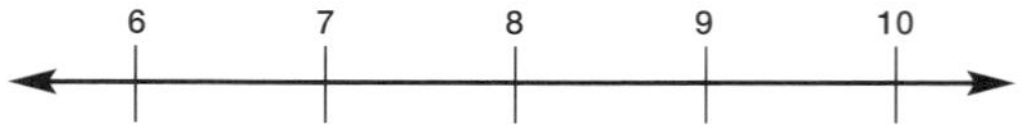

熱価	低い	標準	高い
プラグの性質	熱を逃がしにくい	標準	熱を伝えやすい
エンジンの温度	温度が上がる	標準	温度が下がる

トラブルは少なくても、燃焼状態をチェックできる点で重要

点火プラグは、唯一外部からシリンダー内の燃焼状態を確認できるパーツです。点火プラグを外してみて、その電極の焼け具合によって直接エンジンの燃焼状態をチェックできるのです。

通常はメーカー指定の点火プラグを使っていさえすれば問題はないはずですが、常にアクセル全開だったり、逆にアイドリングを多用していたりするなど、特殊なボートの使い方をしているときは、一度運転直後に点火プラグを外してみてみましょう。もし点火プラグの電極が黒くウエットに煤けていたら、燃焼温度が低過ぎるので、より熱価の低いホットタイプに、逆に白く粉を吹いているようだったら燃焼温度が高過ぎるので、より熱価の高いコールドタイプに替えるといいでしょう。ほんのりキツネ色に焼けている状態がベストです。

使い古しと新品の比較。点火プラグの心臓部は、なんといっても先端の電極ですね

通常はメーカー指定のもので十分。替えるときは必ずマリン用で

さてこの点火プラグの識別ですが、品番の表記はメーカー毎に異なっています。点火プラグの一メーカー、NGKを例にしてみましょう。「BR8ES」という品番は、最初の「B」がネジ径、次の「R」が抵抗入りだということ、次の「8」が熱価、次の「E」がネジ長さであるリーチ、最後の「S」が電極の種類を表しています。

このうちネジ径「B」とリーチ「E」は、エンジンによって決まってしまいます。

抵抗入りのRを使うか使わないかはノイズが出るかどうか、電極の種類「S」は電極が特殊形状なのか、標準形状なのか、または貴金属を使った高性能なものかなどを変えるわけです。しかしレースに使うなど特殊なことをしない限り、通常はメーカー指定の種類で十分な性能を発揮してくれます。

熱価「8」については先ほどお話しした通りです。

点火プラグを替えるときにこれらの英数字を間違えると、オーバーヒートやオーバークール、電極の焼損など起こします。とくに指定のリーチを間違えると、短いときはまだしも、長いときはピストンに電極が叩かれるなどの重大なトラブルを起こします。また、非常に少ないケースだとは思いますが、無線機やオーディオなどにひどくノイズが入るときには、抵抗の入ったタイプを使うと改善することがまれにあります。

最後に「必ずマリン用の点火プラグを使ってください」と、お願いしておきます。洋上では常に腐食との戦いです。安易に自動車用の点火プラグや、メーカー指定と違うものを使うと、腐食したり折れてしまったりと、たいへんなことになってしまいます。くれぐれも注意してください。

錆びてネジ部が折れてしまった点火プラグ。こんな姿になって抜けてきたら……皆さんはどうします？くれぐれも点火プラグの手入れは、怠らないようにしましょうね

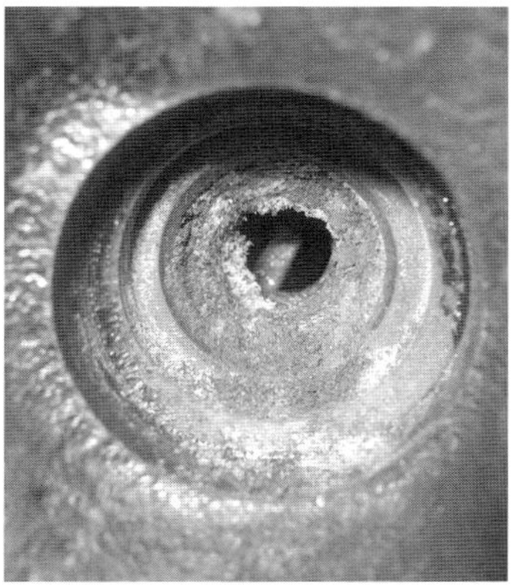

シリンダーヘッドに残ってしまった点火プラグのネジ部。真ん中には電極が残っていますが、わかるでしょうか？

Chapter 3　始動系と点火系

4 点火系の整備

陸の上では頑丈なパーツでも、洋上では常に腐食との戦いです。基本的な整備は自動車の場合とそう変わりませんが、ボートならではというものもあります。ここでは習慣的にできる整備と、そのときのちょっとしたコツを紹介します。

筆者が愛用している、点火プラグ作業時の七つ道具

シリンダーヘッドの穴に、そっと点火プラグを入れます。くれぐれも無理矢理入れないようにしてください

点火プラグの取り外しには、必ず予備を用意する

点火プラグの取り付け取り外しですが、「単に回せばいいんだろ」と、簡単に思っていると思わぬ落とし穴にはまってしまいます。まず覚えておいて欲しいのは、プラグの予備がなければ絶対にプラグを外そうとしてはならないというとです。なぜなら固く締まっている点火プラグを外そうとしてエイッと気合を入れると、ポキッと折れてしまうことがあるからです。ソケットレンチが踊ってプラグを叩いてしまうのですね。また、潮を被ったり長期間点検していなかったりした場合、点火プラグが根元から折れて、ネジ部だけエンジンに残ってしまうことがあります。こうなるとたいへん。どうにも対処のしようがなくなってしまいます。

このように点検のつもりでも、安易に外そうとすると取り返しのつかないことにもなりかねません。予備プラグがないときに、とくに洋上での取り外しは禁物です。船外機の場合は取り外した点火プラグをうっかりと海に落としてしまったり、船内外機の場合はビルジの中に落としてしまったり、点火プラグを折ってしまう以外にもさまざまなトラブルが予想されます。とにもかくにも予備がない状態では、絶対に点火プラグを外そうとしないでください。

点火プラグの取り付けには、ほとんど力が要らない

逆に点火プラグを取り付けるとき、入りはじめはスムーズだということを覚えておいてください。これがヤケに固いときは、ネジが正しくかみ合っていません。こういった状態で無理やり締め込んでいくと、とくにアルミ製のシリンダーヘッドの場合、ネジを切りを潰

V型エンジンでは、エキゾーストマニホールドの裏側に点火プラグがあります。一口に脱着といってもたいへんな作業になってしまいますね

してしまうことになります。最悪の場合、シリンダーヘッド交換なんていうことになりかねません。プラグを取り付けるときはほとんど力が要らない、ということを覚えておいてください。また、締め込みの最後で、力任せにバカ力を掛けることも禁物です。プラグを折ってしまったり、ネジ切りをダメにしてしまったりすることがありますからね。新品の点火プラグでは、手で締め込んでいって止まってから半回転、使用中のプラグでは4分の1回転も締めれば十分です。

エンジン形式によっては、点火プラグの整備だけでもたいへん

この点火プラグの取り付け、取り外しですが、とくに船内外機のV型エンジンでは、点火プラグがエキゾーストマニホールドの下部に隠れていて、「なんでこんなに整備性が悪いのか……」と悲鳴を上げたくなることがあります。運転直後のエンジンが熱いうちは、とてもじゃないけれど触れません。また艇によってはエンジン下部に潜り込めないようなこともありますから、自艇のエンジンルームで、事前に点火プラグの位置を確認しておきましょう。

こういったV型エンジンでは、点火プラグ交換のために工具を一工夫するというのもひとつの手です。例えばプラグソケットに加えて、エクステンション（専用の延長棒）をロングとミディアムの2タイプ揃える、というようにです。筆者はこれが一番使いやすいと思っています。できればエクステンションに刻んであるローレットの彫りが深くて、力を掛けやすいものがいいですね。またそれでも苦しいときのために、直径20ミリくらいの水道管を、長さいろいろで揃えておくと重宝します。

スパークテストのときには、必ずアースを忘れない

いったん点火プラグを外して、点火プラグコードをつないでからスターターを回し、クランキングするとスパークテストができますが、このときは必ず点火プラグにアースを取り付けてから行ってください。点火プラグを宙ぶらりんにした状態だとテストにもなりませんし、高電圧の逃げ場がなくて意外な個所から放電して感電することもあるので要注意です。ひどいときにはイグニッションコイルを焼いてしまうことさえありますからね。

これは絶対に真似しないでいただきたいのですが、ティストリビューターのケーブルを1本外してクランキングすると、そのコードの根元辺りからパチパチという音とともに、青白いスパークが飛んでいるのが見えます。高電圧の逃げ場がなくなってしまいリークしているのです。こんなときにケーブルをつかんだりするとビリッと感電してしまいます。

筆者は点火プラグを挟める大きさのクリップを取り付けた太いケーブルを、アースとして愛用しています。これがあれば感電したり、イグニッションコイルを痛めたりすることもなく、安心してスパークテストができます。簡単ながらも後々役立つものですから、皆さんもぜひひとつ用意されることをお勧めします。またスパークテスターがあれば、点火プラグを外すことなくスパークのチェックができますが、個人で所有するほどではないでしょう。まあ、グループでひとつあると便利な器具ではあります。

最後に、クランキングするときは陸置艇では必ずアタッチメントをつけて、水を流しながら行って

点火プラグを外して、スパークテストをしているところ。このとき、点火プラグには、必ずアースをしておいてください

点火プラグを外さなくてもテストができる、スパークテスター。これがひとつあると、プラグのチェックはたいへん楽になります

ください。水を入れないと海水ポンプのインペラをダメにしてしまいますからね。

点火プラグでも、電極が消耗すると問題が

点火プラグはそうそうダメになるものではないのですが、それでもやはり点火プラグは消耗品です。高温高圧の環境下でスパークを繰り返す点火プラグは、電極の角がだんだんと丸くなっていき、ついには確実にスパークを飛ばすことができなくなってしまいます。

落雷なども野原の真ん中には落ちないで木や屋根に落ちやすい、という話を聞いたことがあるかと思いますが、それと同じで、スパークは角や突起の部分に飛びやすいという性質があります。そのため、電極の角が丸くなってしまうとスパークが飛びにくくなってしまうのです。

近年では全周点火などという高性能な点火プラグもありますが、このようなものでも、針のような中心電極がチビて丸くなってしまうと、スパークが飛びにくくなります。

点火プラグの消耗で一番厄介なのは、スパークテストでは大丈夫なのに、エンジンに取り付けるとダメ、というケースがあることです。2ストロークの船外機によくある事例なのですが、いったん走ったあとエンジンが温まっている状態で、再度スタートしようとしてもエンジンが掛からないということがあります。

やっとの思いでエンジンを始動させたときにモワッと湿ったガスが出たら、またその症状が段々悪化してきたら、まず間違いなく点火プラグが消耗しているはず。スパークがあまりに弱くて点火できないのです。こんなときは、一度点火プラグを外して、電極をチェックしてください。周辺が汚れていたり、丸くなっていたりするかもしれません。できたら予備に交換して、エンジンの掛かり具合を試せたらいいですね。

プラグキャップを抜くときは、必ずキャップ部を持って外してください

プラグコードは、プラグキャップを持って外す

プラグコードを含めて、イグニッションコイルとディストリビューター、そして点火プラグまでの一連を結ぶ太い電線を「ハイテンションコード」などと呼びます。基本的には単なる電線なのですが、数万ボルトの高電圧の電流を流すためにしっかり絶縁され、エンジンの熱や振動にも耐えうる丈夫なつくりになっているので、こう呼ばれています。一部にはハイテンションコード自身にコンデンサーの効果を持たせ、スパークを強くするなんていう機能を謳うものもあります。しかしこういったハイテンションコードは、単にコードだけ高性能なものに替えればよいというわけではなく、コードの特性にあった点火プラグに交換しなくては、さほど効果が出ないようです。

このハイテンションコードのトラブルとして多いのは、やはり無理やり外してしまって、プラグキャップが接触不良を起こすことでしょう。プラグキャップのトラブルは案外気づきにくいので厄介です。プラグコードを取り外すときにコード側を握って引っ張ると、コードとキャップが接触不良を起こしてしまいます。家庭用のコンセントでもコードを引っ張って抜いてはいけないと注意書きがありますが、それと同じです。

しばらく外していなかったプラグキャップは点火プラグと固着してしまい、なかなか外れなくて困ることがありますが、くれぐれもコードを引っ張ったりしないようにしましょう。必ずキャップを持って引き抜くように注意してください。それでもむずかしいときは、キャップを左右にグリグリとこじるように動かすと外しやすくなります。

また、あまりに古くなってプラグキャップがひび割れたり、固くなってしまったりしたものは漏電の恐れがあるので、（もちろんプラグコードごと）交換したほうがよいと思います。こういった電気部品は一見しただけでは不具合がわかりにくいですから、常に少なくとも1本くらいの予備を常に用意しておいたほうがいいですね。そのほかにも腐食による接触不良が見受けられますから、年に一度くらいはキャップを外してチェックしてみてください。

プラグコードは、挿し間違えのないように1本ずつ外す

それから単気筒ならまだしも、多気筒のエンジンではプラグコードを交換したり外したりするとき、その順番に気をつけてください。いっぺんに全部外してしまうと、まず間違いなく順番がわからなくなってしまいます。一組でも挿し違えたら、もうエンジンはまともに動きません。それはそうです。吸入および圧縮工程のうちほんの一瞬だけ適切なタイミングで点火するのに、もしプラグコードの順番を間違えたら各気筒がデタラメな点火タイミングとなってしまいますからね。

6気筒以上のエンジンの場合、

V型エンジンのプラグキャップを外すときは、こんな感じになってしまいます

ディストリビューターキャップからハイテンションコードを抜いたところ

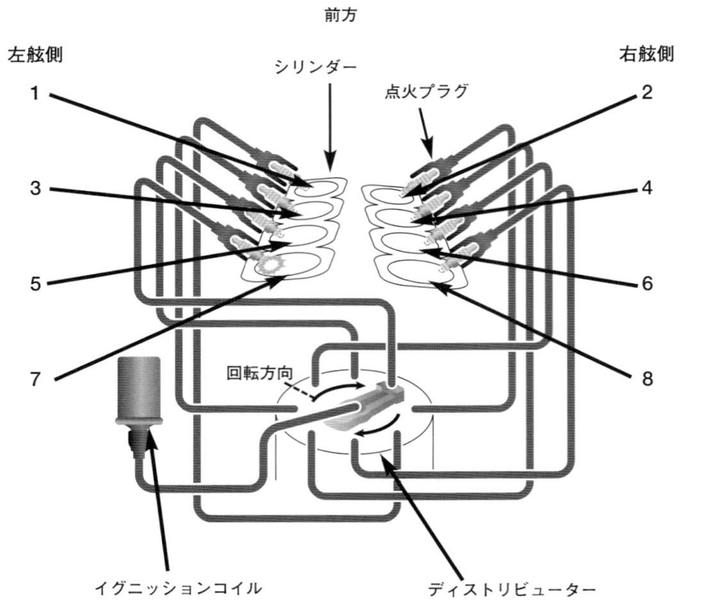

（マークルーザーV8エンジンの場合）

V8船内外機のファイアリングオーダー。ディストリビューターの回転によって、各気筒に高電圧の電流が供給されます

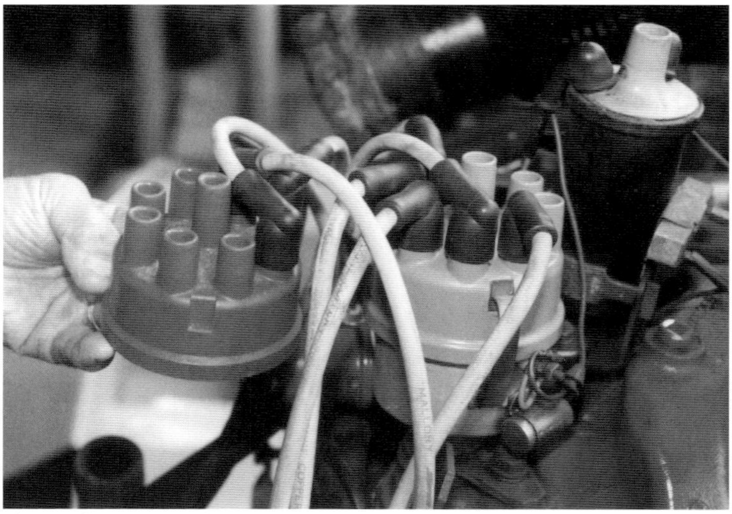

ディストリビューターキャップを交換しているところ。交換するときは、ハイテンションコードを必ず1本ずつ差し替えてください。いっぺんに外すと、順番を間違えますよ

1気筒死んでいても気づかないことが多いですが、プラグコードの挿し間違えの場合は必ず2気筒以上間違えていることになってしまいます。筆者のお勧めは、プラグコードを外すのも、点火プラグを外すのも、必ず1気筒ずつやる、というものです。そうすれば間違えっこないですよね。

これはあるマリーナの新人サービスマンがプラグコードを交換したときのことです。作業が完了して試運転してみると、どうにもエンジンパワーがありません。どうやらプラグコードを挿し違えてしまったようなのです。チェックしても一体どこがどこやらわからない始末。マニュアルをとっかえ引っ替え、正しい組み合わせを探すのにたいへんな思いをさせられました。こんなときのために、念のためディストリビューターにファイアリングオーダー（各気筒が点火する順番のこと）と1番気筒のマークを記しておくとよいですね。

ディストリビューターの、キャップの向きには注意

前述のように、船内外機で使うディストリビューターはイグニッションコイルで発生した高電圧の電流を各気筒へ分配することを役目とした装置です。ディストリビューターのキャップを開けてみると、中心のシャフトからアームが出ていて、それがグルグルと回っています。このアームの中心と先端には接点があり、キャップにある接点と接触するようになっています（厳密には先端側は接触していませんが、高電圧のため問題ありません）。このディストリビューターのシャフトが、エンジンのクランクシャフトとギアでつながって同調しているために適切なタイミングで点火できるのです。ちなみに4サイクルエンジンの場合はクランクが2回転するごとに1回点火しますので、クランクシャフトとディストリビューターのシャフトは、ギア比が2対1となっています。

ですから、このディストリビューターのキャップを取り付けるとき、180度反対に組み付けてしまうとたいへんなことになります。点火

のタイミングがまったく取れず、ほとんどの場合はエンジンを動かすことができません。いや、それならばすぐに気がつくのでまだよいのですが、時々不完全ながらも動いてしまうことがあるので厄介です。こうなると、エンジン不調の原因をつかむのに時間が掛かってしまうことがあります。

ディストリビューターの、接点の錆には要注意

ディストリビューターは通常の使用ではあまり壊れることはありません。しかし、そうはいっても経年変化で傷んでくることはあります。とくにしばらく放置された艇では、ディストリビューターの接点が錆びてしまっている場合が目立ちます。銅の接点が真っ青な緑青を吹いてしまうのです。これなども「乗らないで壊す」の典型です。それからベークライト製の古いキャップが、ひび割れてしまうこともあります。こうなるといずれは不具合を起こしてくるので、交換するしかありません。

あまり壊れることもないディストリビューターですが、こんな例がありました。25フィートの船内外機艇でのことです。順調なクルージング中に何の前触れもなく、突然エンジンがストップしてしまいました。何をやってもエンジンが掛かりません。オーナー氏、成す術もなくレスキューされてきました。マリーナでチェックしてみると電装系のトラブルであることには間違いなさそう。クランキングするとイグニッションコイルは元気ですが、ディストリビューターから先に電流が伝わりません。珍しいことですが、ディストリビューターが壊れてしまったようです。中のシャフトが外れたのかと疑って、キャップを開けてみたらびっくり。なんとキャップのセンターターミナルが折れていました。これでは電気が流れないわけです。たいへん珍しいトラブルですがこんなこともあるのですね。こういうトラブルが起こったときは、点火プラグから順を追ってスパークテストをしてみてください。そうすればどこの不具合だかすぐにわかります。スイッチを切ったように、あるときパッタリとエンジンが止まってしまうのは、点火系のトラブルである確率が高いといえます。

ディーゼルエンジンには、特有のプレヒート機構がある

ディーゼルエンジンには点火系がありませんが、ディーゼルエンジン特有の電装系があります。そのひとつが始動前に各気筒を事前に温める「プレヒート」機構です。ディーゼルエンジンはシリンダー内を高圧に圧縮することだけで混合気を燃やしているので、とくに寒冷時はアシストしないと始動が困難です。このため多くのディーゼルエンジンでは、スターターを回す前にキースイッチをプレヒート位置で20から30秒間保持して、シリンダーを十分に温めてやります。このプレヒートに必要な

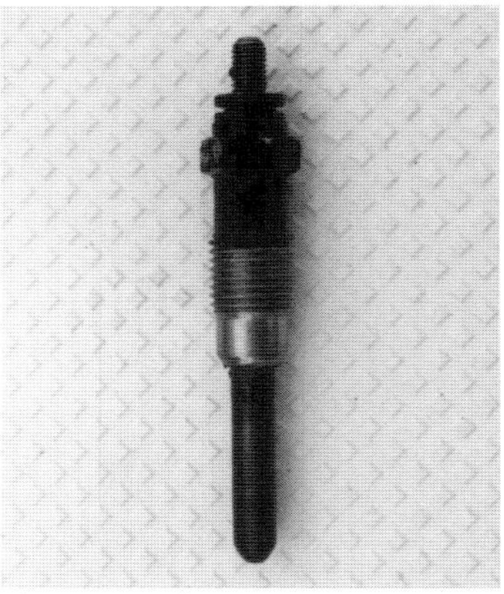

ディーゼルエンジンを予熱するヒーター。始動前、イグニッションキーをプレヒート位置にするとこのヒーターに通電、気筒が温められて始動しやすくなります

ディーゼルエンジンのヘッド部クローズアップ。燃料インジェクションノズルの下に、ヒーターが入っているのが見えますよね

電力はかなり大きくて、機種にもよりますが40から50アンペアもの電流を必要とすることは珍しくありません。このためキースイッチに直線細い電線で配線するのでは用が足りず、ガソリンエンジンのスターターソレノイドのような、プレヒート専用のソレノイドがあります。そのソレノイドから各気筒のヒーターまで、しっかりとした配線がしてあります。ちなみにマイナス側は、ヒーター自体がエンジンにアースされているので、配線はありません。

ディーゼルエンジン特有の、燃料流路を制御するソレノイド

もうひとつディーゼルエンジン特有の機構に、燃料流路の制御をするソレノイドがあります。ディーゼルエンジンはいったん掛かってしまえば、燃料を止めない限り動き続けるからです。

メーカーによって、エンジンを運転するときにソレノイドをオンにして燃料流路を「開く」タイプと、止めるときにソレノイドをオンにして燃料流路を「閉じる」タイプに分かれます。前者はキャタピラーやGMなどのアメリカ系の大型ディーゼルエンジン、オナンやウエスタビークなどのマリンジェネレーターなどがこのタイプです。一方後者はボルボやマークルーザー、日野やヤンマー、ヤマハなどの大多数がこのタイプです。これらのソレノイドは比較的小型なので、キースイッチが直接オンオフをコントロールしています。燃料流路を開くタイプでは、キースイッチをオンにするとソレノイドもオンになり、運転中は常にオンになっています。一方、燃料流路を閉じるタイプでは、止めるときにはキースイッチを停止位置にしたり、別に設けられたストップボタンを押したりします。

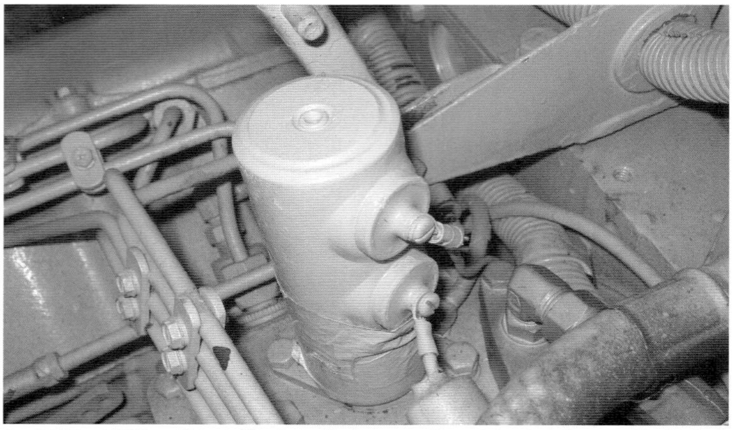

キャタピラー大型ディーゼルエンジンのエンジンランソレノイド。こちらのタイプは、エンジンを運転するときにソレノイドに通電、燃料流路を開けることによってエンジンを始動します

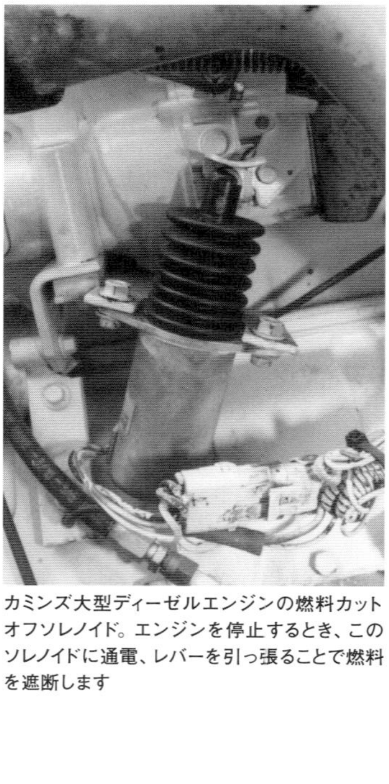

カミンズ大型ディーゼルエンジンの燃料カットオフソレノイド。エンジンを停止するとき、このソレノイドに通電、レバーを引っ張ることで燃料を遮断します

ボルボAD31のストップソレノイド。中小型のディーゼルエンジンでは、内蔵式のソレノイドが使われる場合も多いですね。エンジンが止まらなくなったら、このソレノイドの動きをチェックします

Chapter 4

各種計器

複雑怪奇な配線も、じっくりたどれば必ずわかる

Chapter 4　各種計器

1 メーター

快適な航海には欠かすことのできないボートの神経組織、メーター類。仕組みがわからない摩訶不思議なものと考えられがちですが、決してそんなことはありません。その仕組みからみてみましょう。意外と単純なものなのですよ。

大型船外機艇のコンソールパネル。ずらりと並んだメーターが美しいですね。メーターはエンジンの運転状況から燃料の残量までを知る言わばボートの感覚神経です

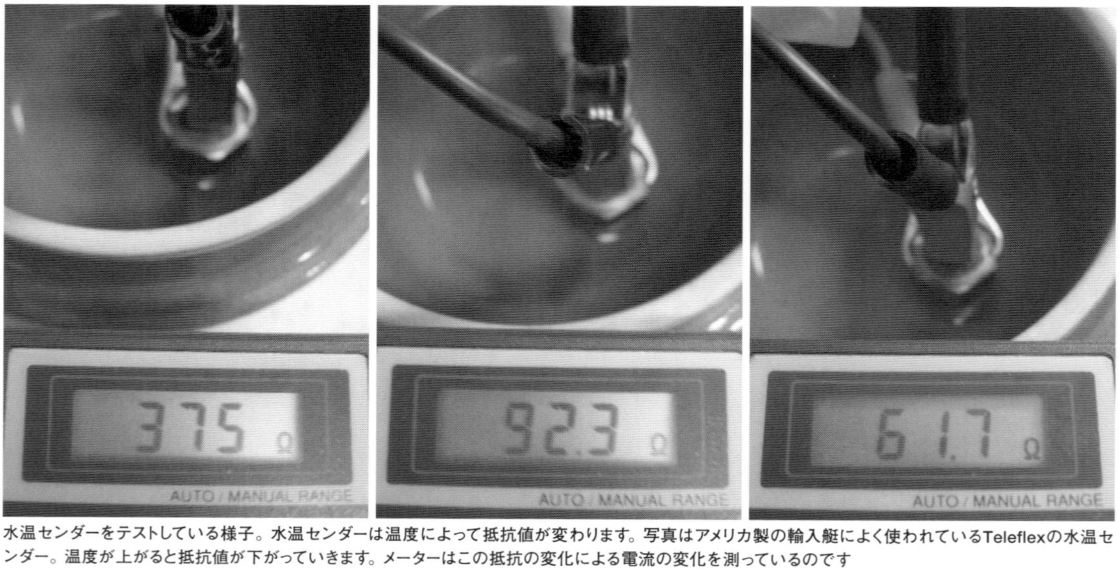

水温センダーをテストしている様子。水温センダーは温度によって抵抗値が変わります。写真はアメリカ製の輸入艇によく使われているTeleflexの水温センダー。温度が上がると抵抗値が下がっていきます。メーターはこの抵抗の変化による電流の変化を測っているのです

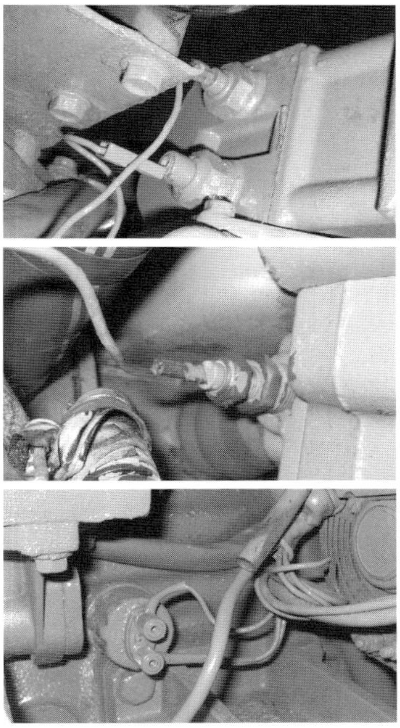

エンジンに取り付けられた各種センダー。頂部に電線のついた円筒形の形状をしたものがセンダーです。上段がボルボディーゼルの水温センダーとオーバーヒートワーニングセンダー、中段がキャタピラーディーゼルの水温センダー、下段がボルボディーゼルの油圧センダーです

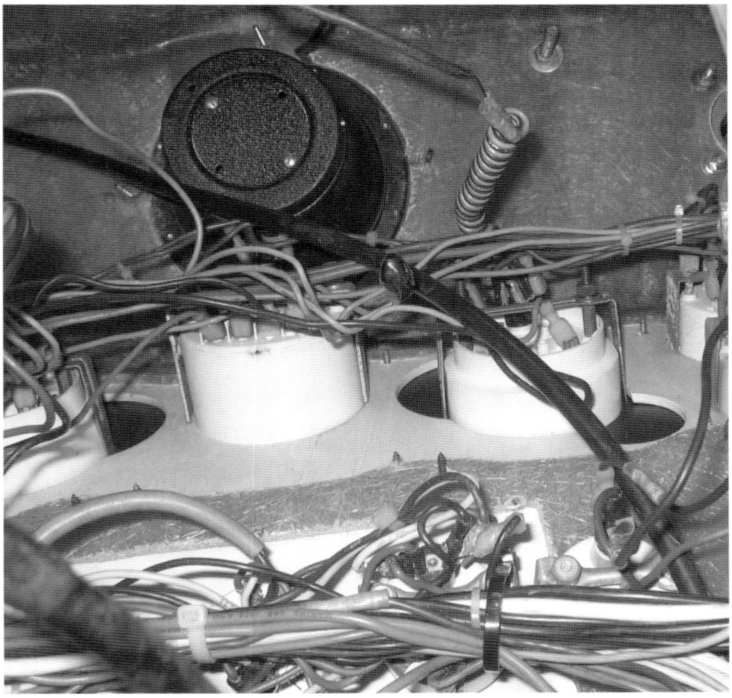

メーターパネルの裏側の配線。メーターパネルの裏側には数多くの電線が這い回り、一見すると何がなんだかわからずに、ため息をつきたくなってしまいます。しかし仕組みは単純ですから、諦めずにチャレンジしてみましょう

多くのメーターは、基本式「V＝IR」のちょっとした応用

意外かと思いますが、ボートのメーターは基本的に単なる電流計や電圧計です。つまりテスターがずらっと並んでいるようなものなのです。ただそこに刻まれている目盛りが単なるボルトやアンペアではなくて、油圧計では「kPa」や「kg/cm^2」、燃料残量計では「FULL…1/2…Empty」となっているだけなのですね。

ではどうやって単なる電流計や電圧計が油圧や燃料残量を測れるのかというと、そのタネはエンジンに取り付けられているセンサーにあります。マリンではこのセンサーのことを「センダー」と呼びますが、詳しくは後述します。例えば水温計の場合、温度によって抵抗値が変わり、それを電流計が拾う仕組みになっているのです。50度のときは200オーム、80度のときは100オーム、100度のときは50オームという具合です。これに一定の電圧の電気を流して、そのときの電流を測れば水温計のできあがりです。あとは200オームのときに水温50度、100オームのときは水温80度、50オームのときは水温100度と目盛りをつければよいのです。どうです？ 簡単なつくりでしょう？ 電気の基本関係式、V(電圧)＝IR(電流×抵抗)をそのまま利用しているのです。

エンジンとメーターの距離が近い自動車では、機械式のセンダーが同じく機械式のメーターまでワイヤーでつながっているものもありますが、ボートではほとんどがこの電流計や電圧計を利用した形式です。つまりボートでは、油圧計、水温計、燃料系など多種あるメーターは、実は目盛りの振り方が違うだけで本質的には同じものなのです。面白いですよね。

メーター自身とバックライト用。計5本の電線が基本

このように簡単な原理を使ったメーターなのですが、その裏側を見てみると、まずメーター自身の電源であるプラス側とマイナス側の電線が1本ずつあります。加えてバックライトがついている場合は、その照明用の電源としてもう一組の配線がありますが、このうちマイナス側の電線はメーター自身のマイナス側と一緒にまとめられているケースが多いですね。そ

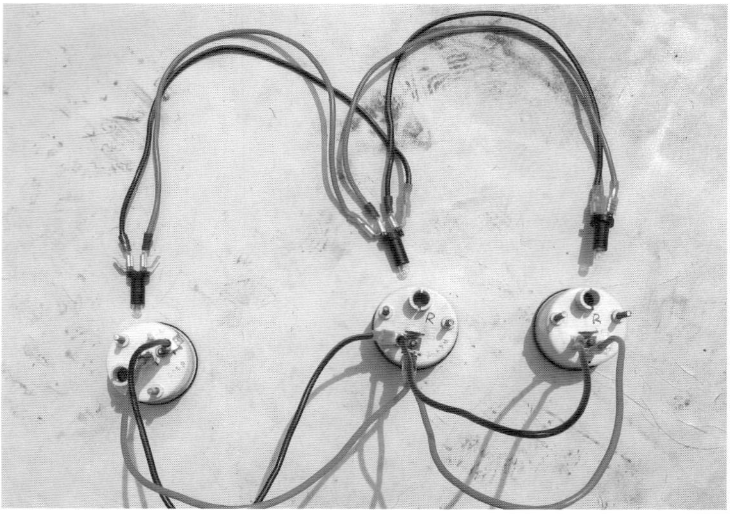

メーターの基本的配線を組んだものです。メーター自身の電源であるプラスとマイナスと照明のプラスとマイナス、この4本が基本です。これらの線は隣り合ったメーターと数珠つなぎになっているのが普通です。このほかに、各々のセンダーから、電線が1本導かれています

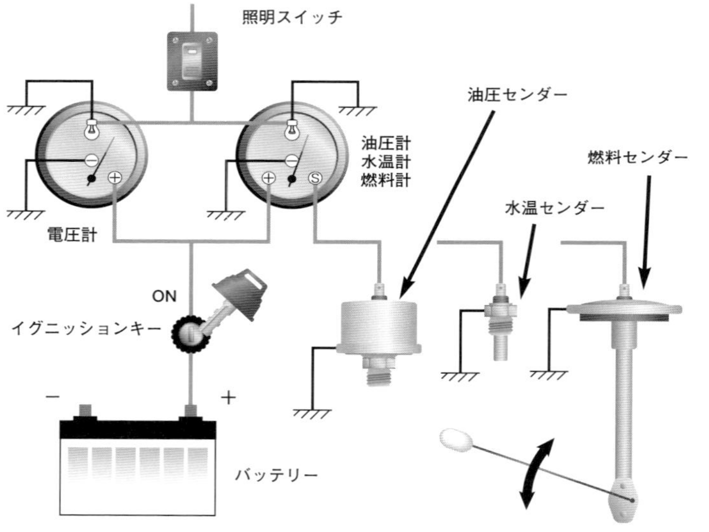

メーターの配線図。メーターへの通電は、イグニッションスイッチでオンになります。メーターの照明は、スイッチパネルのメーターライトのスイッチでオンになります。配線の仕方は、油圧計でも水温計でも燃料計でも、基本的には皆同じです

して最後にもう1本、これが重要でエンジンに取り付けられているセンダーまで延びている電線です。いわばボートの感覚神経ですね。以上、5本の電線がメーターひとつに配線されています。ただし、センダーが必要ないもの、電圧計やアワーメーターなどですが、これは除きます。

センダーまでの電線は、ボディーアースで1本

ちなみにメーターからセンダーまで通じている電線がなぜ1本でよいかというと、センダーが取り付けられているエンジン自体がマイナス側にアースされているからです。以前お話ししたボディーアースというものですね。そのため、センダーを取り付けるときにシールテープを巻き過ぎて、センダーとエンジンが電気的な接触不良になると、センダーは上手く動きません。新品のセンダーをつけたのに上手く動かないときは、まずこの接触不良を疑ってください。

また、取り付け場所がアースされていないところに使うセンダー、例えばFRPのミキシングエルボーに取り付けられる排気温センダーなどは、メーターまでつながる電線に加えて、マイナス側にアースするための電線計2本が出ています。ちなみにデュアルステーション用のセンダーでも2本線が出ていることがありますが、この場合、センダーの頂上の同一個所から2本出ていたらデュアルステーション用、別々の個所から出ていたら、別途アースが必要な特殊センダーだと思ってください。

センダーの電線以外は、皆数珠つなぎ

メーターひとつから5本の電線が出ていますので、メーターがたくさんあるパネルの裏側は、まさに配線だらけ。メーターが10個あれば50本の電線ですからね。見ただけでめげてしまいます。しかし1本ずつ、確実にたどっていけば必ず目的の電線がみつかりますから、ぜひチャレンジしてみてください。

メーター自身が必要なマイナス側の配線は、バックライト用のマイナス側とつながれ、さらにほかのメーターの配線と数珠つなぎにされて、手近なバスバー（銅線の代

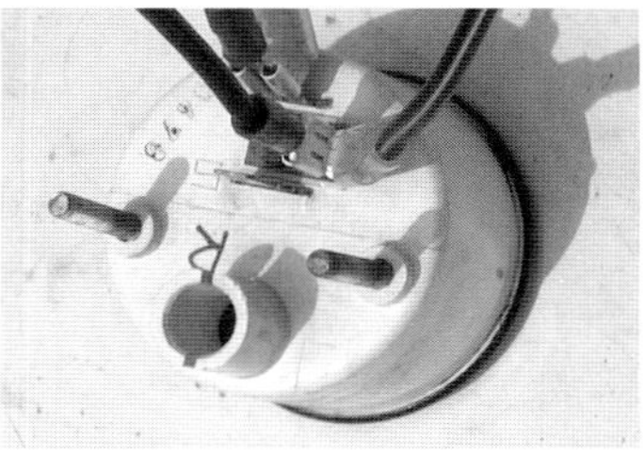
メーターの裏側をクローズアップ。メーターのプラスとマイナスの端子、センダーへの端子がよくわかります

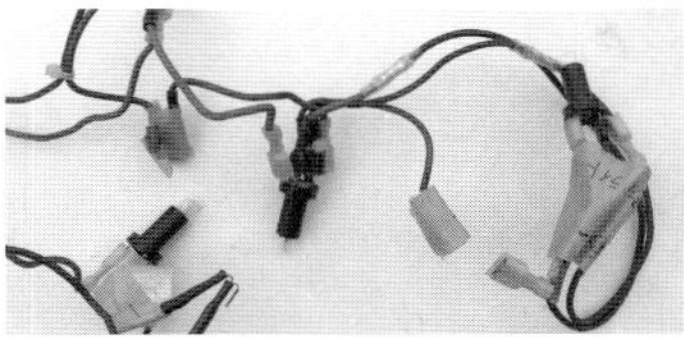
メーターの照明用ランプとその配線。いっぺんにオンオフする機器は、このように並列の数珠つなぎになっているのが普通です

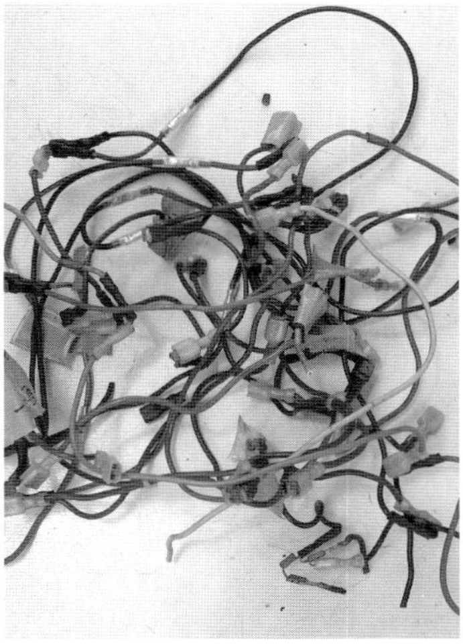
接触が悪くなったのでメーター類の電線をすべて取り替えようとしているところ。電線を引っこ抜いてみると、こんなにもあるのです。パネル裏の配線がゴチャゴチャしているわけですよね

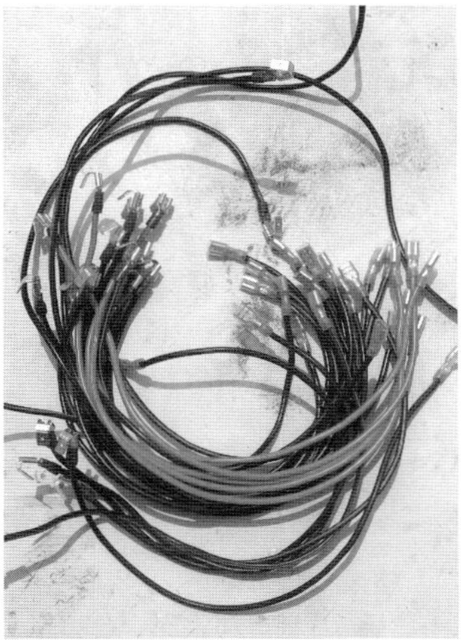
新しく組んだメーター用の配線。これだけでもひと苦労です。しかし船齢を重ねた艇でも、こうして丸ごと交換すればメーターのトラブルとは無縁になります

わりとして使われる、一般的には細長い棒状の金属板）に接続されている場合がほとんどです。また、プラス側の電線も、やはりほかのメーターの配線と数珠つなぎにされて、キースイッチのオン端子に接続されています。バックライト用のプラス側も同じく数珠つなぎにされて、照明オンオフのスイッチに接続されています。

残るは、メーターから遠く離れたエンジンに設置されているセンダーまで延びていく電線1本だけというのがおわかりですよね？　このようにメーター自身のプラスとマイナス、バックライト用のプラスとマイナス、それをかき分けてセンダー用の電線1本を見つければ、たいていは事足りるはずです。

ディーゼルエンジンの、タコジェネは調節が必要

数あるメーターの中でも一番複雑怪奇なのは、ディーゼルエンジンのタコメーターかもしれません。ガソリンエンジンのタコメーターが単純明快なのは、イグニッションコイルの点火パルスを拾ってカウントしているからです。しかしディーゼルエンジンには、点火パルスなどはありません。そこで、さまざまな仕組みを使ってエンジンの回転数を拾っています。

代表的なものはオルタネーターの出力電圧を測るタイプで、これを「タコジェネ」なんて呼んだりしますが、あとはフライホイールなどに反射シールやマグネットを取り付け、それをセンサーでカウントするタイプなどさまざまです。エンジン機種によってある程度タイプが決まっていますから、まずは自艇のタコメーターがどんな仕組みなのかを知っておきましょう。例えばボルボのAD41やマークルーザーディーゼルのD4.2Lなどはタコジェネ式です。

このタコジェネというのは、オルタネーターが回転することによって生じる電圧を測ってエンジンの回転数を割り出す仕組みです。特別なセンサーなどを必要としないので一番簡素なタイプといえるでしょう。そのため、エンジンとオルタネーターの組み合わせなどで、誤差を生じることがあります。これを補正するため、タコジェネ

オルタネーターの配線をクローズアップ。タコメーターの回転は、このオルタネーターにあるフィールドコイルの電圧を測っている場合がほとんどです

ディーゼルエンジのタコメーターはさまざまな種類があります。多少の調整も必要ですね

式タコメーターの裏側には調整用のボリュームがついています。ボートビルダーが組み付ける場合はもちろん調整されたうえで出荷されていますが、自分でタコメーターを新規のものに交換したりオルタネーターを換装したりすると、当然狂いが生じますから注意してください。タコジェネ式タコメーターを合わせるときは、レブカウンターなどで測定しながらボリュームを調整します。一人でやるとたいへんな作業なので、誰かに手伝ってもらいましょう。ガソリンエンジン用のタコメーターにも、気筒数を合わせるスイッチがあるものもありますね。

電圧計とアワーメーターには、センダーが必要ない

ちょっと特殊なメーターをみてみましょう。代表的なのは電圧計とアワーメーターです。電圧計は文字通り電装系の電圧を測るもので、メーター類に供給されるプラス側とマイナス側の電圧そのものを測りますから、センダーは必要ありません。つまり1本線が少ないのですね。内部の機構は文字通り、これぞ普遍的な電圧計です。

一方、アワーメーターは、エンジンが運転している時間を積算表示するものです。オイル交換や定期的なメインテナンスの目安などに使いますよね。中古艇を売買する場合などには艇の値踏みに使われる運命です。このメーターもエンジンがオンになっている時間を測るだけなので、プラス側とマイナス側の線しかなくセンダーはありません。内部の機構はステッピングモーターといって、一定のゆっくりした速度で回転するモーターになっています。これで表示ダイヤルを回しているのですね。これら電圧計やアワーメーターは、壊れるところもないほど簡単なつくりになっています。

電気の収支を測るアンメーター。簡単な表示でも重要な情報がわかる

次の変わり種は「アンメーター」です。これはバッテリーの状態、電気を消費して放電しているのか、またはオルタネーターが発電して充電しているのか、それをビジュアルに把握するためのものです。放電の方が多ければメーターの針が赤い側に、充電が多いときは青い側に振れます。そして放電と充電の収支が釣り合っていれば、針は真ん中を指します。この釣り合っている状態というのが大切で、エンジン停止の状態で電気を使えば針が赤い側に振れて「バッテリーの電気をどんどん使っているなあ」とわかりますし、エンジンを始動させれば、今度は青い側に大きく振れて「ああ、スターターで使った電気を充電しているな」とわかります。エンジンを動かしてからしばらくすると、針は段々と中央に戻ってきて、バッテリーが正しく充電されたことがわかります。

エンジンが動いている状態でも、大量に電気を使っているとオルタネーターの発電量が追いつかずに、バッテリーからも電気が消費されて、針は赤い側に振れます。この状況を続けると、たとえエンジンを動かしていてもそのうちバッテリーが上がってしまいます。また、とくに消費電力が大きい機器を使っているわけでもなく、しかもエンジンを動かしている状態でありながら、いつまでたっても針が赤い側のままだと、今度はオルタネーターが壊れているということになりますし、エンジン始動から時間が経つのに、いつまでも針が青い側にいると、バッテリーがくたびれて充電の完了ができないのだな、ということがわかります。

アンメーターには目盛りがない場合もありますが、針の振れを見ただけでこれだけのことがわかるのです。また普段の針の振れ方を覚えておけば、いつもと違う振れ方をしただけで「何かがおかしい！」と気づくわけです。

アンメーターの接続には、分流器シャンテを使う

このアンメーターや電流計は、電流の収支を直接見ているので、ほかのメーターとは違った接続をしています。以前、電流を測るには電線を切断してつなぎ直さなくてはならない、というような話をしましたが、これらのメーターもまさにそうで、付け足すような配線ではなく、幹に割り込ませるように接続しなくてはいけません。しかし、ただでさえ太い電線を使って大電流に備えているのに、そこにメーターを食い込ませるには何か抵抗を感じますよね。

その辺りはメーカーもちゃんと考えて、ほとんどの場合は「シャンテ」という分流器を用いて、電流の本流から分岐させた細い2本の電

エンジンの使用状況を示すアワーメーター。メインテナンスの目安や、中古艇売買時の判断材料にも使われますね

線をメーターに導いています。こうすれば本流の電線から離れたところにあるメーターまで楽に配線できますからね。このためアンメーターや電流計は通常の5本足ではなく、バックライト用に2本とシャンテからの2本、計4本というのが普通です。

ちなみにシャンテを入れる場所はアンメーターならオルタネーターとバッテリーの間です。オルタネーターとバッテリーとの収支を測らなければいけませんからね。

シンクロメーターは、タコメーターの応用

次に紹介するのが、エンジンを2基搭載する大型艇に装備されていることがある「シンクロメーター」。このシンクロメーターというのは、左右舷のエンジン回転数を正確に合わせるためのものです。船内外機艇ではあまり気になりませんが、大型のプロペラを持つ船内機艇では、左右舷のエンジン回転数が違うと振動したり、ウォ～ンウォ～ンウォ～ンと唸りが出たりと、乗り心地を損なってしまうことがあるのです。

このためキャプテンは左右舷のプロペラ回転数を同調させようと気を使いますが、タコメーターでは大雑把な回転数しか把握できないのであまり役には立ちません。そこで回転数の違いを正確に表示する、シンクロメーターの登場というわけです。シンクロメーターは左右舷のタコメーターに来ている信号を両方つないで、その差を精密に表示します。機種によって多少違いますが、アンメーターのように中央を基準にして左右に数十rpmの目盛りが振ってあります。クルージングスピードになったら、このシンクロメーターを見ながら左右舷のエンジン回転を同調させて、乗り心地を向上させるのです。もちろんキャプテンの勘でもできますが、やはりメーターがあったほうが楽ですね。

上級艇になると「シンクロナイザー」といって、自動的に左右舷のエンジン回転数を合わせてくれるオプションを装備している場合があります。シンクロメーターからの指示をインプットして、勝手に回転を合わせてくれるのです。キャプテンが操作するのは片側エンジンのスロットルだけ……なんていう芸当もできます。まあ筆者には夢のような世界ではありますけれども。

左右舷のエンジン回転数を合わせるシンクロメーターは、通常のメーター自身のプラス側とマイナス側、加えてバックライトのプラス側とマイナス側、そして左右舷のタコメーターから電線が1本ずつあります。計6本ですね。またタコメーターと同じように調整ボリュームがついています。

AC系のメーターも、基本的にはDC系と同じ

最後にAC（交流）関係のメーターです。ボートでのAC電源は、陸電から取ったり、マリンジェネレーターでつくったりします。いずれもある程度大きい艇での話になりますが、電流計と電圧計が基本です。ごく稀に周波数計などを装備している大型艇もありますね。電圧計の設置の仕方は、DC（直流）のときと同じです。ただし電流計を後づけするとき、シャンテを使わないでピックアップコイルを通すだけという簡単な方法が取れます。これはテスターのところで述べたクランプメーターと同じ原理。これなら元ある配線を何もいじることなく艤装できますから便利ですよね。周波数計も単純に2本線をつなぐだけですから簡単です。

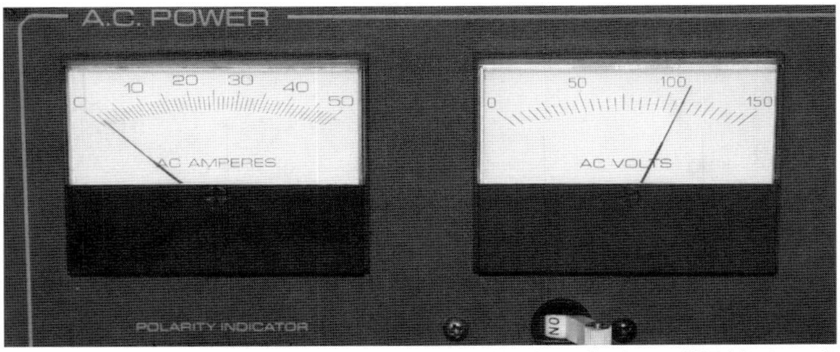

配電パネルにあるAC系のメーター。これは電圧計と電流計です。いずれもACの状況を知るのに必要不可欠なメーターです

Chapter4　各種計器

2 センダー

センダーはボートの感覚器官。さまざまなコンディションを検知するセンサーです。このセンダー、一体どういう仕組みなのでしょうか？ 意外にもボートの計器類はいわゆるローテクです。そうむずかしいものではありません。

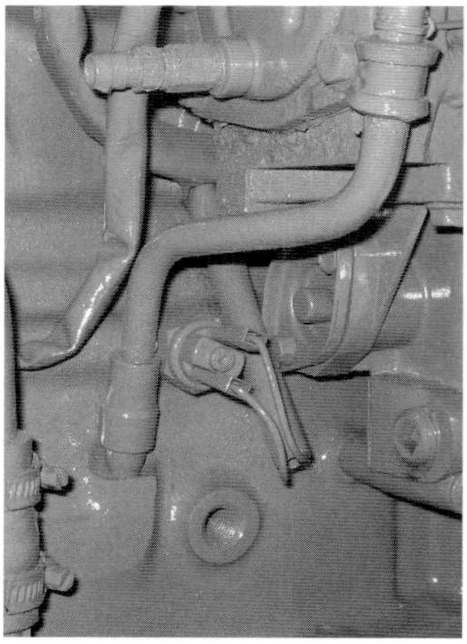

油圧が下がり過ぎたときに警告する、ロープレッシャーワーニングセンダーです

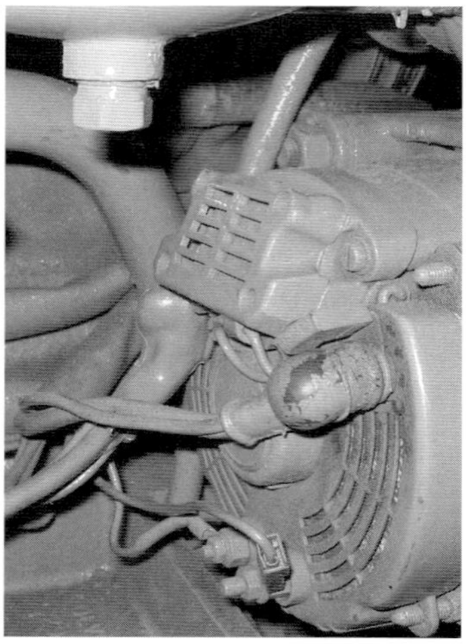

タコメーターはオルタネーターから回転数を検知しています

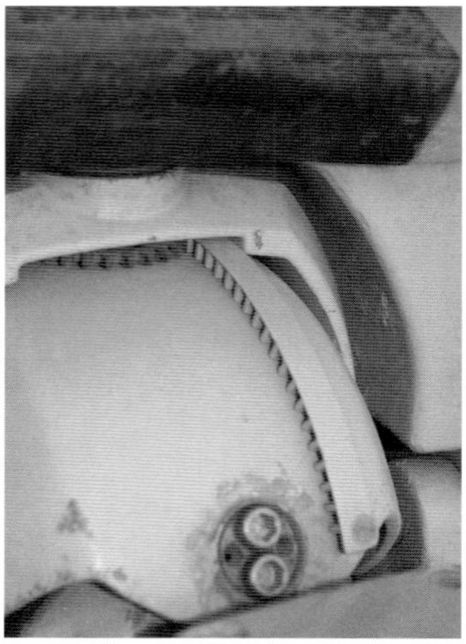

ドライブのチルト角度を測る、チルトセンダー。これはボルボのものです

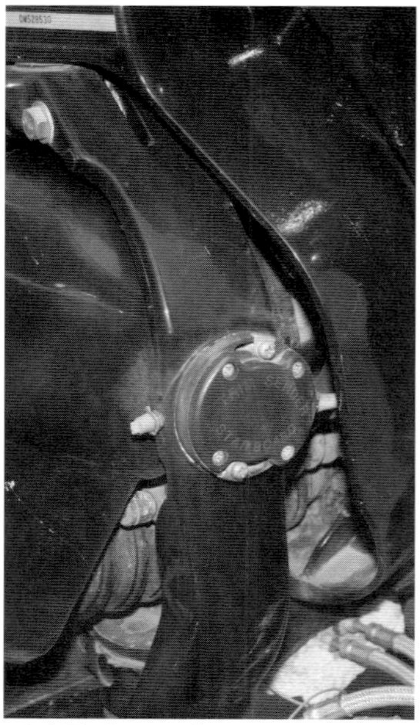

これも同じく、ドライブのチルト角を測るチルトセンダー。これはマークルーザーのものです

こちらは船外機のチルトセンダーです

これは船外機のオイルタンクに取り付けられていのローオイルワーニングセンダー

意外とローテクな、センダーの仕組み

油圧センダーは水温センダーとともに、エンジンのコンディションを知るうえで大切なものです。何らかの理由でオイルがシリンダーに回らなくなってしまったら、あっという間にエンジンが焼きついてしまいます。こうなってはたいへんですよね。その責任は重大です。油圧センダーはシリンダーブロックのオイル流路に開けられたポートに取り付けられます。最も簡単なものではポートにねじ込まれるネジの中心に穴があり、そこから

油圧をピックアップしています。

詳しく見てみると、ピックアップ用の穴にはダイヤフラムという薄膜を応用した感圧装置が仕込んであり、これによってシャフトが押されて、さらにテコを介してブラシがニクロム線上を擦る、というような構造をしています。てっきり何か神秘的な電子的回路だと思いましたか？ そんな高級なものではありません。すべて単純な機械仕掛けのローテクです。

燃料タンクのセンダーなら、液面によって上下するアームの根元にピニオンギアが組み込まれていて、アームの上下運動を回転運動に変えます。回転を伝えるシャフトを燃料タンクの上端まで導いて磁石を仕込みます。そのままシャフトを燃料タンクの外まで導けばいいような気がしますが、燃料タンクに穴を開けてしまっては危険なことこの上ありません。燃料タンクの蓋を挟んで、これまた磁石を仕込まれたセンダーがシャフトの回転を感知、そして燃料の残量をメーターに伝えるという仕組みになっています。

用途に応じたさまざまなセンダー。たくさんの種類がありますが、基本的にメーターと同一メーカーの組み合わせでないとうまく動きません。さらに、シングルステーション用とデュアルステーション用がありますから注意してください

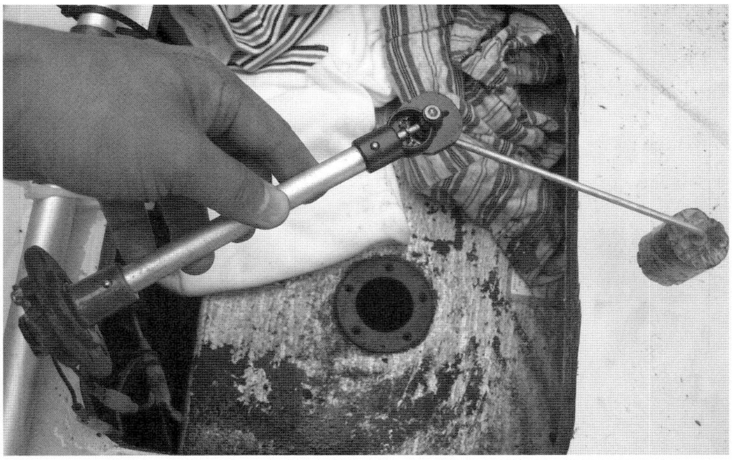

燃料タンクから燃料センダーのシャフトを取り外したところ。燃料センダーは、燃料に浮かべたフロートの上下を測るという仕組みになっています

シャフトのヒンジ部をクローズアップ。このピニオンギアで、フロートの上下を回転運動に変換しています

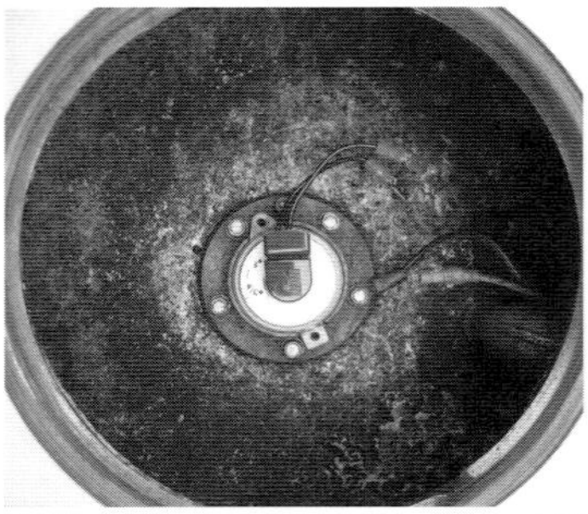

燃料タンク頂部の燃料センダー本体。この真下にシャフトがつながっています

メーターとセンダーは、同一メーカーを組み合わせる

こういったセンダーが艇のあちらこちらに組み付けられ、エンジンや艇の状態を監視しています。油圧と油圧ゼロの警告、水温とオーバーヒート警告、燃料タンク、清水タンク、ドライブのトリムなど、センダーが伝える情報は重要なものです。

ちなみにこのセンダー、ヘルムステーションが2つあるデュアルステーション用のものと、ひとつだけのシングルステーション用のものがありますから注意してください。メーターを1個動かすか、または2個動かすかで、センダー内部の抵抗値が違うのです。何か修理するときに、デュアルかシングルかを間違えると、とんでもない示度になってしまいます。

まあこれは極端な例だとしても、メーカーによって多少クセがあり、センダーそのままでメーターだけ交換すると、やはり示度が狂ってしまったりします。メーターとセンダーとで、使える組み合わせが決まっていますので注意してください。基本は「同じメーカーのセンダーとメーター」というように考えましょう。

水温計と水温センダー。同一メーカーのものを使わないと狂いが生じてしまいますから注意してください

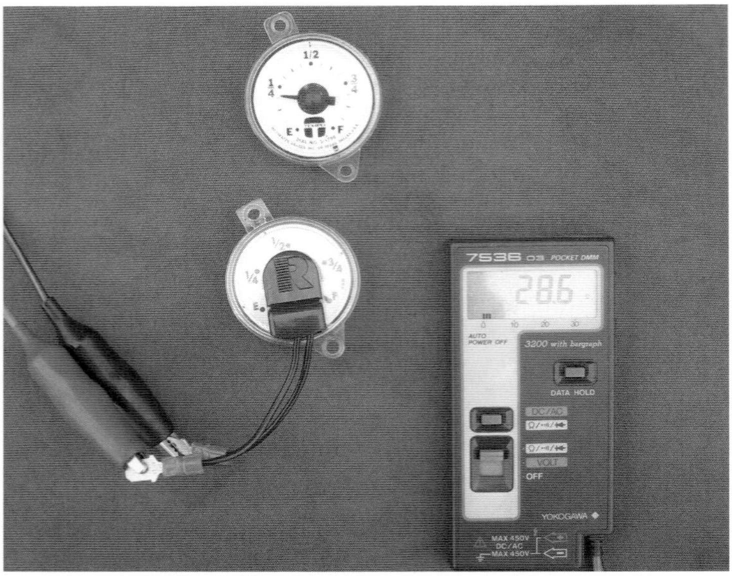

燃料センダーは磁石を介してシャフトの回転を感知し、さらにその動きを抵抗値に変換する仕組みになっています

とんでもない示度は、センダー故障の可能性も

センダーが壊れたり断線したりすると、メーターがピクリとも動かないものやいっぱいまで振り切れるものがあります。いきなり妙な示度になったときには驚かないでください。

また、メーターはセンダーに掛ける電圧を一定に保つ、ディファレンシャル機能を持っています。メーターは一種の定電圧電源だと思ってください。メーターはV（電圧）＝IR（電流×抵抗）を利用しているのですが、ここでバッテリー電圧Vやオルタネーターからの電圧Vが変動すると、正しい値、すなわちセンダーの抵抗Rが測れなくなってしまいます。V＝IRの電圧Vを常に一定にして、センダーの抵抗値Rの変化を正確に測っているのです。こうしたところがちょっとした工夫ですよね。

なお油圧メーターではなく、油圧が0になってしまったときのワーニングブザー（警報装置）に使われるセンダーは、圧力や温度によって抵抗値が変わるのでなく、ある一定以下の圧力や、一定以上の温度になると、オンからオフ（あるいはその逆）になります。油圧の場合、キーをひねってもエンジンを始動しないでしばらく放置しておくと、けたたましく鳴りますので、センダーが働いているのがわかります。水温の場合はオーバーヒート以上にならないとセンダーがオンになりませんから、ちょっと怖いような気もしますけどね。

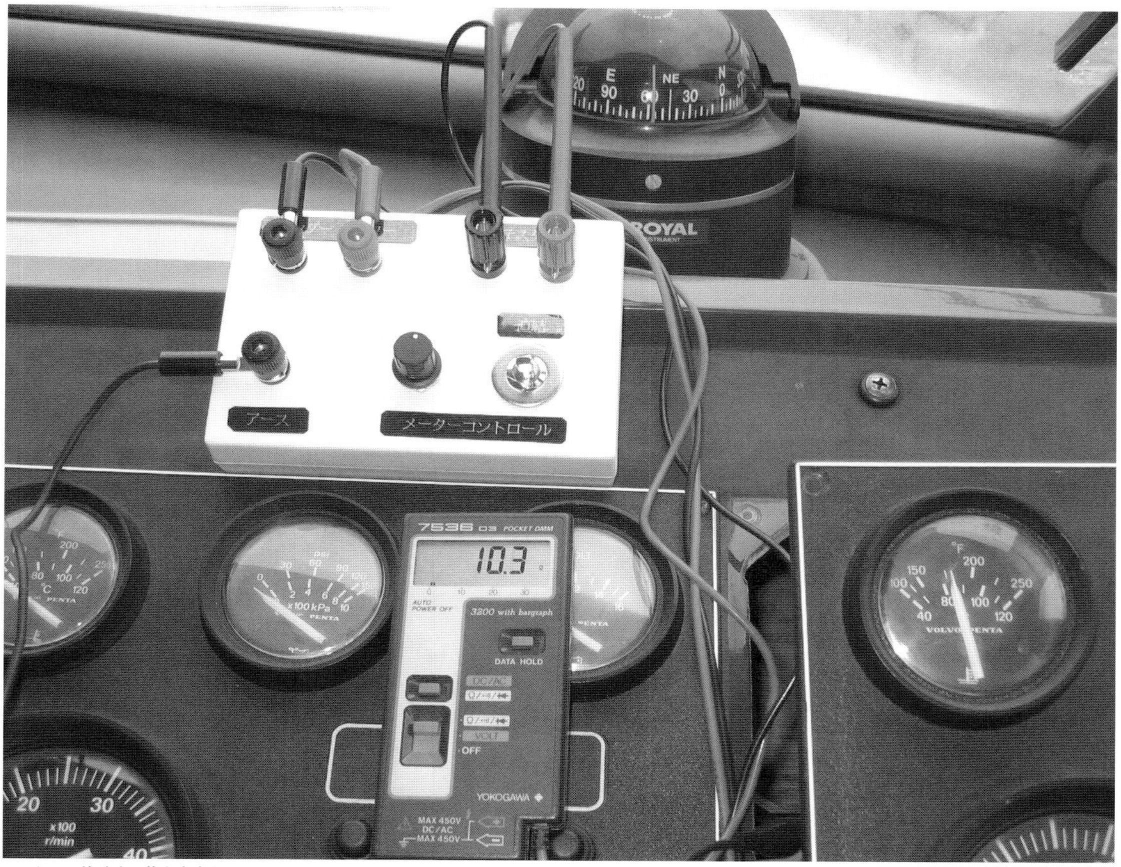

メーターの故障を、著者自家製のツールを使ってチェックしているところ。メーターとセンダーは、テスターと簡単なツールさえあればテストできます。このチェックツールの配線図は、次のページで紹介しています

メーターのテストをしているところです。センダーの代わりに可変ボリュームを付けて、その抵抗値を変えてやると、メーターの示度を動かすことができます。こうしてメーターが正常に動いているかどうか調べることができます

メーターチェック中の一場面。メーターのチェックをするときはこうやってパネルを外して作業することになります

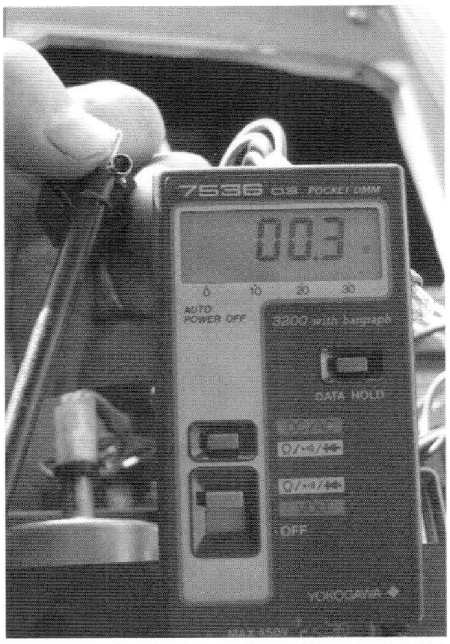

メーターパネルからセンダーへ行っている電線の導通を測っているところ。ここに抵抗があったら、メーターはうまく動きません

センダーの配線の導通を測るにはセンダー側の配線を外して測定します

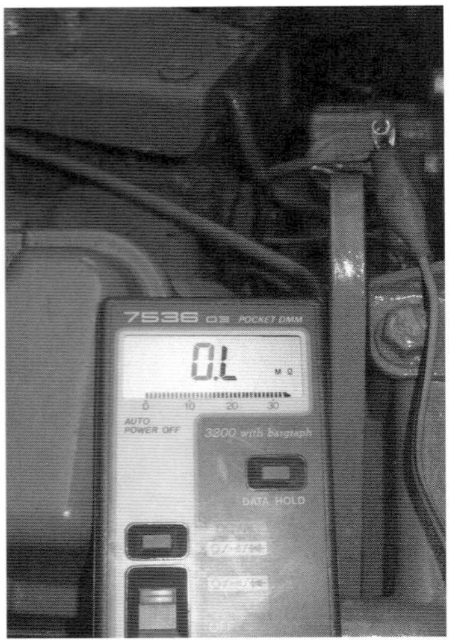

センダー側の配線にテスターを当てて導通を測ります。メーターに入るところまで抵抗がないことを確認します

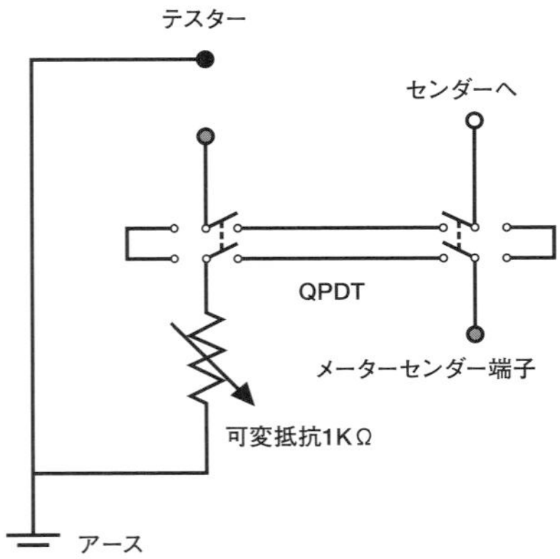

① テスターをテスター端子に接続し、抵抗測定モードに

② メーター裏のセンダー配線を抜いて、センダー端子に接続

③ メーター裏のセンダー端子に、メーターセンダー端子を接続

④ アースを取る

⑤ QPDTスイッチなので、メーターチェックモードでメーターをコントロールすると共に、センダーの抵抗値を測定

⑥ ダイレクトモードで、センダーとメーターを直結すると共に、可変抵抗の抵抗値を測定

⑦ メーターの各スケールで、それぞれの抵抗値とセンダーの実測値を比較して、不具合を判定

筆者自家製「メーター&センダーチェックツール」の配線図です。4極のスイッチと1KΩ程度の可変抵抗があれば、簡単につくることができます。具体的な使い方は、図中にある通り。これさえあれば、メーターやセンダーのチェックが簡単にできます。腕に覚えがある方は、ぜひチャレンジしてみてください

Teleflex水温計指示と抵抗値

温度	抵抗値
40	130
60	70
80	50
90	40
100	30
110	20
120	10

筆者の愛艇に装備されている、水温計の示度と抵抗値の関係。こういったことを予め測定しておくと、トラブルシューティングのときにとても役に立ちます

Chapter 5

DCモーター

意外と単純なDCモーターは、DIYに最適素材

Chapter 5　DCモーター

1 DCモーターの仕組み

ビルジポンプ、清水ポンプ、ウォッシュダウンポンプ……と、ボートのあちらこちらにDCモーターが使われています。経年変化とともにトラブルを起こしやすいDCモーターですが、仕組みを知るとともに、トラブルの原因に触れてみます。

外側に磁石が貼り付けられ、中には回転するコイルがある

機械好きの子供だったら、一度はオモチャのDCモーターを分解した経験があるでしょう。中を見てみると磁石とコイルが入っている……そうDCモーターは例のフレミング左手の法則、電磁気を利用して、電気を力に変換している機器なのです。

・永久磁石(もしくは電磁石)のN極とS極との間にコイルを入れる。
・コイルに電流を流すと、これからも磁気が生まれる。
・外側の磁石と中のコイルが反発して力が生まれる。

原理はいたって簡単。以上、これだけです。

DCモーターはヨークと呼ばれる胴体部分と、その前後を挟み込むエンドプレートで外形を形づくります。ヨークの内側には、永久磁石やステーターコイル(要は電磁石のことです)が貼り付けられています。永久磁石かステーターコイルのどちらが使われるかは、DCモーターの種類によって異なります。そしてDCモーターの中にはアーマチェアと呼ばれる回転子があり、中央には鉄芯にコイルが巻き付けられています。そのアーマチェアの両端はシャフト(軸)になっていて、シャフトの片側がエンドプレート中心のベアリングを貫通して滑らかに回転し、これが回転力の出力軸となります。

さらに、アーマチェアの片側にはコミュテータ(整流子)という接点が並んでいます。これはモーター外部からアーマチェアが電気を受け取るためのものですが、何せアーマチェアは回転してしまいます。直接電線をつなぐわけにはいきませんよね(それ以外の重要な理由もありますが、それは後述します)。そこでモーター外部から電気を導くブラシ、これは片側のエンドプレートに取り付けられていますが、このブラシとコミュテータが接触することによってアーマチェアのコイルが通電する仕組みになっています。ブラシは電気をよく通し、かつ回転を妨げないことが求められますから、ほとんどすべてがカーボンに銅粉を混ぜて焼結した素材が使われています。このブラシ一対もしくは二対が、バネの力で優しくコミュテータに押し付けられています。実はDCモーターの構造はこれだけです。簡単でしょ? 大きいDCモーター、小さいDCモーターと色々ありますが、ボートで使うDCモーターの基本は同じです。

コミュテータが、プラスとマイナスを入れ替える

以上が機械的な仕組みのあらましですが、これだけでは何で動くのかわからないと思います。そこでもう少し詳しく解説してみましょう。いちばん簡単な、永久磁石を使ったDCモーターで考えてみます。ヨークの内側の壁にはN極とS極の磁石が貼り付けられていると思ってください。

DCモーターに電池をつないでスイッチを入れると、その電気はブラシを通ってコミュテータに流れ込みます。コミュテータに入った電気はアーマチェアに巻かれているコイルを通って、反対側のコミュテータとブラシを通ってマイナス側に戻っていきますが、これが電気の流れです。このアーマチェアのコイルに電気が流れたとき、フレミングの左手の法則により磁場が発生します。これがヨークに貼り付けてある永久磁石の磁場と反発し合い、回転しようとす

る力が働きます。

ただしこのままだと、反発しあう磁石同士が最も離れた場所、つまりアーマチェアが半回転したところで停止してしまいます。ここにちょっとした細工がしてあり、アーマチェアが半回転した瞬間にコイルに流れる電気のプラスとマイナスが入れ替わります。すると電磁石となっているコイルのN極とS極が入れ替わってまた反発、電気が流れる限り半永久的に回転し続けるというわけです。このプラスとマイナスを入れ替える細工というのはホントにちょっとしたもので、ヨークに固定されたブラシに対してアーマチェアと共に回転するコミュテータ、この接点の切り替えによるものなのです。簡単なつくりですが巧妙ですよね。

オンオフを繰り返すため、コミュテータ接点は摩耗する

原理的にはコミュテータの接点が一対、ということはアーマチェアのコイルがひとつの2極DCモーターで事足りるはずなのですが、実際のところ2極では回り具合が悪いので、3極以上の多極になっているものがほとんどです。むか～し昔、子供の工作用に小さな2極DCモーターが発売されていましたが、通電しただけでは回らず、手で弾みをつけてやらなければなりませんでしたよね。

DCモーターの主要パーツであるコミュテータ。ここにブラシが当たります。アーマチェアのコイルに電気を流す役割を果たしていますが、経年変化でトラブルを起こしやすいところです

極数はDCモーターの種類と用途によって異なりますが、要は電磁石がいっぱい並んでいるというイメージを持っていれば十分でしょう。極数に応じてコミュテータの接点の数も多くなります。実際にボートで使うDCモーターをバラしてみると、この接点がびっしり並んでいるのを見ることができます。

先のようにコミュテータはコイルに流れる電気をオンオフしたり、流れの向きを逆にしたりする役目をしています。コミュテータをよく見ると、接点と接点の間に隙間があるのがわかります。ここの間は絶縁されていて、ショートしないようになっています。柔らかいブラシと接触しているとはいえ、長い年月のうちにコミュテータ接点も擦り減ってきます。また、常にプラスとマイナスが入れ替わるようになって……正確にはコイルに流れる電流が、瞬間的に繰り返しオンオフされているので、スパークが飛んで焼けたりすることがあります。このためブラシを持ったDCモーターには、ある程度耐久時間が決められているのはやむを得ません。これら物理的なダメージがつきまとうことが、DCモーターの短所ですね。

マリンで使うことができるのは、防爆型のモーターのみ

一点注意していただきたいのがボートで使われるモーターで、とくにガソリンエンジンのエンジンルームやビルジで使われるものは、すべて防爆型になっています。ブラシやコミュテータで発生する可能性があるスパークが、決してモーターの外側に漏れない構造になっているのです。

なぜこんな構造になっているかというと、ハルがお碗となっているボートで万一ガソリンが漏れていたりすると、その蒸気がビルジに溜まってしまいます。そんな状態でスパークがモーターの外に漏れると即ボカ～ンです。こういう危険を防ぐために、ボートで使われるモーターはそれ自身でスパークを飛ばさないような防爆型になっているわけです。

日本ではマリンのマーケットが成熟し切っていないので、あまりこういった心配はないのですが、DIYの盛んな海外では自動車用のエンジンを安易にマリン用にしたものや、自動車のものをそのまま流用してしまうこともあるのだそうです。それでビルジに溜まったガソリン蒸気に引火、爆発してしまったなんていう事故例も実際あるのだとか。自動車の場合は下がスカスカですからモーターが防爆型でなくても問題ありませんが、ボートの場合は万一ガソリン漏れがあったりするとビルジに溜まってしまいますからね。ということで自動車用のパーツをボートに使っちゃダメです。逆はOKですが。

Chapter 5　　DCモーター

2 DCモーターの分解と点検

配線に原因があることも多いですが、モーター自身がダメになってしまうこともよくあります。しかしDCモーターのトラブルの大部分は、錆とブラシの摩耗です。ここではDCモーターが不調のときの、要チェック個所を紹介しています。

まずはモーター単体で試す。無理なときは配線を切断

ここでは、マークルーザー製スターンドライブのチルトモーターを一例にしてみましょう。モーターが動かなくなってしまったら、まずはモーターに直接12ボルトの電気を入れてみましょう。電気を供給する配線に接触不良などがあると、モーター自身が何ともなくても、まともに動かなくなりますからね。チルトモーターを例にしたのは、正転逆転させるリレー部に配線が露出しているからです。そこまでちゃんと12ボルトが来ているかテスターで測ることも簡単ですし、モーターに直接12ボルトを掛けるのも簡単なのです。

マークルーザー船内外機のチルトポンプ。DCモーターは、こういったポンプの動力源としてよく使われています

もしモーターの近くにターミナルがなければ、まずはスイッチのところで測ってみて、そこが何ともなければモーター近くの接続部で配線を切断してしまいましょう。どのみち通電をチェックするためには切断するしかないですし、接続部は回路のウィークポイントなので、具合が悪くなったら真っ先に疑うべき個所ですからね。またつなぎ直せば、それだけでメインテナンスになるというものです。

そこまでいかなくてもカプラーが外せたら外して、カプラー中の端子で測定したり電気を入れたりしてもよいです。ちなみに切断するときは、あとからつなぎやすいところにしてください。筆者も経験ありますが、モーター本体ギリギリのところで切ってしまうと、今度はつなげるときにたいへんな苦労をすることがありますよ。

こうして直接電気を入れてモーターが動けば、まずはホッとひと安心。なぜかって？ それはモーターが高いからです。いやホント、すぐウン万円も消えてしまいますからね。これでモーターが回れば、落ち着いてそこまでの配線をたどればいいわけです。根気強く接触不良の場所を探してください。配線をたどりきれない場合は、思いきって新しい配線を新設してしまってもいいわけです。配線の始点と終点、つまりスイッチとモーターはさすがにわかりますからね。

配線をテスターでチェックするときは、ぜひプラスコントロールを思い出してください。チルトモーターの場合は正転逆転があるため2本配線、マークルーザーの場合は青に白い縞模様と、緑に白い縞模様の電線です。マイナス側が手近なところでアースされています。

とりあえず、動かないモーターを分解してみよう

さて、ではモーターが動かなかったらどうしたらよいでしょうか？ 多くの方はここで諦めてしまうと思いますが、これは実にもったいない話なのです。よほど水を被ってダメになってしまった場合を除いて、DCモーターが動かなくなってしまうのは、ほとんどがコミュ

テータとブラシのトラブルだからです。要は長年使ううちに、カーボンのブラシが擦り減ってしまったのが原因です。どうせ諦めて業者に修理を頼むんだったら……というと、ほとんどの場合、丸ごと交換となってしまうのですが……、ダメモトでバラしてみませんか？ もちろん100パーセント再生できる保証はありませんが、DCモーターのつくりはとても簡単、DIYにチャレンジするには格好の材料です。ただし、水中に沈めて使うビルジポンプの場合、まずモーターから壊れることはありませんが、もしダメになったら修理するより交換してしまいましょう。水密構造になっているのでバラすことができません。これについては後述します。

モーターの修理方法は、まずモーター単体を取り出すところからはじまります。たいていのものは構わずどんどんバラしていって大丈夫。電線を切断するときは、あとからつなぎやすいよう両側に余裕を残して切りましょう。モーターが単体になったら念のため、もう一度電気を入れて動くかどうか試します。稀にモーターではなくて、モーターによって駆動されている側がトラブルを起こして回転不能になっていることもあるからです。インペラ式のポンプなどに多いですね。ドライ運転してインペラが溶けて張りついてしまうのです。

ブラシ部は一番要チェック。修理も簡単で安上がり

さて、これでもモーターが動かなければ、いよいよバラシです。先にお話しした通り、モーターはヨークと呼ばれる中央の胴体部分と、両端のカバー部、エンドプレートから成ります。エンドプレートを留めているネジ、両端を貫通している、たいていは2本の長いボルトを抜くと、エンドプレートが外れます。シャフトが貫通している側のエンドプレートは簡単に外れませんが、ほとんどの場合、問題となるのはその反対側、ブラシが取り付けられている側ですから心配には及びません。シャフト側にプーリーなどがついていて、ますます外しにくければ、そのままでもかまいません。まずはブラシのバックプレートを外してみましょう。

たいていバックプレートは固着していますから、プラスチックハンマーで優しく叩き、それからゆっくり引き抜きます。バックプレートを外すとブラシホルダーがあり、一対または二対のブラシが中央のアーマチェアを挟み込んでいるはずです。トラブルを起こすのは十中八九、この部分です。ブラシはスプリングで押し込まれていますが、ブラシが擦り減って短くなっていませんか？ また、コミュテータがカーボンで汚れていませんか？ 手でブラシをコミュテータに密着させて通電すると動いたりしませんか？ こんな症状があったらしめたものです。清掃してブラシを交換してやれば直ります。モーター丸ごと交換すればウン万円もの出費ですが、ブラシなどの部品代は高々1、2千円くらいですからね。

ただしブラシ部分が何ともなくて、アーマチェアが錆びついていたり、コイルが焼けたり切れたりしていたら、これはもう素直に諦めましょう。コイルの破損でしたら巻き直しという手も無きにしも非ず……ですが、いずれにせよ私たち素人の手に負えるものではありません。業者に新しいモーターを頼みましょう。

かなりの力が必要なのに加えて、頻繁に上げ下げするチルトポンプには、よくトラブルが発生します。そんなときはDCモーターを取り外して分解してみましょう。これはDCモーターのエンドプレートを取り外したところです

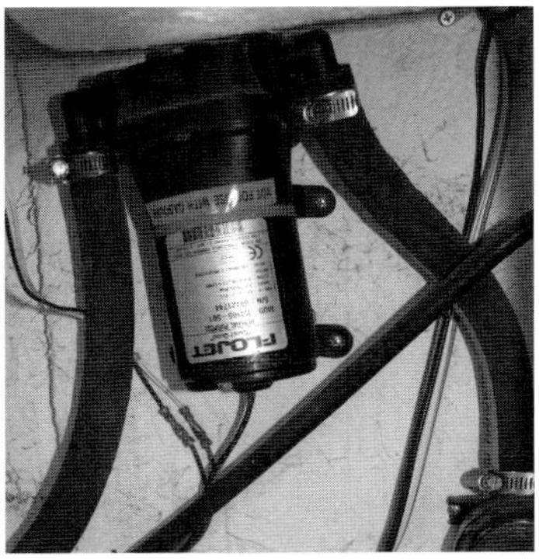

これは海水ウォッシュダウンのポンプ。こういったものに使われているDCモーターも、DIYの素材には打ってつけです

Chapter 5　**DCモーター**

3 修理とパーツの交換

船外機や船内外機の場合、ドライブのチルトポンプやワイパー、トリムタブポンプ、インペラ式のビルジポンプに使われているものなど、再生がしやすいDCモーターは数多くあります。ここではパーツ交換の手順を紹介しましょう。

ブラシホルダーを抜いて、コミュテータの接点を点検

ありがちなブラシのトラブルですが、これを直すにはまずブラシホルダーを抜いてしまいます。ブラシはアーマチェアにバネで押し付けられているだけですから、引っ張ればパチンと抜けてくれます。ヨークにネジで留まっているときは、先にネジを外しておきます。

このとき、コミュテータの状態をよく観察します。コミュテータは、ブラシからの電気をアーマチェアのコイルに伝える役目をしていて、その円周に沿って細かいピッチで接点が並んでいます。本来この接点と接点の間には隙間があって絶縁されているはずなのですが、長年使い続けていると、この隙間にブラシのカーボン粉がびっしりと詰まっている場合がほとんどです。

もちろん接点の表面もカーボン粉で真っ黒。こうなると絶縁性が落ちてしまって、ブラシだけ交換しても定格のパワーが出せなくなります。また接点自身も擦り減って、段がついていることも多いですね。

ブラシホルダーを新品に交換しているところです。通常の経年変化なら、コミュテータを清掃して、ブラシを替えるだけで直ることが多いです。諦めずにチャレンジしましょう

コミュテータの接点を磨いて、汚れと段つきをなくす

新品のブラシを注文してから届くまでの間、まずこのコミュテータのメインテナンスをしてやりましょう。やり方は至って簡単。目の細かい紙ヤスリを使って、段や傷がなくなるまで接点をピカピカに磨いてやりましょう。このとき、接点がいびつになってしまうと具合がよくありませんから、真円を保つように心がけます。これにはちょっとしたコツがあって、紙ヤスリを回転方向に動かしてやるといいですね。アーマチェアがすっぽり抜けるのなら、旋盤やボール盤を使えば簡単に磨けますが、手持ち作業でも十分です。こうしてコミュテータの接点がピカピカになったら、接点と接点の間に詰まったカーボンをケガキ針のようなもので引っかいて落とします。これで無事コミュテータのメインテナンスは完了です。何度も再生された幸せなDCモーターを除けば、接点が擦り減ってしまったために再生不能……というケースはめったにありません。

動かなくなったチルトポンプからDCモーターを取り出し、分解してみました。ブラシが摩耗し、コミュテータもかなり汚れていて、溝にはカーボンがびっしり詰まっています

ブラシホルダーを外したところ。ブラシの動きは悪くありませんが、だいぶん擦り減っています

アーマチェアのコミュテータを磨いているところです。最初は全体的に真っ黒で、ブラシが当たる部分には段がついていました。これを、いびつにならないように、きれいに磨いていきます

擦り減ったブラシと新品のブラシ。こんなに長さが違うのです

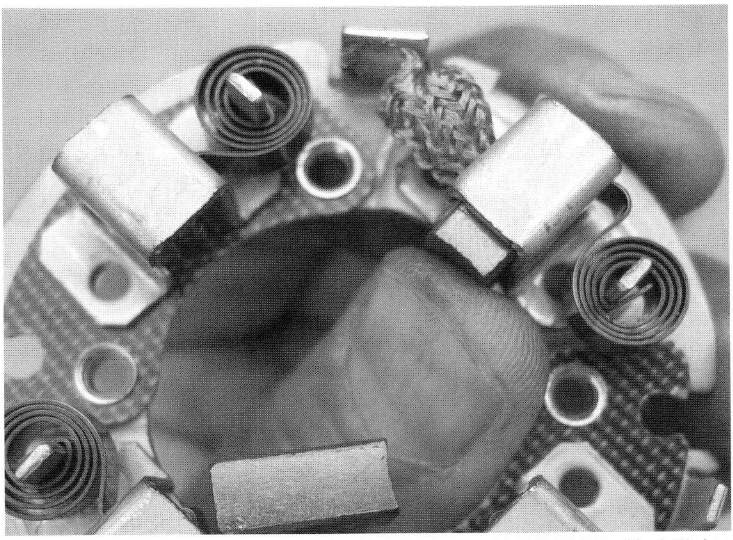

新しいブラシをブラシホルダーに取り付けます。ブラシをコミュテータにはめるときは、削ったりしないように、そっと指で押し込みます。筆者でも指がつりそうになってしまいます

永久磁石を使った、もっとも簡単なビルジポンプのブラシ部。コミュテータやブラシの構造がよくわかります

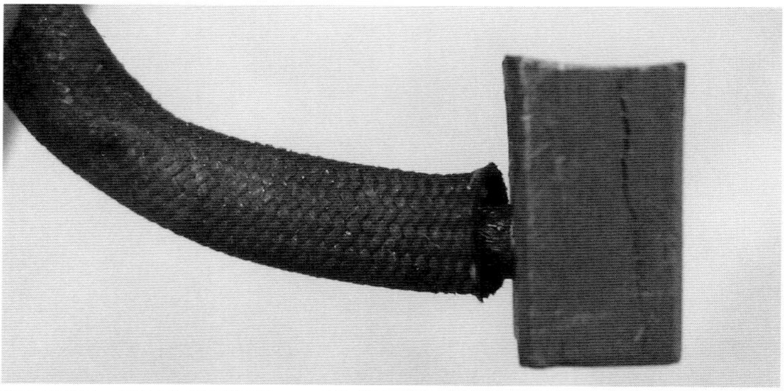

割れたブラシ。このような状態では、いつ割れ落ちて動かなくなっても不思議ではありません

ブラシはしょせん消耗品。バラしたついでに交換してしまう

次にブラシ側ですが、ブラシを押さえているスプリングやブラシホルダーが錆びついていないか？　ブラシはスムーズに動くか？　などをチェックします。これに問題があれば、アッセンブリー交換してしまいます。もちろんアッセンブリー交換となると、ブラシ単体よりもちょっとだけ高くつきます。ブラシの動き自体に問題がなかったら、ブラシ単体だけ交換すればOKです。

ブラシの摩耗についてはメーカーの使用限界基準というものがありますが、私たち素人整備では、スプリングの押し出しでしっかりコミュテータに密着するか？　で判断しましょう。しかし筆者個人としては、せっかくここまでバラしたのなら、思い切ってブラシぐらいは交換しておいたほうがよいと思います。いつかまたここまで分解する手間を考えたら、ブラシ単体の値段なんて安いものでしょう。

注文した新品のブラシが届いてみると、使い古したものと比べて長さがまるで違うことに、きっとびっくりするでしょう。ブラシはそのくらい減るものなのです。また、カーボン製のブラシに電線が編み込んであり、その先が2、3センチ出ているだけ……という新品の状態を見ると途方に暮れてしまうかもしれません。でもご安心を。古いブラシの電線をたどって継いであるところで切断、新品と継ぎ直してスリーブをカシメてやればよいのです。ただし継ぐときは、あまり長くし過ぎてショートしないように注意してください。その後、スムーズにブラシが動くように、さっとマリン用防錆潤滑剤を吹いておけばメインテナンス完了です。

欠いたり削ったりしないように、ブラシはそっと押し込む

今度は組み付けですが、ブラシをバネに逆らって押し込みながらコミュテータにはめ込みます。これが慣れていないと結構たいへんです。ものによってはバネをあとからセットできるタイプや、押し込んだときに楊枝などで押さえていられるストッパー用の穴が開いているタイプもあります。こういうタイプだと、作業が楽なんですけどね。こんな気の利いた機構がないときは、両方のブラシを2本の指で押さえつつ、コミュテータの角で欠いたり削ったりしないように注意しながら、そっと押し込みます。ものによってはブラシが2組、計4本の場合もありますから1人ではたいへんです。しかしこの作業で終わったも同然。あとは元通り両端のエンドプレートを取り付けるだけです。組み立て終わったらバッテリーをつないでみましょ

動かなくなったスターターのブラシ部。ブラシが4つあるのは、ヨークにも電磁石を使っているからです。十分にきれいですよね。しかし、さらに分解してみると……

……ブラシに電気を流すステーが折れていました。これでは電気が流れず、動かないわけです

う。きっと元気よく動いてくれるはずです。こうして自分で修理すると感激も愛着もひとしお。勉強にもなりますから、ぜひチャレンジしてみてください。

ただし、後述しますがセントリフューガル式のビルジポンプは対象外。スターターモーターもPWCや小型の船外機用など、よほど小型のものを除いて、初心者には難易度が高いので手を出さない方がよいと思います。まあ構造的には大型も小型も同じなんですけどね。

ビルジポンプは係留艇の命綱。2種類あって整備の仕方が違う

係留艇にとって、命の綱がこのビルジポンプです。モーターの不良、フロートスイッチの不良、排水ホースの外れや穴開き、配線の腐食による接触不良、バッテリー上がりなど、理由の如何にかかわらず、ビルジポンプが不具合を起こすと、即沈没の危険性が跳ね上がります。くれぐれも確実に機能するように注意してください。

ビルジポンプはおもに2種類あって、輸入艇ではRULEなどの「セントリフューガル式」(遠心式)……自身がすべて水中に沈む全没タイプか、国産艇ではHITACHIなどの「インペラ式」のタイプがよく使われています。それぞれに利点と不利な点があって、一概にどちらが優れているとはいえませんが、運用の仕方や整備の仕方が違ってきます。繰り返しになりますが、ビルジポンプは係留艇の命綱です。それぞれの特性をしっかり把握して、常に確実に作動するようにしておいてください。

セントリフューガル式のモーターは分解不可能

セントリフューガル式の全没ポンプは、セルフプライミング(自給式)ではないので、少なくともポンプの下部がすっぽり水に沈んでいないと水を吐き出すことはできません。また、そのハウジングの中で羽根車がどこにも接触せずに回っているだけなので、壊す心配もなくドライ運転をすることができます。その代わり構造上ポンプ全体を水没させないと、水を吸うことができませんし、最後まで吸いきることもできません。また万一ダメになっても、ハウジングが水密構造になっているのでバラすことができません。同様にフロートスイッチもバラせません。たとえバラしても水密性を保てず、すぐダメになります。ビルジポンプが動かなくなったら沈没の危機ですから、具合が悪くなったら素直に交換してしまいましょう。

セントリフューガル式には、フロートスイッチが必要

セントリフューガル式のビルジポンプは、ビルジが溜まったとき自動的に動かすため、別途フロートスイッチという水位によってオンオフするスイッチが必要になります。このフロートスイッチは文字通り、フロート(浮き)が上下して、浮けばオン、下がればオフになります。フロートが剥き出しのタイプや、カバーがついているタイプ、円筒状の筒の中をフロートが上下するタイプなど、さまざまなものがありますが、いずれにしろその目

全没式のセントリフューガル式のビルジポンプ。輸入艇を中心に、たいへんポピュラーなものですが、このタイプのポンプは分解できません。ポンプが不調になったら素直に交換しましょう

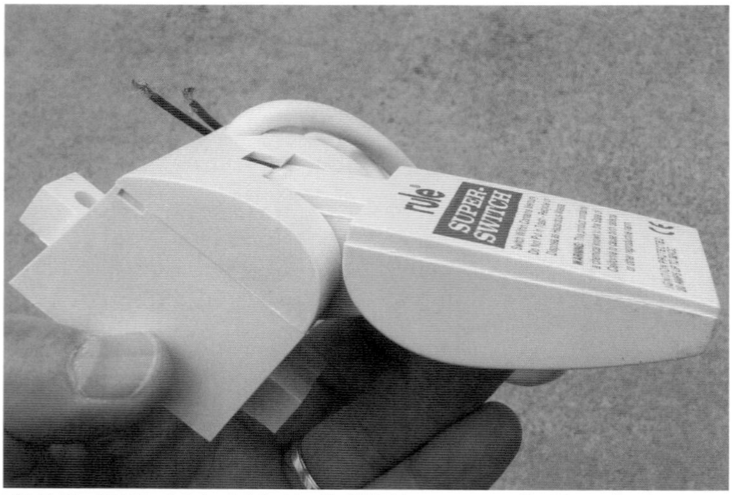

ビルジポンプのフロートスイッチです。ビルジが溜まると、このフロート部が浮いてポンプのスイッチがオンになります

的は、水位によってビルジポンプをオンオフするというものです。

その配線は、バッテリーから来たプラス側とマイナス側のうち、マイナス側は直接ビルジポンプに、プラス側はフロートスイッチを通ってビルジポンプにつながっています。艇によっては以上2本の配線のほかに、ヘルムステーションや配電盤のスイッチでビルジポンプが回せるように、プラス側にもう1本配線してある場合がありますが、フロートスイッチから出ているものと一緒になって（オーバーライドされて）、ビルジポンプのプラス側につながっています。この3本目、ヘルムステーションや配電盤からフロートスイッチへの電線は、フロートスイッチからビルジポンプに行く間につなげられ、ちょうど三叉になっている感じです。以上たった3本の、意外と簡単な配線。「あ～もうお手上げ……」と嘆く必要はありませんよね。

稀にビルジポンプと電源の間に、係留中何回ポンプが動いたのかを示すカウンターが入っていたり、ビルジポンプが動いたことをキャプテンに知らせるランプが入っていたりしますが、簡単な応用ですから怖れることはありません。ちなみにこのカウンター、一種のステッピングモーターで、1回の通電で1コマメーターが回転するというものです。

インペラ式のビルジポンプは、通常のDCモーターを使っている

一方、国産艇で見掛けるインペラ式のビルジポンプですが、これはセルフプライミングになっていて、ポンプ自体はビルジから離れたドライエリアに置いてあります。ポンプからビルジまでホースが延びていて、ストローよろしく吸い出すわけです。

インペラ式のビルジポンプでの注意点は、ポンプの中にゴムのインペラが押し込まれているので、水分がない状態でドライ運転をすると、あっという間にインペラがダメになって溶着してしまいます。よくポンプがダメで……と聞いてチェックしてみると、モーターは何ともなくて、このインペラがダメになっていることがよくあります。溶けたり、羽根がちぎれていたりするのです。モーターのトラブルを疑うときは、こういった回される側のチェックも忘れないでください。インペラ式のポンプは、チルトモーターなどと同じ通常のDCモーターを使っています。DIYで修理をしようとしたとき、格好の素材となりますよね。

再三再四申しますが、ビルジポンプは係留艇の命綱です。確実に動くように、くれぐれもチェックを怠らないようにしてください。

国産艇で使われるインペラ式のビルジポンプ。このポンプはドライエリアに設置されます。このポンプもDIYの素材に最適です

Chapter 6

スイッチ

オンとオフ。たったこれだけでも奥が深い

Chapter 6　スイッチ

1 スイッチパネル

理解しがたいほど複雑なスイッチパネルや配電盤の配線でも、ある基本ルールに則っています。これはスイッチパネルや配電盤の大小に関係ありません。この基本ルールをたどっていけば、複雑な配線でもひも解くことができるのです。

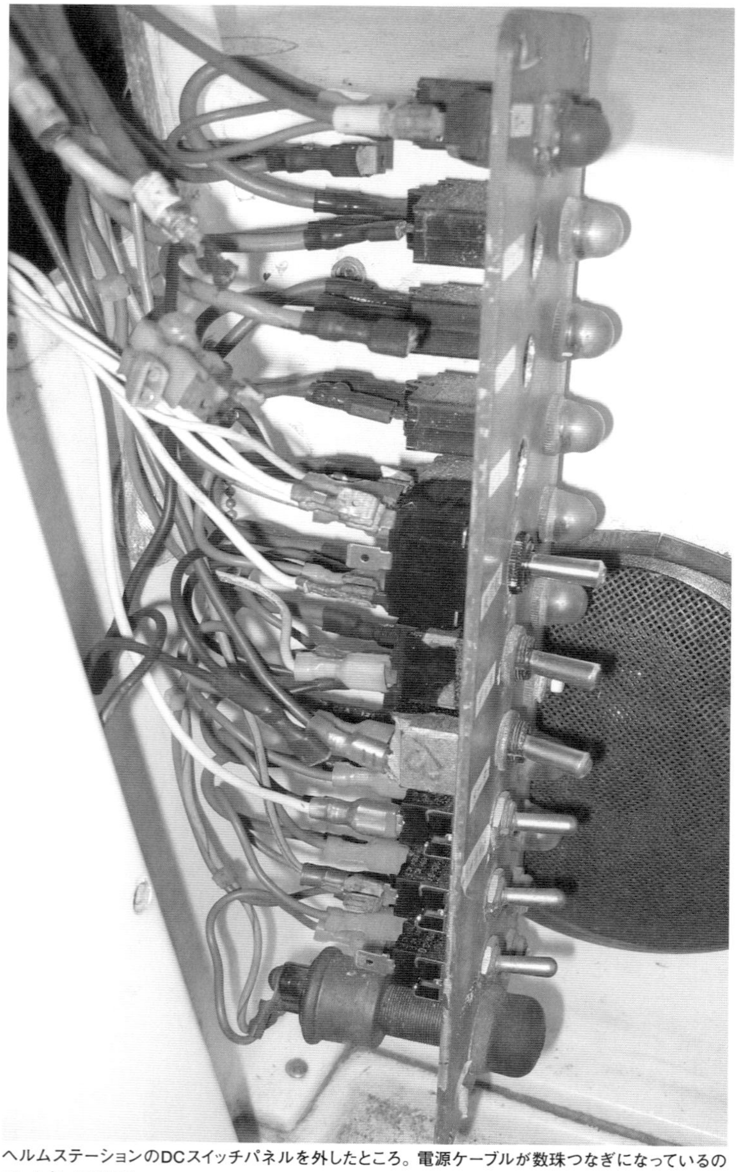

ヘルムステーションのDCスイッチパネルを外したところ。電源ケーブルが数珠つなぎになっているのが、よくわかります

複雑怪奇なスイッチパネルにも、決められた一定のルールがある

スイッチパネルや配電盤は、あちらこちらの機器やライト、モーターなどをコントロールする、ボートのコマンドセンターです。小型艇ではヘルムステーションのメーターパネルにいくつかのスイッチが並んでいるだけですが、中型以上の艇になるとスイッチがずらりと並んだスイッチパネルや、独立した配電盤を持っています。その機能すべてを覚えるだけでもたいへんですが、空いているスイッチに何か機器を追加艤装しようとして、コンソールの裏を覗き込んでみると、電線が束になって這い回り、複雑に絡みあっているのを目にすることでしょう。陸電やジェネレーターなど、AC（交流）系を持っている艇ではますます複雑になり、見ただけでゲンナリとしてしまいます。しかしながら「こりゃとてもダメだ～」と諦めることなかれ。スイッチパネルは一定の決まりで規則正しくつくられていますから、基本さえわかってしまえば必ず理解することができます。諦めずにチャレンジしてみてください。

スイッチパネルまでは、1本の太いプラス側の配線のみ

それでは皆が怖れおののく、スイッチパネルの配線をみてみましょう。まずは話を簡単にするために、DC（直流）系のみのお話をします。ボートの電子機器のコントロールは、プラス側の電気をオンオフすることによって行われています。くだんのプラスコントロールというものですね。マイナス側は機器からバッテリーまで、何らかの形で「直通」になっています。こちらはボディーアースというべきものです。以後、スイッチパネルや配電盤の説明では、特別解説がない限り、すべてプラス側の電気について述べていると考えてください。

まず、スイッチパネルや配電盤に供給されるすべての電気、もちろんプラス側の電気は、スターターソレノイドまたはメインスイッチから、ブレーカーを経たあと導かれます。このとき使われる電線は、やや太いもの1本だけです。

この1本の電線、どのくらいの太さのものかというと、2.0平方ミリメートル（14AWG）から、3.2（12）、5.0（10）……と、艇の大きさとスイッチパネルの大きさ、どのくらいの機器をコントロールするかによって太くなっていきます。一方、メーターパネルにスイッチがいくつか並んでいるだけの小型艇には独立した電線がなく、キースイッチのオン（にしたときに電気が流れる）端子から、0.75平方ミリメートルぐらい（18AWG）の細い電線が配線されています。

大型艇の配電盤を開けたところ。数多くの電線が這い回っていて、怖れおののいてしまいそうですが、1本ずつたどっていけば必ず配線をひも解くことができます。配電盤までは太い電線で電気が供給されているのがわかります

マリンジェネレーターを持つ艇の AC配電盤です。ソースセレクターやメーター類などが見て取れます

各スイッチは数珠つなぎ。そこから各機器まで専用の電線

最も基本的な配線は、スイッチパネルに導かれている太い1本の配線だけです。この大元から各スイッチを通って各機器につながっていますが、ここに特徴があります。各スイッチ、ボートではよく「ブランチスイッチ」という呼び方をしますが、それに1本1本電線が行っているのではなく、1本だけの電線がひとつのスイッチ基部につながり、そこから短い電線で隣のスイッチ基部に、またそこから短い電線で隣のスイッチ基部に……と、数珠つなぎになっているのです。いわゆる芋づる式、という感じですか。

スイッチパネルが大きくて、スイッチの並びが2列あるような場合でも、基本は同じです。太くて1本の電線が各列最初のスイッチまで行って、そこから数珠つなぎになっています。パネルメーカー製のものだと、電線が使われているのは最初のスイッチまでで、あとは金属プレートで数珠つなぎなんていうのもあります。まあこれは大量生産品だからこそで、ボートビルダーによるつくり付けのものではあまり見られません。

あとは、ひとつひとつのスイッチから、航海灯、ワイパー、清水ポンプなどの各機器まで専用の電線が通っています。例えば清水ポンプと書かれたスイッチから出ている電線は、枝分かれや寄り道することなく、壁の裏を通って床下の清水ポンプまでつながっています。

この各スイッチから各機器までの電線は必ず専用のもので、使われているスイッチの数だけあります。各機器をコントロールするためのものですから、当然ですよね。ここまでが配線の基本です。

ヒューズやブレーカーは、大元に設置

次に応用編です。こういったスイッチパネルにはヒューズやブレーカー、パイロットランプがついていることが多くあります。それでは、まずヒューズの方から。

ヒューズはショートなどで過大な電気が流れたとき、自身が溶けて切れることによって、火災を防止したり配線を保護したりする役割を担っています。機能的には配線中のどこにあってもいいのですが、ヒューズの入れ方にはちょっとした「お約束」があります。マイナスアースという考え方、覚えてらっしゃいますよね。つまりエンジンや自動車の場合は車体まで、そこかしこにマイナス側の電気が流れているわけです。そのため、万一プラス側の電線が切れたり、そこまでいかずとも皮膜が破れたりして中の銅線が剥き出しになったときは、即ショート、スパークが飛んで最悪の場合は火災になってしまいます。そのため「ヒューズはできるだけ電源に近いとこに設ける」というルールがあります。スイッチパネルでいえば、最初のスイッチまでにヒューズを入れる、ということになりますよね。これはブレーカーの設置に関しても同じです。

以上を整理すると、スターターソレノイドやメインスイッチから導かれた太い1本の電線が、メインのブレーカーを経由してスイッチパネルに入り、それからメインスイッチに接続、あとは数珠つなぎに各スイッチがつながれます。その各スイッチからヒューズやブレーカーを経由し、専用の配線が各機器に行き渡る……というようになります。

パイロットランプには、マイナス側の配線が必要

実のところ、以上までは簡単。ややこしいのはパイロットランプがある場合です。

パイロットランプは回路の通電状態を示し、スイッチを入れると赤や青に光ります。スイッチの隣についているものと、スイッチそのものに組み込まれているものがあります。最近では電球タイプではなく、LED（発光ダイオード）を使っているものが多くなりました。玉切れなどの心配がなくなってよいことです。

さて、スイッチを入れたときランプがつくためには、そのランプにも電気を流してやる必要がありま

左がパイロットランプ付きSPSTのスイッチです。パイロットランプのマイナス端子がついていますが、少しオフセットされているのがわかるでしょうか。右は通常のSPDTのスイッチですが、これとパイロットランプ付きのスイッチとを取り間違えると、たいへんなことになってしまいますから、くれぐれも注意してください

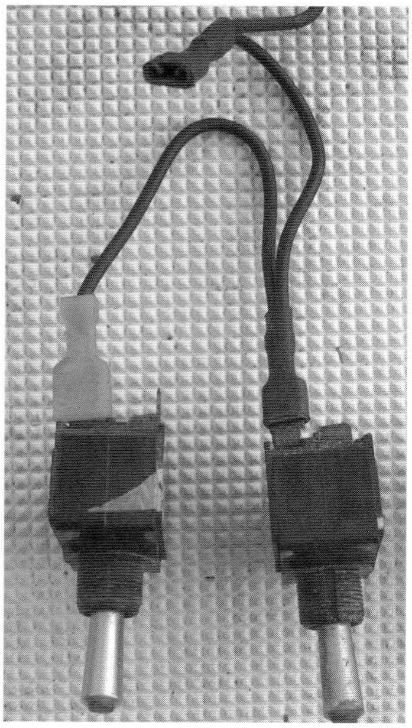

通常、スイッチの電源側は、このように数珠つなぎにされています

す。電気が流れるということは、当然、電気の還り道、マイナス側の電線が必要なわけです。先ほどスイッチパネルや配電盤にはプラス側の電線しかない……というお話をしましたが、その例外がこのパイロットランプから出ているマイナス側の電線なのです。また、その数は少ないものの、スイッチパネルにバックライトがある場合にも、同様にマイナス側の電線があるので注意してください。ちなみに、このマイナス側の電線も数珠つなぎになっています。

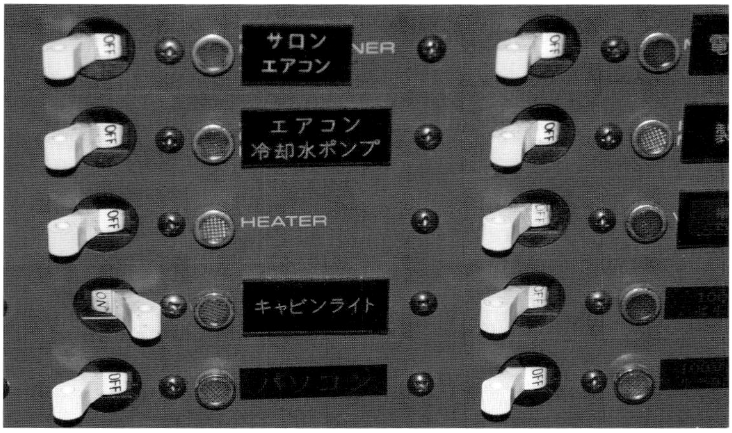

ACのスイッチパネルです。ACのブランチスイッチはサーキットブレーカーも兼ねていて、電気の使い過ぎやショートから保護する働きも兼ねています。ブランチスイッチは、DCのスイッチと同様に、ホット側だけを切る片切りです

　話を戻してパイロットランプのプラス側ですが、スイッチとは別にランプがある場合、スイッチのオン（にしたときに電気が流れる）端子から短い電線で引かれています。スイッチ内部に組み込まれている場合は目に触れないように配線されていることも多くなり、ランプ用のマイナス端子だけが見受けられることがありますから、取り違えには注意してください。

ひとつずつ配線を追っていく。撮影しておくのも、ひとつの手

　大きなスイッチパネルでは、配線がゴチャゴチャと塊になっていて私たち素人を寄せ付けない様相を呈していますが、決して臆することはありません。基本は同じで、ただ数が多いだけです。

　スイッチパネルや配電盤を理解しようと思ったら、まずはプラス側から来た大元の電線を見つけ出すのが先決です。それをたどっていけばメインのブレーカー、そこから枝別れになっている電線とヒューズやブランチブレーカー、さらに延びる各機器への電線、それに加えてパイロットランプ用のマイナス電線もあるし……やっぱり根気よく追うしか方法がありません。一度に全部見なくてもいいですから、調子が悪くて困っているものだけでも追ってみましょう。

大型艇の配電盤です。ACやDCのスイッチがずらりと並んでいて、使い方を覚えるだけでもたいへんですね

　機器がうまく動かないということは、取りも直さず電気がうまく通っていないということですから、スイッチを動かしてみて電気が来ているかを追うのです。テスター片手に追っかけてみましょう。スイッチの根元に12ボルトが来ていますか？　来ていればスイッチをオンにしたとき出口側に12ボルトが来ていますか？　ここまでがOKだったら、少なくともスイッチパネルや配電盤までの通電はOKです。

　逆にうまく電気が来ていなければ、ターミナル類を外してみましょう。中の錆びていない金属部分までは問題なかったりしませんか？　何度か付けたり外したりしていると動いたりしませんか？　そうやってひとつずつ、どこが悪いか追っていくのです。パイロットランプがつかなければマイナスの電線が外れていませんか？　ヒューズが切れていたり接触不良だったりしませんか？　どんなベテランでも、こうやってひとつずつ順を追って見ていきます。

　そして最後に取っておきのアドバイスです。何かを作業する前には、必ずデジタルカメラで写真を撮っておきましょう。うっかり電線を抜いてしまったときなど、役立つこと、この上なしです。また、一度何の配線だか判明したときには面倒でもタグをつけておくことをお勧めします。せっかく「今」わかっても、あっという間に忘れてしまうものですから。回路図を書き起こしてもよいですね。ぜひ試してください。

Chapter 6　スイッチ

2 スイッチの種類と配線

スイッチパネルや配電盤につきもののスイッチ。世の中には用途に合わせて実に多種多様なスイッチが存在しますが、ボートで使うものの99パーセントは、ここで解説している4つの基本的なタイプを理解していれば事足りるはずです。

ひとつの極性をオンオフする、一回路一接点のSPST

まずは最も単純なタイプから。スイッチの裏側に端子が1組2つあり、スイッチをパチンパチンとすると、その端子間がつながったり離れたりするスイッチがあります。

このタイプを「SPST（Single Pole Single Through）」と呼びますが、プラス側とマイナス側の2極のうち、片側の極性（Single Pole）を、単純に入れたり切ったりする（Single Through）スイッチです。日本語的には「片切りのスイッチ」なんて呼んだりします。

このSPSTが最も簡単な仕組みです。繰り返しになりますが、スイッチ裏に端子が1組2つあって、スイッチ操作でつながったり離れたり、記号的には「ON/OFF」となります。まずこの仕組みを理解してください。ボートのスイッチの大多数はこのタイプです。

配線の仕方も実に簡単、2つの端子をプラス側の途中に入れてやります。スイッチを入れると端子間が導通して、機器まで電気が流れるという寸法ですね。

2つの極性をオンオフする、二回路一接点のDPST

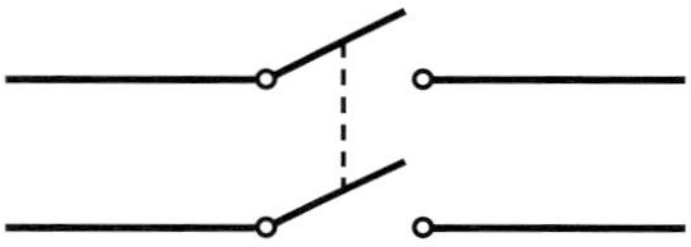

SPSTスイッチを2つ並べたタイプもあります。端子は2組4つ。スイッチをパチンパチンとやると、2組の端子間が同時につながったり離れたりします。

このタイプのスイッチのことを「DPST（Double Pole Single Through）」と呼びますが、プラス側とマイナス側、両方の極性（Double Pole）を、単純に切ったり入れたりする（Single Through）、ということです。日本語的には「両切りのスイッチ」ですね。記号的にはSPSTと同じ「ON/OFF」です。

このDPST、操作面からするとSPSTスイッチと区別がつきません。どちらのタイプが使われているかを知るためには、パネルの裏側を見てみないといけませんね。ちょっと形は違いますが、ボートでは陸電を持っている艇のAC（交流）系メインスイッチによく使われています。DC（直流）系のスイッチにはあまり使われていません。

配線図中ではなんだか上と下、2本の電線がつながっているように見えてしまいますが、これは「2組の接点が連動して動きますよ」ということを表しています。言わば配線図でのお約束です。上下をつなぐ線がないと、2つのSPSTが上下に並んでいるのと区別がつかなくなってしまいますからね。

2回路からオンを選択する、一回路二接点のSPDT

2つの回路のうち、いずれかを選択してオンするタイプもあります。スイッチの裏側には、真ん中とその左右（上下）に端子があります。計3つですね。スイッチをパチンパチンとやると、真ん中の端子が左右（上下）のうち、どちらかとつ

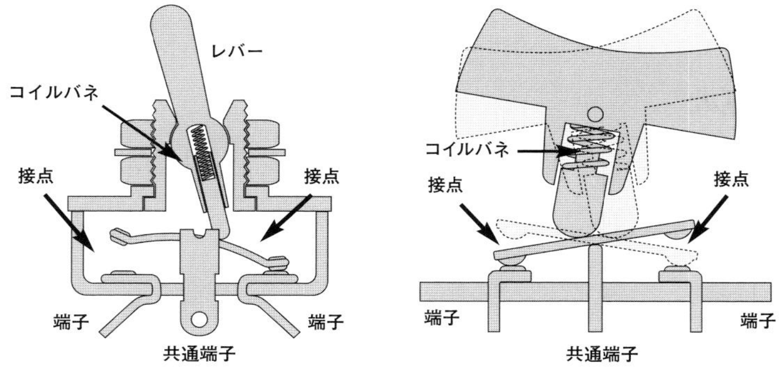

SPDTのスイッチの内部構造です。スイッチの中にあるシーソーが、レバーで押されてスイッチが入ります。こういった構造なのでスイッチを倒したのと反対側の端子に導通があるのです。右はSPDTの「タンブラースイッチ」ですが、これもレバーの形が違うだけで仕組みは同じです

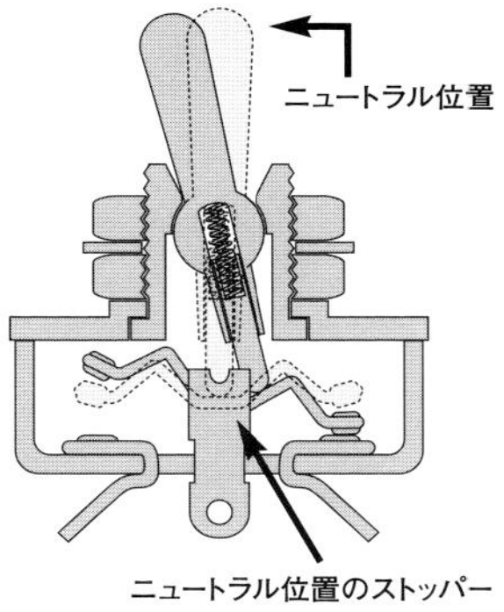

ニュートラル付きSPDTの構造です。シーソーの途中にストッパーがあります

ながります。もちろんつながっていない残りの側は、オフということになります。

このタイプのスイッチを「SPDT(Single Pole Dual Through)」と呼びます。片側の極性(Single Pole)を、2回路の間で選択する(Dual Through)、ということですね。

このタイプではスイッチがどちらに倒れていても、2つの回路のうち、いずれかはオンになったままということになります。鉄道模型を趣味にしたことがある方ならおわかりだと思いますが、赤か、青か、信号機を切り替えるスイッチにこれを使います。信号が消えては困りますからね。記号でいうところの「ON1/ON2」です。

実のところボートではこのタイプを使うことは比較的少ないです。ただし後述するように、パイロットランプつきのスイッチと混同することがあって、それがたいへんな騒ぎを引き起こしたりすることがあります。詳しくはのちほど。

配線するときの注意点は、スイッチを倒したときにつながる端子は、倒した方と逆側になっていることがほとんど、ということです。しかし間違えるといけませんから、必ずテスターで導通テストをしてから電線をつないでください。

オフを追加した、ニュートラルつきSPDT

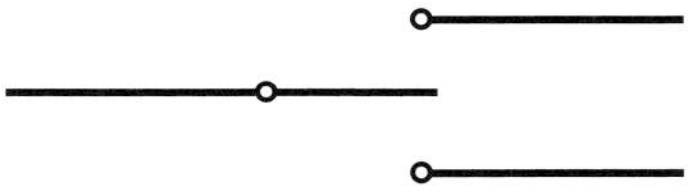

SPDTのちょっとした応用で「ニュートラル(中立位置)」つき、というのもあります。SPDTのスイッチがパチンパチンと左右(上下)に倒れる途中に、停止位置があるのです。

このニュートラルだと、2つの回路のうち、どちらにも電気が流れません。記号でいうところの「ON1/OFF/ON2」ですね。ニュートラルではどちらにも電気が流れない、スイッチを倒したときは、真ん中と倒した側と反対側にだけ電気が流れる、という感じです。通常、このタイプのスイッチにはシーソーが使われているため、倒した側と反対方向につながります。

配線の仕方はニュートラルがついていないSPDTと同じです。配線図中では、ニュートラルの状態で書き表しておきます。

最も応用範囲の広い、二回路二接点のDPDT

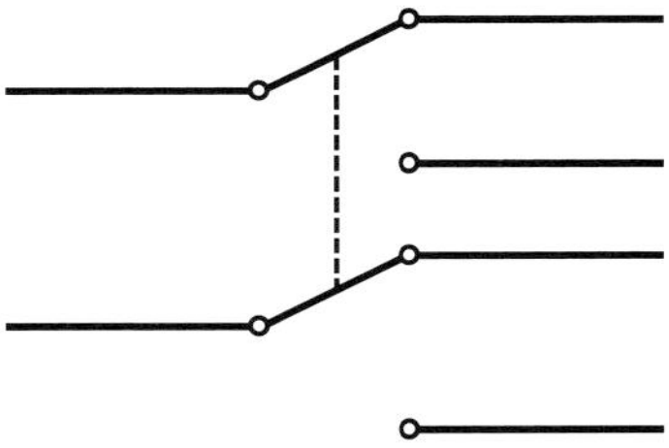

SPSTを2つ並べてDPSTになったように、SPDTを2つ並べたタイプもあります。スイッチ裏側の端子は1組3つが2組で、計6つ。このタイプを「DPDT(Double Pole Dual Through)」と呼びますが、プラス側とマイナス側、両方の極性(Double Pole)を、2回路の間で選択する(Dual Through)ということです。記号的はSPDTと同じ「ON1/ON2」です。

このDPDTにもニュートラルつきのタイプがあって、ボートではよくプラス側とマイナス側の極性を入れ替えるのに使われます。正逆転するオイルチェンジャーポンプなどがそうですね。このプラスマイナスを入れ替える配線は、かなりややこしくなりますから、これものちほど詳しくお話しします。

これが最も応用範囲の広いスイッチですね。配線図ではSPDTが2つ上下に並んでいる感じになります。もちろん上下をつなぐ線は、DPSTのときと同じ「連動」を表しているので、実際の電線がつながって通電しているわけではありません。ニュートラルつきの場合は、SPDTのときと同じように、ニュートラルの状態で書いておきます。

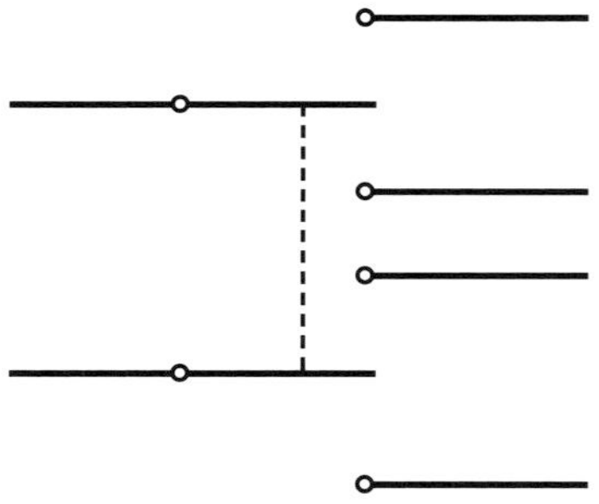

複雑なスイッチでも、SPST、DPST、SPDT、DPDTが基本

以上、4つの基本タイプ、SPST、DPST、SPDT、DPDTのスイッチをよく理解しておいてください。ややこしくみえても、極性「P」と通電「T」の前が、シングルの「S」か、ダブル（デュアル）の「D」になっているだけです。

さらにこの4つの応用として、4極、6極、中には8極なんていうスイッチもあります。その配線たるや……見ただけでげんなりしてしまいます。しかし幸いなことに、こういった複雑なスイッチがボートの一般的な艤装で使われることは多くありません。搭載される電子機器についていたりする程度ですので、私たち素人があまり気にする必要はないのです。ただし、あくまで4つの基本タイプの応用ですから、もし出くわしても諦めないでください。

DPDTを応用して、2つの機器を個別にコントロールする

DPDTを応用すると、全周灯だけを灯したり、それに加えて両舷灯も灯したりすることができます。また、極性を入れ替えて、オイルチェンジャーポンプなど、正転逆転するモーターの回転方向を変えることができます。

まず航海灯からみてみましょう。これを理解するには図版を見ながらの方がわかりやすいと思います。図版はスイッチを裏側から見たものです。【1】～【6】は、それぞれが端子だと思ってください。

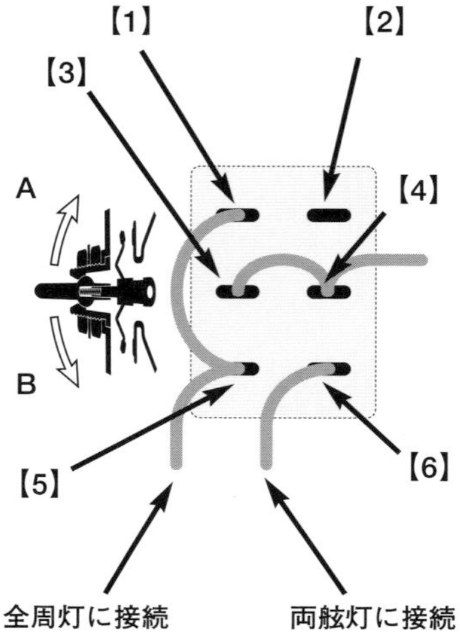

スイッチをAの方向に倒すと【3】と【5】、【4】と【6】が、それぞれつながります（普通スイッチにはシーソーが使われているため、倒した側と反対方向につながります）。

スイッチをBの方向に倒すと【1】と【3】、【2】と【4】が、それぞれつながります。

ここで真ん中の端子【4】に、バッテリーから来たプラス側の電線をつなぎます。さらに【3】を短い電線で【4】と数珠つなぎにします。

そして【1】と【5】を電線でつなげて、その先を全周灯につなぎます。同じく【6】からの電線は両舷灯につなぎます。

【2】は何もつながずオープンのままです。

以上のように配線して、スイッチをAの方向に倒すと【1】、【3】、【4】、【5】、【6】がつながって、全周灯と両舷灯に電気が流れます。

一方、スイッチをBの方向に倒すと【1】、【2】、【3】、【4】、【5】がつながって、全周灯に電気が流れます。これ即ち、錨泊をするときのアンカーライトですね。DPDTを応用すれば、スイッチひとつで2つの航海灯を、それぞれ個別にコントロールできるのです。

DPDTを応用して極性を入れ替え、モーターを逆回転させる

次はいよいよ、オイルチェンジャーモーターのような正転逆転するモーターを、DPDTを応用して制御してみましょう。こういったモーターはプラス側とマイナス側、2つの極性の入れ替えで回転方向が決まります。学生時代の理科の

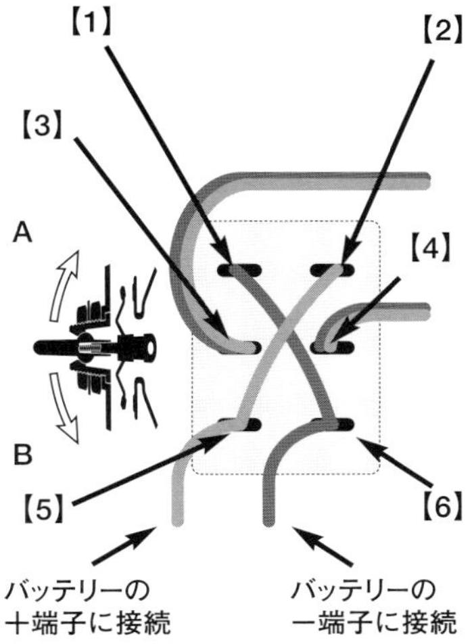

実験を思い出してください。スイッチひとつでこれをやろうとすると、とても難しいことのように思えますが、DPDTならできるのです。

航海灯の場合とは逆に、【3】と【4】にモーターまでの電線2本をつなぎます。

そして【5】と【6】に、プラス側から来た電線とマイナス側へ還る電線をつなぎます。

次に【2】と【5】、【1】と【6】をつないでおきます。クロスする感じですよね。

この状態でスイッチをAの方に倒すと、【3】と【5】、【4】と【6】、それぞれの間がつながってモーターが正転します（普通スイッチにはシーソーが使われているため、倒した側と反対方向につながります）。

今度はスイッチをBの方に倒すと、【1】と【3】、【2】と【4】、それぞれがつながります。こうなるとモーターが正転したときに対してプラス側とマイナス側が入れ替わり、モーターが逆転します。

このように、スイッチひとつ、配線の工夫ひとつで、簡単にモーターの回転を制御することができるのです。スイッチにもいろいろな使い方があるものです。

DPDTを2つ使って、トリムタブを制御する

ボートで使われているスイッチの中で最もややこしい配線は、トリムタブスイッチでしょう。このスイッチは、DPDTを2つ並べた仕組みになっています。

トリムタブは、艇のトランサム両舷に一対が取り付けられていて、これを上下させることによって艇の傾きを是正します。

実際にトリムタブを駆動するのは油圧ポンプで、これが油圧シリンダーへオイルを送ったり、抜いたりしています。この油圧ポンプは、正転逆転するモーターと一対のソレノイドバルブによって構成されています。ちなみにソレノイドバルブは、油圧シリンダーに向かうオイルパイプを堰き止めるためのものです。

油圧ポンプのモーターからは3本の電線が出ていて、うち1本はマイナスアース、残り2本のいずれかにプラス側の電気を通すと、モーターが正転するか逆転する、という仕組みになっています。

例えば艇が左に傾いたときは左側のトリムタブを下げるのですが、左側のトリムタブへ向かうオイルパイプのソレノイドバルブを開け、同時にモーターが正転、オイルを左トリムタブの油圧シリンダーに送り込むことになります。逆に行き過ぎて左のトリムタブを上げるときは、ソレノイドバルブを開けると同時にモーターを逆転させ、油圧シリンダーからオイルを抜いてやることになります。

このようにスイッチ操作ひとつで、複数の機構を同時に動かさなければならないので、トリムタブ

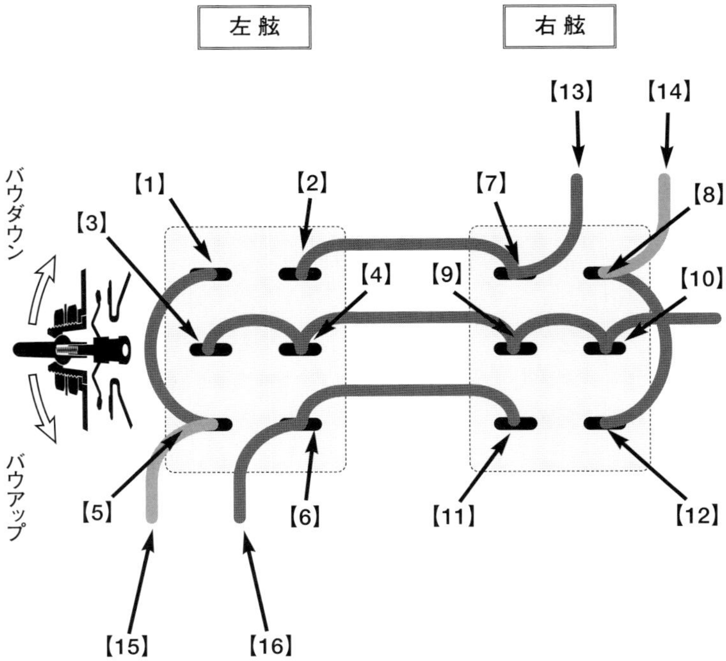

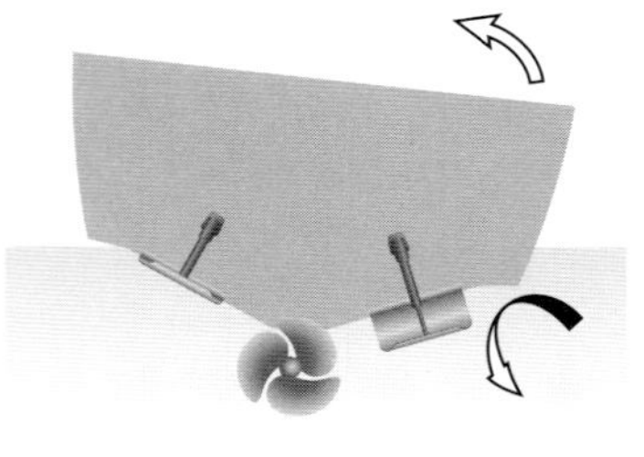

トランサム両舷に取り付けられたフラップにより、艇の重量バランスやプロペラの回転トルクによる傾き、あるいは波や風による傾きを補正します。右舷に傾いた場合、右舷側のフラップを下げると、右舷側の水流を押して艇の姿勢を真っ直ぐにします

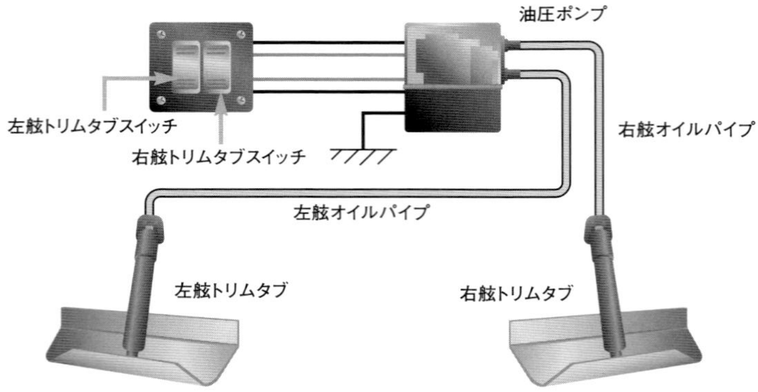

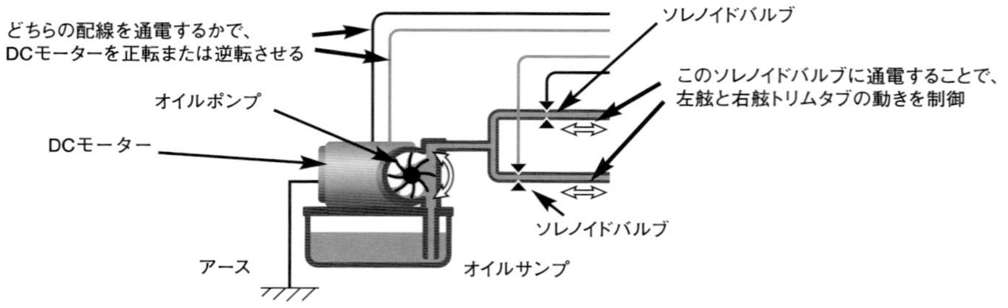

トリムタブポンプの模式図です。正転または逆転するポンプと、左右舷フラップのアクチュエーターへ続くオイルポンプ、そしてオイルを堰き止めるソレノイドバルブで構成されています。ヘルムステーションのスイッチでこれらの動きを制御します。その上はトリムタブ機構の全体像です

スイッチにはDPDTを2つ使った巧妙な工夫がされています。

まずプラス側から来た電気が【10】から【9】、【4】、【3】へと数珠つなぎになっています。

さらに【16】に電気が流れるとモーターが正転し、【13】に流れるとモーター逆転、【14】に流れると右舷ソレノイドバルブが開き、【15】に流れると左舷ソレノイドバルブが開く、というような配線になっています。

ここで一点注意して欲しいのは、モーターはひとつ。それが正転、逆転いずれの場合でも、ソレノイドバルブが開いた舷のトリムタブが上下するということです。

では実際にいくつかのスイッチ操作を試してみましょう。左舷スイッチと右舷スイッチ、いずれかをバウダウンに押せば、モーターを正転させる電気が【11】から【6】を経由して【16】に流れます。

このとき右舷スイッチをバウダウンした場合は、右舷のソレノイドバルブを開く電気が【12】から【8】を経由して【14】に流れます。それではバウアップしたときはどうでしょう。それでも右舷ソレノイドバルブが開く電流が【8】から【14】に流れることがわかりますよね。つまり右舷スイッチを操作したときは、それがバウアップかバウダウン、いずれでも右舷ソレノイドバルブが開く仕組みになっているのです。

今度は左舷スイッチのバウアップを試してみましょう。左舷スイッチをバウアップするとモーターを逆転させる電気が【2】から【7】を経由して【13】に流れると同時に、左舷ソレノイドバルブを開く電気が【1】から【5】を経由して【15】に流れます。同時に右舷スイッチをバウアップしたときでも、モーターを逆転させる電気が【7】から【13】に流れることがわかります。

最後に両舷スイッチを同時にバウダウンに押すと、モーターを正転させる電気が【11】と【6】を経由して【16】に流れ、同時に、左舷ソレノイドバルブを開く電気が【5】から【15】へと、右舷ソレノイドバルブを開く電流が【12】から【8】を経由して【14】に流れます。

実に巧妙な仕掛けだと思いませんか？ スイッチ配線の中でも、このトリムタブスイッチが最もむずかしいですね。これがわかれば免許皆伝です。

また、こうして仕組みを知れば、同時に両舷のスイッチを互い違いに操作してはいけない、というこ

とがよくわかります。モーターには正転と逆転の電気が、同時に流れてしまいますからね。ヒューズが飛ぶならまだしも、故障の原因になったりします。

一時的にオンになる、モーメントスイッチ

次は一時的にオンになるスイッチ、「モーメントスイッチ」についてです。最もよく目にするのは、キースイッチのエンジンをスタートさせる位置、またはホーンを鳴らすスイッチですね。こういったスイッチでは入りっぱなしになっては具合が悪いので、押したり、ひねったり、倒したりと、人が操作をしている間だけオンになる仕組みになっています。手を離せばバネの力で元に戻るようになっているわけですね。

このモーメントスイッチにも、先の4つの基本タイプがありますが、ボートでおもに使われるのはSPSTと、ニュートラルつきのSPDTの2タイプです。SPSTはホーンのスイッチ、ニュートラルつきのSPDTはドライブのトリムスイッチやトリムタブのスイッチなどに使われています。記号的にはSPSTが「MOM-ON/OFF」、SPDTが「MOM-ON/OFF/ON」か「MOM-ON/OFF/MOM-ON」。前者「MOM-ON/OFF/ON」は片側だけがモーメンタムになっている場合で、後者「MOM-ON/OFF/MOM-ON」は両側ともモーメンタムになっている場合です。このモーメントスイッチは、手を離すと元に戻る必要があるところに使われていますので、戻らないといろいろ問題を引き起こします。

ポジションランプつきでは、マイナス側に配線が1本多い

スイッチの中には、今オンになっているかオフになっているかを、イルミネーションで表示してくれるものがあります。

パイロットランプのお話をしたときに、スイッチ自身にランプが仕込まれている場合、ランプ用のプラス側配線は内蔵されていて目につかずとも、マイナス側の配線が別途必要だというようなことをいいましたが、ポジションランプつきのスイッチでも同じことがいえます。

例えば最も簡単なSPSTでもポジションランプつきの場合は、プラス側の電線と機器へ向かう電線、そしてポジションライト用にマイナス側の電線、以上をつなげる3つの端子がついています。一見すると3つの端子を持つSPDTと間違えやすいのです。スイッチの不良で交換するときなど、うっかり取り違えたりしないように注意してください。このポジションライトつきのSPSTと間違えてSPDTを取り付けてしまい、マイナス側にスイッチを倒したらショートしてしまいますからね。ヒューズが入っていなかったら、火災など最悪の事態にもなりかねません。

電線と同じく、スイッチにも許容電流値がある

電線の太さによって流すことができる電流の量が違う、というようなお話をしましたが、スイッチにも同様のことがいえます。皆さんもスイッチに「125V1A」などと刻印されているのを見たことがあるでしょう。これはそのスイッチに掛けることができる最大許容電圧（125ボルト）と、流すことができる最大許容電流（1アンペア）を表示したものです。この最大許容電圧や最大許容電流、どちらかでも超えてしまうと安全に使うことはできません。

ボートで使う電圧はたいていがDC（直流）12ボルトか24ボルトの低電圧なので、最大電圧を気にする必要はあまりありませんが、AC（交流）系の電装品を使う艇で100〜110ボルト、あるいはもっと大型艇で220〜230ボルトを使うようになったら、ちょっとだけ注意をしてください。とはいっても多くの場合、小型のスイッチですら最大許容電圧が125ボルトとなっていますから、220〜230ボルトに艤装するときに多少の注意が必要となります。

それよりも大切なのは、最大許容電流です。DC12ボルトは意外と電流を喰います。15ワットの航海灯を両舷灯と併せて3個灯けただけでも、3アンペア以上になってしまいます。ちょっとしたモーターなども、すぐ10アンペアぐらいになってしまいます。スイッチに最大許容電流以上の電気を流すと、電線の場合と同じで発熱したり、焼きついてスイッチが切れなくなったりします。このためスイッチを選ぶときは、回路に流れる電流を十分見積もって、最大許容電流を超えないようにしてください。通常はせいぜい数アンペア〜10アンペア程度だと思っておくとよいでしょう。

Chapter 6　スイッチ

3 ターミナル

配線の始点、終点となるターミナル。その選び方や使い方で、作業性や信頼性が大きく違ってきます。苦労して電線を引いても、肝心の接点が不具合を起こしたのでは報われませんよね。ここではそのターミナルについてお話しします。

艤装には差し込み式か、ネジ止め式のターミナル

電線を取り付けるターミナルにも、その用途によってさまざまなタイプがあります。オスをメスに差し込むタイプ、ネジ止めになっているタイプ、ハンダづけすることが前提になっているタイプ、プリント基板に直接ハンダづけするタイプ、といった具合です。

このうちプリント基板に直接ハンダづけするターミナルは、各電子機器の内部に使われているのがほとんどで、私たちが行うDIY艤装ではほとんどお目に掛かることはありません。同様にハンダづけすることが前提の小型ターミナルも、作業性の関係からボートではめったに使われることはありません。それにハンダは強い力が掛かると、どうしても割れたり切れたりしますからね。こういったものはひとまず除外して考えましょう。ということで、ボートで使われるターミナルの大多数は差し込み式と、ネジ止めのタイプになっています。

作業性に優れるが信頼性が低い、差し込み式のラグターミナル

オスをメスに差し込む平板タイプのラグターミナルはスポスポと差し込んでいくだけなので、何しろお手軽、簡単、抜群の作業性に特徴があります。例えば寝転がって上を向いて、ようやく手が届くような配線作業をするには、たいへん助かります。ほかにも数珠つなぎの配線を繰り返すときや、スイッチが小さくターミナルの間隔が狭いときにも重宝します。こういった非常に優れた特徴があるので、ボートではよく使われています。

しかしこの差し込み式タイプ、最大の利点が最大の欠点になることもあります。つまり接触不良を起こしやすく、また抜けやすいのです。オス側をメス側が挟み込んでいるだけなので、もともと接触面積が少なく、どうしても接合する力が低くなります。さらに接触していない部分は常に大気に触れるため錆の影響を受けやすくなり、経年変化による接触不良を起こしてしまうことが多々あります。10年以上の船齢を重ねた艇だと、多かれ少なかれ、ターミナルの錆によるメーターや機器の不調に悩まされることがあると思います。また、航行中ドッタンバッタンとやっているうちに配線の束が踊ってしまい、その重みでターミナルが抜けたりすることもありえます。差し込み式タイプは便利な反面、こういった欠点もあるということをよく認識しておきましょう。

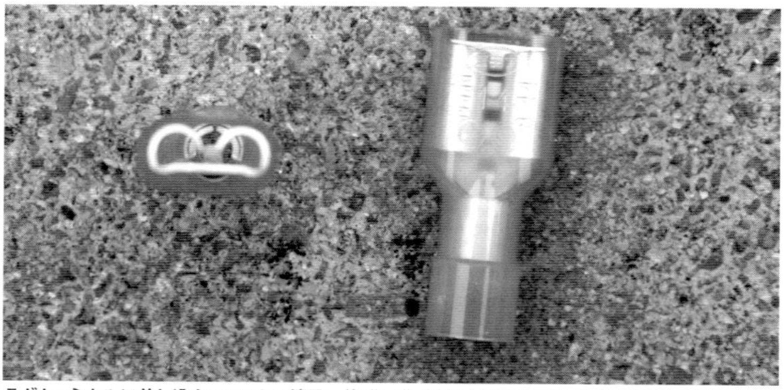

ラグターミナルに差し込むファストン端子。抜群の作業性を誇りますが、接触する圧力が低いので、経年変化により接触不良を起こしたり、力が掛かると抜けたりします。長所と短所を理解したうえで使いこなしましょう

ちょっと工夫すれば、欠点を補うことができる

差し込み式タイプの欠点を書き連ねてしまいましたが、使い手が欠点を補うようにしてやれば、がぜんその利点が輝いてくることも事実です。

そのひとつ、配線をターミナル任せにしてブラブラさせてはいけません。必ずタイラップなどで押さえたり吊ったりして、艇が揺れて配線が踊ってもターミナルに力が掛からないようにしてください。

次にオスをメスに差し込んだときに「ちょっと緩いかな？」と思ったら、ラジオペンチなどで、メスの上からちょっと潰してやりましょう。少し引っ張ってもしっかりとしているくらい、固く噛み合うようにしてください。工業製品といっても多少の誤差はつきものです。組み合わせによっては多少のガタが生じます。こうしてひと手間掛けるだけで、利点を生かしながら欠点を補うことができるのです。

信頼性は高いが作業性が悪い、ネジ止めのターミナル

次に多いターミナルが、ネジ止めになっているタイプです。配線にリングターミナルを掛けて、あとはネジでしっかりと止めるだけです。このタイプは振動で抜けたり、接触不良になったりする心配が、まずありません。表面が緑青を吹いてしまうくらい錆びても、ターミナルを外してみるとしっかり金属光沢を保っていることもよくあります。

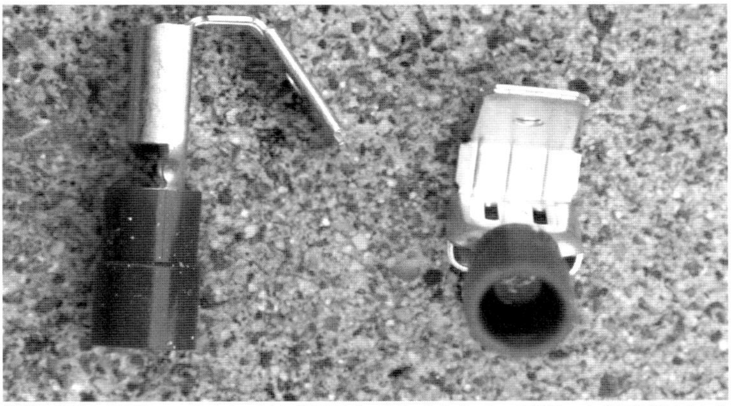

電線の分岐に便利な、二股のファストン端子です。スイッチやメーターを数珠つなぎで配線するときに使います

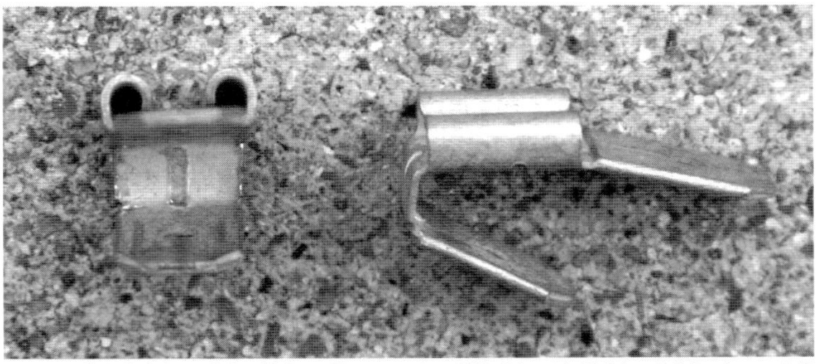

既設の配線を分岐させるときに使う、二股のファストン端子です。これがひとつあると、たいへん便利です

そう聞くとなんだかよいことづくめのように思えますが……作業がたいへんなのです。何しろ電線1本つなぐのに、いちいちネジを外してからセットして、また締めなければならないのです。作業性が悪い場所では、とてもじゃないけどやってられません。それもあってカッポリ開く配電盤や、周囲に余裕の空間がある場所、もしくはどうしても接触不良や事故をなくして信頼性を高めたいところに使われています。

作業中ポロッとネジを落としてしまうことも多く、うっかり者の筆者はこのネジ止めのターミナルが大嫌いです。信頼性が高いのは重々わかっているのですけどね。このネジ止めのタイプ、どんなに作業性を無視しても、最低限ドライバーを取り回すスペースが必要です。つまり極数が多くなって過密になると、事実上ネジ止めができなくなるのです。ニュートラルつきのDPDTが限界かも？　ネジ止めのスイッチにはこんな特徴があるのです。

しっかりとした接続に使う、リングターミナルです。確実な接続ができるのはよいのですが、いちいちネジ止めしなくてはならないので、作業性の悪いことが難点です

Chapter 6　スイッチ

4 ソレノイド

これまで何度か登場したソレノイド。仕組みは単純な電磁石ですが、言わばスイッチの裏方として実際に大電流のオンオフを司る非常に大切な機器です。ここではその種類と使い方、接続の仕方などを、少し掘り下げて解説しましょう。

電磁力を使って、離れた場所から大電流をオンオフ

始動回路のところで、大きな電力をコントロールするときはソレノイドを使うと話しましたが、このソレノイド、なかなかどうして奥が深い機器です。スイッチパネルや配電盤に使われていることは比較的少ないのですが、ここではついでにソレノイドの配線についてみてみましょう。スイッチパネルや配電盤からオンオフされるソレノイドは、「リレー」と呼ばれたり「マグネット」などと呼ばれたりしますが、ボートの世界ではソレノイドと呼ばれることが多いですね。

復習になりますが、ソレノイドは一種の電磁石。電気が流れると電磁力によって、中の接点がくっついたり離れたりします。この接点がスターターなどといった大電流を必要とする機器の通電をオンオフするわけです。なぜこんな回りくどいことをするかというと、大電流を流すには太い電線が必要で、それをわざわざスイッチパネルや配電盤まで引っ張ってくるわけにはいかないからです。また、ひとつのスイッチで複数の機器を同時にコントロールしたりしたいときなどにも、このソレノイドが活躍します。これも復習になりますが、ひとつのスイッチが扱える電流は、高々10アンペア程度までですからね。

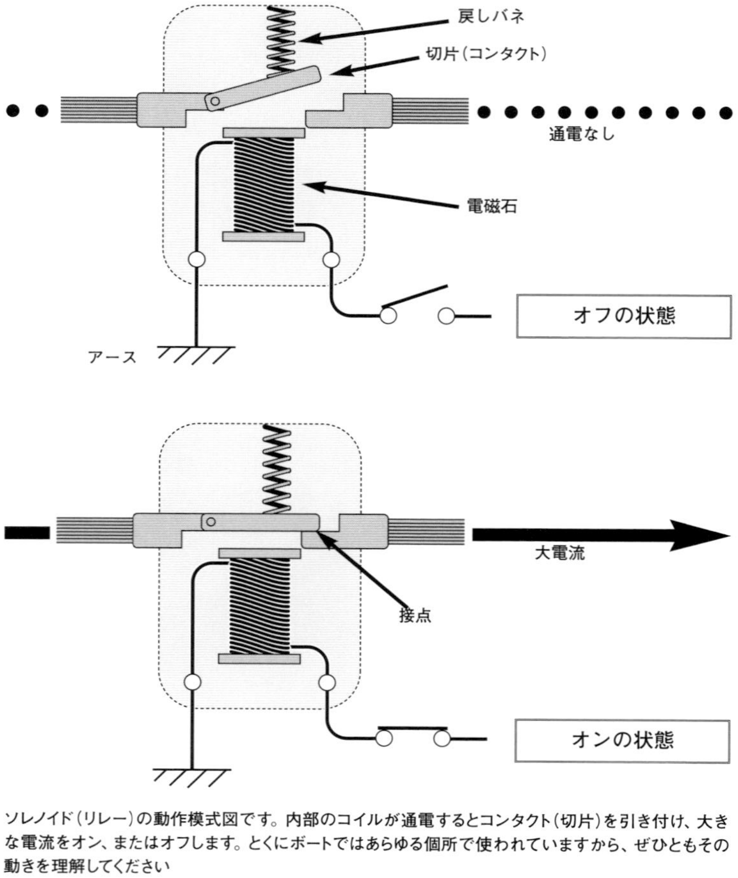

ソレノイド（リレー）の動作模式図です。内部のコイルが通電するとコンタクト（切片）を引き付け、大きな電流をオン、またはオフします。とくにボートではあらゆる個所で使われていますから、ぜひともその動きを理解してください

ソレノイド自身の端子1組と、機器用に大端子が1組

ソレノイドの配線で、最も基本となるものはソレノイド自身を駆動するプラス側とマイナス側の電線ですが、このマイナス側は適当な所にアースされますから、プラス

側の電線のみスイッチパネルや配電盤でオンオフされます。

次にソレノイドがコントロールする機器のプラス側電線（太いものになりますが）、これをつなげる1組の大端子がソレノイドに設けられています。この大端子間の通電をオンオフすることがソレノイドの使命なのですね。

すると、ソレノイド自身の端子が1組、大端子が1組で計4つの端子、これが基本的なソレノイドの端子になります。ちなみにボートの場合、ほとんどすべてのソレノイドがDC（直流）12ボルトや24ボルトでの駆動になります。

大型ディーゼルエンジンに使われているソレノイド。キースイッチをオンにすると、同時にこのソレノイドもオンになり、エンジンの運転や各機器に必要な電力を供給します

ソレノイドの接点にも、電流値の限界がある

このソレノイド、容量によって大から小まで、さまざまなものがあるのはスイッチの場合と同じです。また、各エンジンメーカー用に、スペックや取り付け金具が違っていたりもします。その中でもとくに大電力用のソレノイドでは、スイッチのような最大許容電圧と最大許容電流のほかに、「レート」と呼ばれる値が設けられていることがあります。

このレートとは一種の最大許容電流なのですが、ソレノイドの大端子が扱うことができる最大電流が規定されているのです。先のように、ソレノイドに内蔵される接点が電磁力でくっつくことによって、大端子間に電流が流れるのですが、その接点にも耐えられる限界があるというわけです。また、許容値を大きく超える電流が接点に流れると、スイッチを切ってバネの戻る力が働いても、接点が離れなくなることがあるのです。さらに、大電流を切り離そうとする際、接触面積が瞬間的に小さくなっていくのに対して、機器側はまだ大電流を要求しているため、そこにスパークが飛ぶこともあるのです。こういった接点の保護のためにも、ソレノイドの大端子が扱うことができる最大許容電流が決まっているわけです。

また、使用時間が連続でもOKなレートと、間欠的にのみ使えるレートがあります。連続して使えるものは「コンティニュアスデューティ」と呼ばれ、間欠的にしか利用できないものは「インターミッテントデューティ」と呼ばれます。間欠仕様のものを連続使用するとすぐに焼けてしまいます。その逆は大丈夫ですが、連続仕様のものは同じ大きさの間欠仕様のものに比べてレートの値が小さくなってしまいます。要は使い分けですね。

長持ちさせるには、不必要に大電流をオンオフさせない

ソレノイドの宿命は大電流をオンオフすることなのですが、前述のように内蔵する接点にも限界があります。とくにくっついたり離れたりする瞬間には、大きな負担が掛かるのです。

例えばバッテリーが上がってしまって左右のバッテリーを一時的につなぐソレノイド（パラリレー）をオンするとき、まずそれをオンしてからスターターを回し、スターターを止めてからオフしてください。これを逆にするとソレノイドに大きな負担が掛かります。スターターを回している最中にオンオフしてはいけません。不必要に過大な大電流をオンオフさせることになりますからね。これがソレノイドを長持ちさせるコツです。

同じく大電流を扱うウインドラ

スのソレノイドなども、最初はアンカーラインが無負荷に近いような緩んだ状態でオンしてから巻き上げはじめましょう。また、ウインドラス任せに艇を引っ張っているようなときにオフしてはいけません。こういったモーター類は、無負荷のときにほとんど電流を喰わない反面、いったん負荷が掛かると物凄い大電流を喰いますからね。必ずエンジンでアシストして、ラインが緩んだ状態でソレノイドをオンオフしてください。愛艇に対する思いやりです。もっともスターター用のソレノイドはいたわりようがないので、その駆動条件はより過酷だといえるでしょう。

スターターソレノイドの、余った端子には秘密がある

基本的にはソレノイドの端子、それ自身のもの1組2つと、機器用の大端子1組2つなのですが、例外もあります。その代表的なものが船内外機のスターターソレノイドでしょう。どこが例外なのかというと、ソレノイド自身が必要とする端子のうち、マイナス側の端子がないのです。実はこういったスターターはエンジン本体に直づけされ、エンジン自体がマイナスとアースされていますから、特別マイナス側の配線がなくても大丈夫なのです。ですからスターターを取り外してテストする場合は、スターター本体をアースしてやらないと動きません。とまあ、ここまでは何度かお話ししていることです。

しかし同じスターターソレノイドでも、もっと大型艇用のものはスターターとソレノイド自身に、それぞれマイナス側の配線もあるのが普通です。これは消費する電力があまりに大きいので、エンジンに大電流を流したくないというのと、確実な配線をしたい、または迷走電流による電蝕を防ぐためです。

先のように船内外機用のスターターソレノイドには、ほとんどすべて自身のマイナス側配線はないですが、必要ないはずの端子を残しているものがあります。必要ないのにアースをしているのでしょうか？ 残念ながら違います。この余ったように見える端子には、ソレノイドがオンになったときだけ大端子からお裾分けされたプラス側の電流が流れるのです。普段は何もつながっていません。なぜこんな面倒なことをするのでしょうか？

実はこれ、ガソリンエンジン特有のスパークを生み出す機構をアシストするための仕掛けなのです。ガソリンエンジンを動かすためには、点火プラグが継続的にスパークを飛ばすことが必要ですが、これに必要な高電圧を生み出しているのがイグニッションコイルです。このイグニッションコイル、キースイッチをオンにしたとき、そこから導かれた長い電線で電気が供給されますが、電線が長いのでタダでさえ電圧は下がりがちです。供給される電圧が低くなれば、当然イグニッションコイルが提供する電圧も下がってしまいます。すると点火プラグがスパークを飛ばしにくくなって、ということになりますよね。このとき、スターターを回したらどうなるでしょうか？ スターターのためにバッテリーはがんばりますが、何せスターターは大喰らいですから、その瞬間バッテリーが供給する電圧が本来の12ボルトから10ボルト程度まで下がっていることもしばしばです。とすると、キースイッチを経てイグニッションコイルに供給される電圧はますます下がることになります。

こうなると始動前タダでさえエンジンが冷えて点火しにくくなっているうえに、スパークが弱々しかったらエンジンが始動できなくなってしまいます。そこで登場するのがソレノイドの余った端子。この端子はスターターがオンになっている間だけ大端子から直接電気をもらって、それをイグニッションコイルに提供しているのです。つまりスターターを回すために、バッテリーの電圧が下がる間だけ生きがよい電気のお裾分けをイグニッションコイルに流し、力強いスパークを飛ばす。こうしてエンジン始動をアシストしているのですね。ただし現在は点火回路の電子化、高性能化が進み、とくにこういった工夫をしなくても始動性能に遜色がなくなってきたのであまり使われなくなってきましたけどね。

基板組み込み用リレーは、ソケット式でなおさら簡単

次に基板組み込み用のリレー（ソレノイド）についてみてみましょう。基板組み込み用のリレーというのは筆者の比喩ですが、要するにひとつのスイッチで、色々な機器を同時にオンオフするために使うリレーということです。こういったリレーは、機器の内部にあるプリント基板や配電盤の裏に隠れていることが多いですね。ジェネレーターのスイッチパネルの裏につ

いていたり、エアコンのコントロールボックスの中に入っていたりします。こういった場合、ソレノイドと呼ぶことはなくて、単にリレーとかマグネットとか呼びます。小電力用のものをリレー、エアコンなどに使う大型のものをマグネットと呼ぶことが多いようですね。また、とくにマリン用のリレーやマグネット……というものはなくて、ほとんどの場合一般の家電に使われているものが流用されているようです。ですから筆者としては腐食のことが心配なのですが……ということはひとまず置いておいて、その動きをみていきましょう。

この基板組み込み用のリレーやマグネットも、いわゆるソレノイドと仕組みや動きは変わりません。電磁力で中の接点をくっつけたり離したりして、通電をオンオフするのは同じです。ただし、基板組み込み用のものになると、DCだけではなくてACで動くものも多くなりますから注意してください。先に述べた最大許容電流なども含めて、リレーの側面にプリントされていることが多いです。

この基板組み込み用のリレーで特徴的なのは、その極数です。これまで述べてきたソレノイドでは、オンオフするのは常に1配線（回路）でしたが、この基板組み込み用のリレーでは、複数の回路をオンオフするのが普通です。2回路、4回路なんていうのはザラで、もっともっと多い場合があります。そのうえ、リレーがオンになっているときにつながる回路だけではなく、リレーがオフのときにつながる回路というのもあって、いっそう話がややこしくなります。要するに Dual Through のSPDTを代用するようなものだと思っていただければ理解が早いでしょう。

つまりこのタイプのリレーでは3つの端子が1組になっていて、ひとつの端子が入力側、残る2つのいずれかがリレーオフでつながる端子、もう片方がオンでつながる端子になっているというわけです。これを応用してさまざまな回路のコントロールをしています。この端子3つで1組、それが何組もありますから端子だらけといった感じでしょうか。しかし特別なことは何もありません。そればかりか基板組み込み用のリレーの場合、専用のソケットに差し込まれていることが多く、配線の接続は非常に楽です。またソケットから引き抜くとリレーの裏や側面に、何番がどういう配線なのかがプリントされていますので怖れるに足りません。今まで勉強してきたことを応用すれば簡単です。

配電盤の裏側や、電子機器の内部でよく使われている基板組み込み型リレー。動作自体は一般のソレノイドと変わりませんが、2極以上のコントロールができるのが特徴です。またオンだけでなく、オフのときに導通する端子も持ち、さまざまな応用が可能です

板組み込み型のリレーは、このようなソケットに挿し込んで使うので、端子の接続は楽です。ただし防水機構ではないので、水が掛かる場所での使用は厳禁です

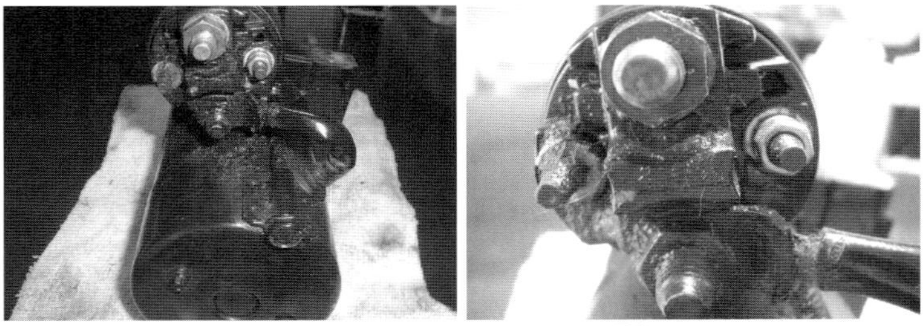

ガソリン船内外機のスターターに使われているマスターソレノイド。通常、スターターのマスターソレノイドは、スターター自身にアースされているのでマイナス端子はありません。ここに見える小端子は、スターターがオンのときに点火コイルに電気を流すためのものです。この小端子、最近は点火機構の電子化によって使われなくなってきました（写真提供：萩原 弥氏）

Chapter 6　スイッチ

5 メインスイッチ

ボートで使われる一番大きなスイッチ、メインスイッチについて触れましょう。大電流に耐えるため極めて原始的なつくりになっていますが、それでも取り扱いを間違えると、重大なトラブルを起こすこともあるので注意が必要です。

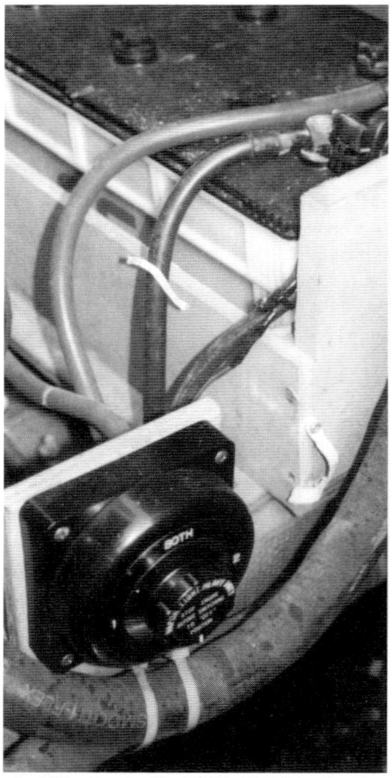

バッテリーとエンジンの間に設けられているメインスイッチ。通常は、太いバッテリーケーブルの取り回しを短くするように、エンジンルームに設置されています

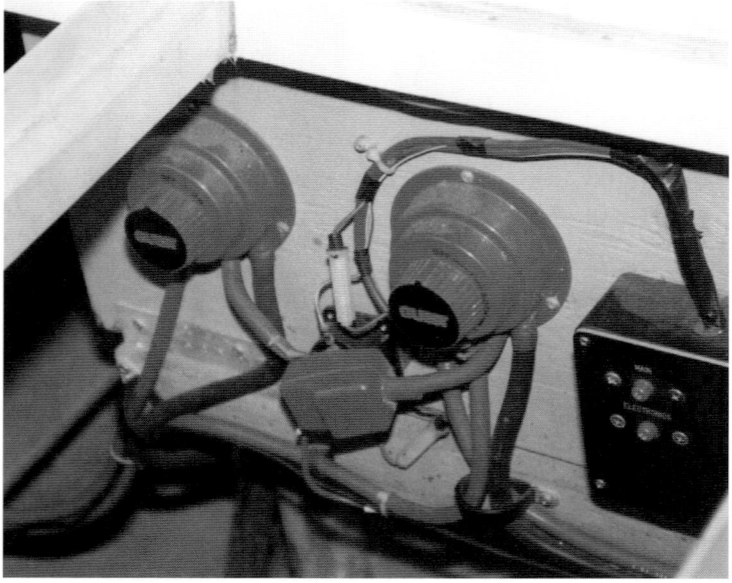

メインスイッチには、オンオフするだけのもの、2つのバッテリーを切り替えて使えるものなど、さまざまなタイプがあります。もっともポピュラーなのが、この「1-2-BOTH-OFF」のロータリー式タイプです

大電流も流すので、メインスイッチは特殊な形状

メインスイッチはいうまでもなく、バッテリーからの大元となるスイッチです。スターター、ウインドラス、照明、電子機器など、すべての電源をコントロールしています。うち、スターターが必要としている大電流にも耐えうる必要があるので、ほかのスイッチと比べ明らかに特殊な形状になっています。

そんな特異なメインスイッチでも、艇の種類によってバリエーションがあります。バッテリーがひとつしかない小型の船外機艇などで一番使われているのが「OFF-1」などと表示されている、単純にオンかオフするかだけのロータリースイッチです。バッテリーを2つ積んでいるか、あるいはひとつしか積んでいないけれど、ある程度以上の大きさの船外機艇や船内外機艇で使われているのは「OFF-1-BOTH-2」などと表示されているロータリースイッチです。この表示は、2つのバッテリーを切り替える、あるいは両方のバッテリーを同時につなげることを意味しています。輸入艇などではPERKO社の赤いロータリースイッチが有名ですね。

「OFF-1」のロータリースイッチは、まさに単純にオンするかオフするかだけの機能しかありません。乗艇してエンジンを掛ける前に「1」、帰港してエンジンを止めたら「OFF」にして家に帰ります。回路的にはSPSTのスイッチと同じです。

オンオフだけのメインスイッチ。裏側を見ると、バッテリーから来る端子と、エンジンへ行く端子の2つしかありません。動作的にはSPSTのスイッチと同じです

「OFF-1-BOTH-2」は、ロータリーならではの仕組み

一方「OFF-1-BOTH-2」のロータリースイッチは、「1」にするとバッテリー1、「2」にするとバッテリー2につながります。メインスイッチの裏側には3つの端子があって、それぞれがバッテリー1とバッテリー2、そしてスターターにつながっています。ここまでは2つのバッテリーを交互に切り替えることができるという意味でSPDTのスイッチと似ていますが、決定的に違うのが両方のバッテリーを同時につなげる「BOTH」です。メインスイッチならではの特殊なものですね。セレクターを「BOTH」の位置に回すと、バッテリー1とバッテリー2、そしてスターターにつながる3つの端子がすべてつながります。回路的に不思議な感じがするかもしれませんが、種を明かすと実に簡単な仕組みになっています。スイッチの中には円周を3分の1くらいにした金属板が2枚あって、これらが同軸円周上の内外に少し重なるようにして配置されています。こうすることによってスイッチを「1」まで回せばバッテリー1だけ、「BOTH」の位置ではその少し重なった個所に当たってバッテリー1と2両方に、「2」まで回せばバッテリー2だけにつながります。簡単ですが巧妙な仕組みですよね。ロータリースイッチの特徴を上手く生かしています。

エンジン運転中「OFF」は、瞬間的でもご法度

「OFF-1-BOTH-2」のロータリースイッチを使ううえでの注意点ですが、エンジンの運転中にスイッチを切り替えてはいけません。とくに「1」から「2」に切り替えようとして、「1」-「OFF」-「2」と回すのはご法度です。「1」-「BOTH」-「2」と回すのは、まだ許せます。この両者、一見違いはないような感じもしますが、実のところ大きな違いがあるのです。

「1」-「OFF」-「2」と切り替えると、当然バッテリーが一瞬でもオフになるということがわかりますよね。これが御法度なのです。なぜかというと、バッテリーをオフにした状態でエンジンを運転すると、オルタネーターを壊してしまうからです。詳しくは充電系のところでお話ししますが、エンジンを運転中に決してバッテリースイッチをオフにしてはいけません。一瞬たりともです。これは「OFF-1」のタイプでも、まったく同様です。

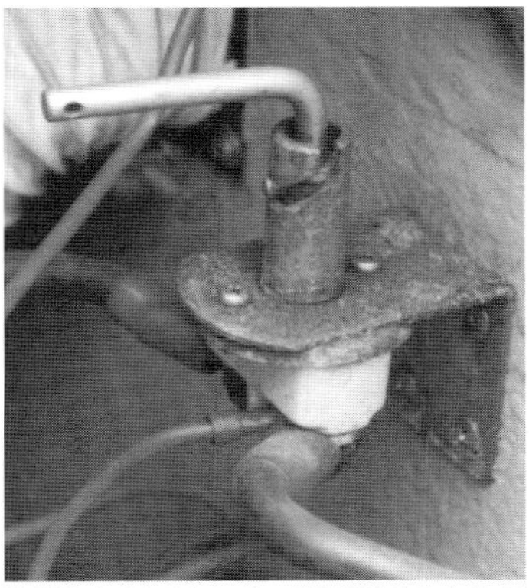

盗難防止のためにレバーが取り外せるメインスイッチ。最近はあまり見掛けませんね

ナイフスイッチ型のメインスイッチ。端子の“曲がり”に注意してください。時々、接触不良を起こしているのを見掛けます

「1」-「BOTH」-「2」がまだ許せるというのは、切り替える途中にバッテリーがオフになる瞬間がないからです。しかし腐食の多いボートでは、万一の接触不良などで、つもりはないのに結果的にオフになってしまった場合でも、やっぱりオルタネーターを壊してしまうことになります。ですからエンジン運転中にはメインスイッチに触らないことが一番です。

単純なロータリー式が、一番信頼性が高い

メインスイッチの種類にはロータリースイッチのほかに、レバー状のものや、盗難対策のためロータリーに取り外し式のレバーを追加したものなどがあります。こういったオープンタイプのものは、腐食や接点の変形による接触不良などを起こしやすいので、時々チェックが必要になります。

一部の大型高級艇などでは、遠隔操作が可能なメインスイッチを装備していることがあります。これはマグネットという一種のソレノイドを使った仕組みになっています。メインスイッチを入れるのに、いちいちエンジンルームに潜り込まなくてもよいので便利ですが、システムとしての信頼性は原始的な手動のもののほうが高いですね。何事もそうですが、部品や関連機能が増えれば増えるほどトラブルを起こす確率は高くなります。こういった艇にお乗りの方は定期的なチェックを怠らないようにしてください。

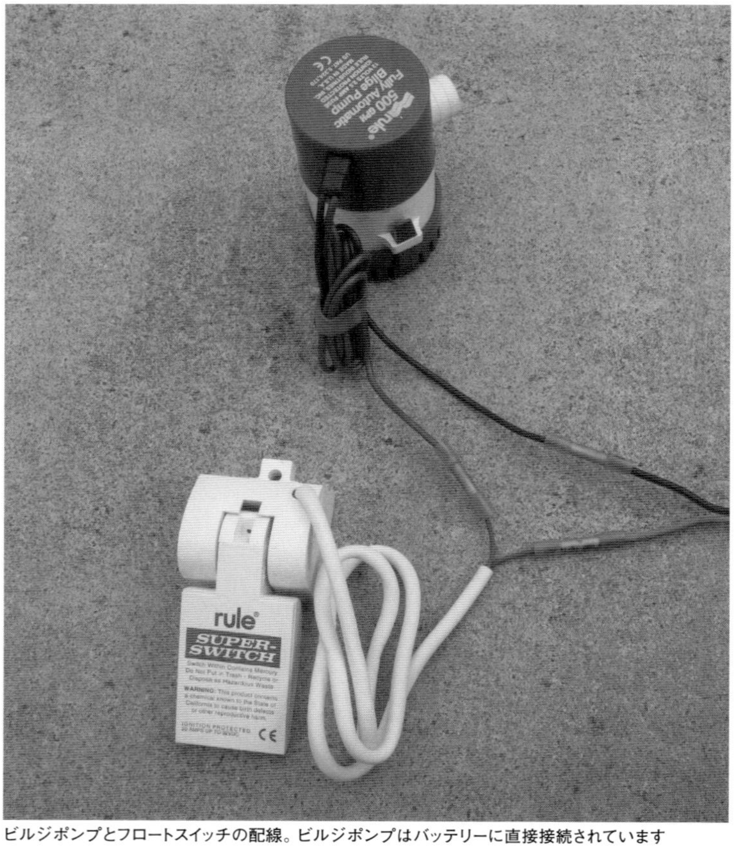

ビルジポンプとフロートスイッチの配線。ビルジポンプはバッテリーに直接接続されています

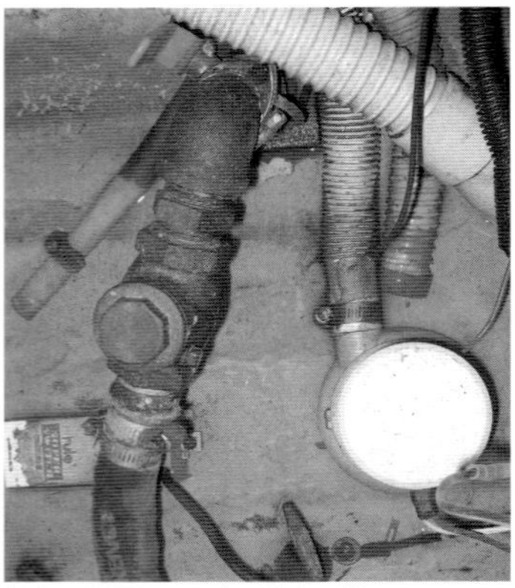
船底に設置されたビルジポンプとフロートスイッチ。ビルジ区画は電装品にとって条件が厳しく、常に腐食に悩まされます

通常ビルジポンプは、メインスイッチを経由しない

メインスイッチの話で最後に付け加えておくのは、ビルジポンプへの配線は、通常このメインスイッチを経由していない、ということです。バッテリー上がりを起こさないようにメインスイッチをオフにするのですが、ビルジポンプまで止めてしまっては本末転倒となってしまいますからね。ビルジポンプへの配線は、バッテリーからヒューズを通って直接導かれています。まれに輸入艇の一部などはビルジポンプまで配線が配電盤から導かれていて、メインスイッチを切るとビルジポンプまで止まってしまうようなこともあります。こういったタイプの艇は、すべてのコントロールを配電盤で行っているため、決してメインスイッチを切ってはいけません。沈没の憂き目に遭ってしまいます。愛艇の配線がどうなっているか、必ずチェックが必要だということですね。

Chapter 7

バッテリーシステム

命に関わるスターティングパワーを確保する

Chapter 7　バッテリーシステム

1 バッテリーの基本特性

ボートにとってバッテリーは必要不可欠。エンジンを始動したりGPSや魚探を動かしたりと、さまざまなことに使われています。しかしこのバッテリー、生かすも殺すもユーザー次第です。先ずはバッテリーの特性を知りましょう。

スターティングユースと、ハウスユース

まずはバッテリーの役目からみてみましょう。バッテリーの最も大切な役目はエンジンを始動することですが、このような使われ方を「スターティングユース」と呼びます。バッテリーはこのスターティングユースで、数秒間のうちに極めて大きな電流を供給しなければいけません。しかし、いったんエンジンを始動してしまったあとは、このためにバッテリーから電気が消費されることはありません。そればかりかオルタネーターから新たに電気が供給され、バッテリーは常に充電され続けることになります。

一方、GPSや魚探、ウインドラス、ステレオ、照明、インバーターなどの機器を動かすことも、バッテリーの重要な役目です。このような使われ方を「ハウスユース」と呼びます。このハウスユースでは使用される電流はそれ程大きくないのですが、その代わりに長時間に渡って電気が消費されるため、時としてバッテリーの容量を使い切ってしまうことさえあります。

バッテリーは、このスターティングユースとハウスユースという、まったく性格が異なる使われ方をするということをよく覚えておいてください。当然、2つの役目に見合ったバッテリーの特性は違ってきます。スターティングユースにはエンジンを始動できる高い瞬発力が求められ、ハウスユースにはより高い容量が求められます。詳しくは後述しますが、この瞬発力と容量、両立させることが非常にむずかしいのです。

用途	使われ方の特徴
スターティングユース	短時間大電流。 放電深度浅い
ハウスユース	長時間小電流。 放電深度深い

ところで自動車にもバッテリーが搭載されていますが、ボートの場合と比較してみましょう。自動車のバッテリーにもスターティングユースとハウスユースという使われ方がありますが、ボートの場合とはその内容が大きく異なります。確かにスターティングユースについては大差ありませんが、いったんエンジンが動き出せば、ハウスユースの分までオルタネーターが賄ってしまいます。エンジン停止中にバッテリーからの電気が使われることといったら、せいぜいカーステレオ程度でしょう。

一方、ボートの場合、エンジンが動いていてもインバーターなどを使用していればバッテリーから電気が消費されますし、停泊中エンジンが止まっている状態でも、さまざまな機器を使うことが多くなります。そもそもボートでのエンジンの使われ方は、自動車と比べるとより間欠的でもあります。これらのことから、ボートで使われるバッテリーは、自動車のものより過酷な条件で働き続けなければならないといえます。このためボートの場合は、より大きなバッテリーバンクを搭載し、またオルタネーターもより大型であることがほとんどです。

	自動車	ボート
バッテリー容量	小さい	大きい
オルタネーター容量	小さい	大きい
使用状況	連続的	間欠的
DCロード	少ない	多い

このようにボートにおけるバッテリーの使われ方には、より過酷な条件がつきまといます。相応の注意を払わなければバッテリーをい

たずらに消耗させ、ついにはエンジンをスタートさせることができなくなってしまいます。どんなに腕のよいメカニックでも、バッテリーが空っぽになってしまったらお手上げです。極小型の船外機を除いて、自力でエンジン始動することは諦めざるを得ません。自動車の場合はこうなってしまっても、よほど特殊な状況でなければ命に関わるようなことはありません。しかしボートの場合、話は別です。沖でアンカリングして釣りをしていたら、だんだん天気が悪くなってきた……急いで帰ろうと思ってスターターを回したけどエンジンが動かない……あっと思ったときにはバッテリーが空っぽだった……といった状況を想像してみてください。決してバッテリーなどと軽視することはできませんね。

　ですからボートの船長たるもの、いろいろな電装品を使ってボートのクオリティ・オブ・ライフを向上させながら、同時にどうしたら自艇のバッテリーを保護することができるか、ということにも注意を払わなければならないのです。

普通目にするほとんどが、スターティングバッテリー

　まずバッテリーとは何か？　これを知らない方はいらっしゃらないと思いますが、要するに電池です。モノによって多少の違いはあれ、その構成は鉛と二酸化鉛が希硫酸の電解液に浸されているという、至って簡単なものです。簡単ではありながら手軽に安価に大電流が取り出せるということで、この原理自体はもう何百年も変わっていません。欠点としては重量が重いこと、電流密度が低いことなどです。しかし工業的な視点からするとこれより優れたものが出てこないため、21世紀になっても使われ続けていくことでしょう。鉛バッテリーに代わる電池を発明すればノーベル賞は間違いない、といわれているほどです。とは言ってもこの原理で得られる電圧は2ボルトで、このままでは低過ぎて使いづらいので6個直列につないでパッケージ化し、12ボルトとしたものが、普段目にするバッテリーです。

　そしてバッテリーについて、ひとつだけ知っておいて欲しいことがあります。それはバッテリーには大きく分けて2種類ある、ということ。それぞれ「スターティングバッテリー」、「ディープサイクルバッテリー」と呼ばれています。では具体的にどう違うかをみてみましょう。

　まずスターティングバッテリーと呼ばれている種類ですが、皆さんの周りにあるバッテリーやお店で目にするバッテリーはほとんどすべてこのタイプで、エンジンをスタートするという目的に特化したものです。つまりスターティングバッテリーは、エンジンスタート時の短時間放電および大電流放電のために設計されているのです。スターターはたいへん大喰らいで、200馬力クラスの船外機でも160アンペア、300馬力クラスのガソリン船内外機では300アンペア、ディーゼルではもっともっと大きな電流を消費します。

　このようにスターターは大電流を消費します。300アンペアと一口に言われても想像がつかないと思いますが、一般家庭のブレーカーが30アンペアとか50アンペアで落ちますから、いかに大きいものであるかが想像できますよね。もちろん一般家庭の電圧は100ボルト、これをボートの12ボルトと比較するのはお門違いということも重々承知しているのですが、今回は比喩ということでお許しください。同じ12ボルトのバッテリーを使っている自動車でも、トラックやバスではバッテリーを2つ積んで24ボルト仕様になっていることをご存知ではありませんか？　これなども大電力を得るときに、W（電力）＝VI（電圧×電流）の関係から、電圧を大きくして電流を減らしたいという理由で24ボルト仕様となっているのです。

　ちょっと話が逸れましたが、スターティングバッテリーはこうした大電流を供給するためだけの目的でつくられています。詳しくは後述しますが、こういったバッテリーで大切なのはCCAというエンジン始動性能です。CCAが大きいバッテリーは、それだけスターティングバッテリーとして優れているということになりますね。マリン用の

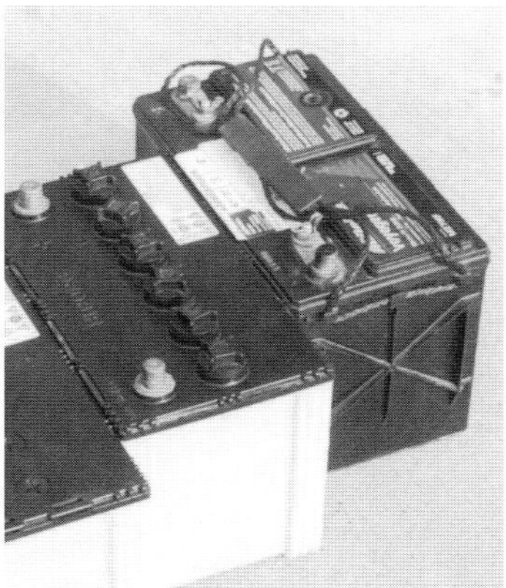

手前がスターティングバッテリーで、奥がディープサイクルバッテリー。バッテリーといっても、用途に合わせてさまざまな種類があります

エンジンでは使用するバッテリーサイズを、このCCAで指定しているものが多くあります。

ではなぜ自動車用のバッテリーをこの表記にしないのかというと、長年の慣習などからなのでしょう。それでも時々外国製のバッテリーでは、このCCAで規格表記しているものを見掛けます。まあ容量表記にしても問題ないのは、同じスターティングバッテリーなら容量とCCAはおおよその比例関係にあるからでしょう。容量が大きいものはCCAが大きいといった具合です。その中でも始動性能を大幅アップした高性能バッテリー、などというキャッチコピーで宣伝されているタイプは、容量が同じでもCCAが大きくなるように工夫されたバッテリーということになります。

スターティングバッテリーは、短距離ランナー

このような目的に特化したスターティングバッテリーは瞬発力には優れ、大電流を短時間に使う用途には向いているのですが、小電流を長時間使うという用途にはまったく向いていません。つまりスターティングバッテリーはスプリント選手なのです。スターティングバッテリーはいったんエンジンが掛かってしまうと、あとは充電される一方。つまりその容量のうち、50パーセントも使われることがないのです。

逆にもし50パーセントも使われてしまうと、すでにスタミナ切れでスターターを回すだけの瞬発力を出すことができなくなってしまいます。読者の皆さんもルームライトやスモールランプの消し忘れなどでエンジンが掛からなくなった、というケースを聞いたことがあるでしょう。スターティングバッテリーはちょっと電気を使われてしまうと、もうダメなんです。いつでもお腹いっぱいじゃないと力が出せないタイプなのですね。皆さんの中にもいらっしゃるのではないですか？

もうひとつ、極めて重大なことがあります。お腹が空いて力が出ない程度でしたら御愛敬なんですが、スターティングバッテリーは完全に放電してしまうと、充電しても元の容量に戻らなくなってしまうのです。専門的にいうと電極中の二酸化鉛が放電すると硫酸鉛となって、完全に放電が進むと電極から剥離したり変なところに析出したりしてしまうのです。こうなっては充電しても元に戻らないですよね。つまりスターティングバッテリーは、絶対、完全に放電させてはいけないのです。そのバッテリーにスターターを回すことを期待するのなら、エンジンが掛かっていない状態で放電させてはいけないのですよ。このことを肝に銘じておいてください。

とくにボートの場合、自動車以上にバッテリーを放電してしまう可能性が高いのです。過放電してしまったものは、もうどうしようもありません。運よく桟橋でしたらバッテリーを交換するか充電すればよいですが、洋上でそのような事態になったら処置なしです。どんなに腕のよいサービスマンでも、自力ではいかんともする術がありません。救助を待つしかないですね。バッテリーの使い方には十分注意してください。

ディープサイクルバッテリーは、長距離ランナー

次にディープサイクルバッテリーと呼ばれているタイプについて述べます。まずディープサイクルという名の所以ですが、英語で充放電のことをサイクルと呼びます。そして深く放電させる、つまりディープということから、ディープサイクルと呼ばれます。ただ、陸上でこのタイプのバッテリーを目にすることはあまりないと思います。もし身近なところで見たとすると、バッテリー駆動のゴルフカートとかフォークリフトなどでしょうか？

このディープサイクルバッテリーは上記のような、長時間にわたり電気を使う用途で使われるため、容量いっぱいの電気を繰り返して放電してもバッテリーが痛まないような構造となっています。つまり、ディープサイクルバッテリーなら空っぽになるまで電気を使っても差し支えないということです。ボートでいうと、バスフィッシングに使うエレキ用に使われることや、アンカリングしているときに一晩中使われるハウス用、インバーター用に使われるバッテリーとして適しています。

それなら最初からディープサイクルバッテリーを使えばいいじゃないか？ とおっしゃる方もいらっしゃるかと思いますが、ディープサイクルバッテリーにはディープサイクルなりに欠点があるのです。先ほどスターティングバッテリー

のところでエンジン始動性能の話をしましたが、ディープサイクルバッテリーには、このエンジン始動性能の低いものが多いのです。ですからスターティングユースにディープサイクルバッテリーを使ったとしたら、同じ95アンペアなのにぜんぜんエンジンが掛からないなどということが起こるのです。つまり、ディープサイクルバッテリーは小電流を長く供給することに適している、言わばマラソン選手なのですね。マラソン選手が100メートル走を不得意とするのは当然です。まだまだ一般的ではありませんが、最近登場したスターティング兼用のディープサイクルバッテリーは、短距離も長距離もイケるスーパーマンとでも呼ぶべきでしょうか。

バッテリーの性能には、いろいろな表記がある

次にバッテリーの性能の表し方についてみてみます。バッテリーの性能といわれて、一番先に思いつくのはその容量でしょう。その観点からみたのが、次の2つの表記方法です。

20時間率の容量（Ah）……20時間でバッテリー電圧が10.5ボルトに低下するまで生み出せる電流値（A）。例えば電圧を10.5ボルト以上に維持しながら、10アンペアで20時間放電できたとき、容量は10×20で200Ahとなる

Reserve Minutes（リザーブミニッツ）……25アンペアで放電したとき、バッテリーの電圧が10.5ボルトに低下するまで時間（分）

一方、スターティングユースでは、容量よりもエンジンを始動するパンチ力のほうが重要です。この始動性能を表す指標として、よく使われるのが「CCA」と「MCA」です。

CCA（Cold Cranking Amps）……−17.8°Cのとき、30秒間でバッテリー電圧が7.2ボルトに低下するまで生み出せる電流値（A）

MCA（Marine Cranking Amps）……0°Cのとき、30秒間でバッテリー電圧が7.2ボルトに低下するまで生み出せる電流値（A）

このうち、一般によく使われるのはCCAで、−18°C近い極低温時、30秒間という短期間に、7.2ボルトという放電の限度ギリギリまで、どのくらいの電流を発揮できるか、というバッテリーの瞬発力を測る指標です。メーカーによってはエンジンが要求するバッテリーの性能をCCAで表示している場合もあります。また、MCAはほとんどCCAと同じ内容のテストですが、温度設定が0°Cという、マリンユースを想定したものとなっています。温度が高くなればバッテリーの性能は上がりますから、同じバッテリーでも、MCAはCCAより20〜30パーセントほど大きくなるのが普通です。

次に寿命の観点からみてみると、何回充放電を繰り返せるかというサイクル特性があります。具体的にはバッテリーの電圧が10.5ボルトに低下するまで25アンペアで放電後、再度充電して1サイクルとし、何サイクル繰り返せば寿命となるかという指標で表します。ただしこのテストはメーカーによって、テストする放電深度を80パーセントにするのか100パーセントにするのか、また寿命と判断するのが元の容量の80パーセントまで減ったときとするのか、50パーセントまで減ったときとするのか、その表記に注意しないといけません。

バッテリーは総合性能、性能ランクで表される

よくバッテリーに「95D31R」などと表記されていますが、このうち最初の数字はバッテリーの性能を表しています。具体的にどういった意味があるのかみてみましょう。ずっと以前、この数字は先ほど紹介した20時間率の容量になっていました。しかしバッテリーが進化するとともに、「容量は低いけれどエンジン始動性能が高い」というタイプが登場し、この20時間率の容量でバッテリーの性能を表記することが時代遅れとなってきました。

そのため現状に即した性能表記となるように、容量に代えて「性能ランク」というものが考案されました。ただしこの性能表記にも変遷があって、考案された当初は、5時間率の容量にバッテリーの種類に応じた係数を乗じるものでした。ここでいう係数とは、旧規格バッテリー形式のN＝1.2、NS=1.3、NT=1.4、NX=1.5で、この係数が大きいバッテリーほど容量に比べ始動性能が大きいこと

を表しています。

考案された当初の性能ランク＝5時間率の容量×係数

その後さらに改変されて、現在この性能ランクは、「エンジン始動性能」と「ハウスユースの容量性能」の積となっていて、バッテリーの総合性能を表すものとなっています。そしてエンジン始動性能の指標にはCCA、ハウスユースの容量性能の指標にはRC（Reserve Capacity）を使っています。

現在の性能ランク＝CCA×RC
（このままでは数値が大き過ぎるので上位2、3桁のみの表記となっています）

同じバッテリーサイズ、例えば31サイズでも95、105、115などと表記されていますが、これは単純な時間率による容量ではなくて、バッテリー性能を総合的に表す数値、すなわち性能ランクとなっています。

基本的には性能ランクが上がるとCCAがアップすると考えてよいのですが、RCはバッテリーのつくりによって変わるので一概には何ともいえません。しかし5時間率程度の容量ならアップしていくこともあります。あるバッテリーメーカーでは、95D31、105D31、115D31の5時間率容量が、前者2つが64Ah、115Dが72Ahとなっているそうです。とはいっても、スターティングバッテリーでは深い放電を前提としていないため、例えば20時間率の容量が問題になるような使い方をしてはいけない、ということです。それを肝に銘じておきましょう。

密接に関係する、バッテリーの放電深度と寿命

バッテリーがその容量に対して、どのくらい放電したかを表すのに「放電深度」という言葉を使います。例えば100Ahの容量をもつバッテリーがあったとして、これが50Ahの電気を使ったとすると、放電深度は50パーセントということになります。

また、充電と放電を繰り返す使い方を「サイクルユース」と呼びますが、このサイクルユースにおいて、放電深度とバッテリーの寿命との関係には非常に興味深いものがあります。通常バッテリーの寿命は、放電深度100パーセントを繰り返した場合に300回、などと公表されていますが、放電深度が浅くなると加速度的にバッテリーの寿命は延びます。例えば80パーセントでは400回、60パーセントでは700回、40パーセントでは1200回、20パーセントでは2000回という具合です。重要関心事のひとつであるバッテリーの寿命は、その使い方で非常に大きく左右されるのです。

以上の特性から、サイクルユースで使うバッテリーの寿命は、小さいバンクで小分けするよりも、大きなバンクのまま使う方がよいとわかります。同じ消費電力に対して小さいバンクだと、結果的に放電深度が深くなるからです。ですからバンクを分けるとしても、スターティングユースとハウスユース、2つのバンクで最適ということになりますね。

付け加えるとスターティングバッテリーは、いったんエンジンが動き出せば常に満充電状態が維持されることを前提としています。こうした使い方を「フロートユース」と呼びますが、その用途につくられているバッテリーをサイクルユースに転用してはいけません。一度でも深く放電すると極端

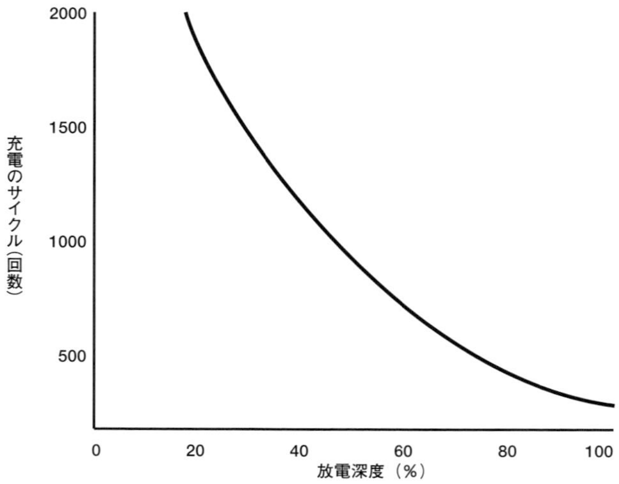

バッテリー放電深度と寿命との関係です。ディープサイクルバッテリーの寿命は300回……などといわれますが、放電深度が浅くなればなるほど、加速度的に寿命が延びます

に寿命が短くなり、また容量も激減します。せいぜい30パーセント程度の放電に押さえましょう。

まずはスターティングユースを安全圏に

バッテリーをシステム化するにあたっては、まず自分のエンジンがどのくらいのバッテリーパワーを必要としているかを知らないと話にもなりません。でも一体どうやって知ったらよいのでしょうか？ 実はこれがなかなかむずかしいのです。一番よいのはメーカーなり販売店なりに、バッテリーの推奨サイズを聞くことですが、すんなりと答えが返ってくるとは限りません。実際に、各エンジンのサイズ別にメーカー側で推奨されるバッテリーサイズは各社まちまちなのです。まあ、だいたいの傾向として、2ストローク船外機は50～150馬力クラスで70～80Ah、200馬力～で100Ah～、4ストローク船外機は2スト船外機に比べて2割くらい大きめ、ガソリン船内外機は5.7Lクラスまでは120Ah程度、7.4Lクラスは150Ah程度、ディーゼル船内外機となると200馬力クラスで120～150Ah、260馬力クラスになると150～180Ah程度のものを求められるケースが多いようです。あらためてこう聞くと、あまりに大きいので皆さん驚かれるかと思います。よく、なんとなく雰囲気でバッテリーサイズを選んでいたら、実はギリギリのサイズで綱渡りだった、なんていうことはよくある話です。

もちろんこれは、メーカー側が常に安全圏を保証するためのサイズ、という見方もできます。スターティングユースだけでなく、そのエンジンが搭載される艇の大きさに見合ったハウスユース、さらにバッテリーコンディションが低下しても一定のインターバル期間を乗り切ることができるようにと、さまざまな観点から定められたものです。ですから必ずしもこのサイズが必要だというわけではありません。

しかしバッテリーシステムを構築する際、このメーカー推奨サイズを念頭に置いておく必要はあると思います。筆者の経験からすると実際に搭載されるバッテリーはプアなケースが多く、短い期間でバッテリートラブルを起こすケースが多いように思います。メーカーによっては明確にCCAを明記している場合もありますが、バッテリーメーカー自体が公表している場合が少ないため、やはり性能ランクで判断するのが一般的でしょう。もちろんCCAもしくはスターターの定格がわかれば有力な判断材料になりますから、入手できる情報は有効に活用しましょう。

エンジンの種類	エンジンのクラス	バッテリーの推奨サイズ
2ストローク船外機	50～150馬力	70～80Ah
	200馬力～	100Ah～
4ストローク船外機	50～90馬力	70～80Ah
	～130馬力	100Ah～
ガソリン船内外機	～5.7L級	120Ah～
	～7.4L級	150Ah～
ディーゼル船内外機	200馬力	120～150Ah
	260馬力	150～180Ah

各エンジンサイズと大きさに要求されるバッテリーの容量です。メーカーは想像以上に、大きな容量のものを要求しているのがわかります

ハウスユースも意外と大きい。最大消費量×3倍が基本

ハウスユースのバッテリーには、どのくらいの容量を用意したらよいのでしょうか？ スターティングユースではエンジンメーカーからその容量が提示されていますが、ハウスユースの場合はそれがありません。それもそのはず、ハウスユースでの電気消費はユーザーによって十人十色、メーカーもこれに責任を持つことなど不可能でしょう。自分で愛艇が消費する電気の量を割り出し、それに見合ったバッテリーを決めるよりほかはありません。

まず、各機器がどのくらいの電気を消費しているのかをみてみましょう。例えば一晩アンカリングする場合、停泊地に着いてアンカーを落としたあと、20ワットの室内灯を3つ、5時間灯し、20ワットの停泊灯を17時から翌朝7時まで14時間灯していたとします。すると、20ワット×3つ×5時間＝300Wh、20ワット×14時間＝280Whで合計580Whです。バッテリーの電圧は12ボルトですから、580Wh÷12ボルト＝48.3Ahとなります。意外と大きな数値なので驚かれると思いますが、ごく一般的な電気の使い方だと思いますよ。さらにインバーターを利用して100ワットのテレビ

を見たとするとおおよそ10Ah、これにステレオや電動トイレ、電子レンジでも使おうものなら、あっという間に100Ahに達してしまいます。通常よく使われる95D31Rなどのバッテリーは容量が60〜70Ahですから、いかに大きな数値かわかりますよね。しかも、スターティングバッテリーは深く放電してしまうと著しく寿命を縮めてしまいます。

では一体どうしたらよいのでしょうか? 一番よいのは予想される総使用量の2〜3倍を用意することです。50Ahの電気を使ったとき、仮にバッテリーの容量が50Ahなら放電の深度は100パーセントになってしまいますが、バッテリー容量が100Ahなら放電の深度は50パーセント、150Ahあれば放電の深度は30パーセントとなります。もしこのバッテリーがスターティングバッテリーでも、30パーセント程度の放電深度であれば許容できる範囲です。ディープサイクルバッテリーでも、放電深度が浅ければ長持ちしますし、充電時も取り扱いが容易です。このように予想される消費量の2〜3倍を用意しておけば、何事にも安心できるのです。この「最大消費量×3倍」が、安全確実な容量だと思ってください。ちなみに、これだけの余裕を持っていれば、航行中インバーターを使うなどして、オルタネーターの発電量を上回るような電気の使い方をしても十分に補填することができます。

もっとも、実際のところ数百Ah分のバッテリーを積むのというのは、かなりたいへんです。ですから逆説的に、発電していない状態での電気消費は極力節約するということが必要です。ボートの上では、真水の使用を節約するように、電力の使用も節約する、これを徹底しましょう。お金と一緒で、100Ah使うのは簡単ですが、100Ah充電するのはたいへんですよ。また、愛艇のオルタネーターが小さいのに、やたらと大きなバッテリーバンクを設けるのも考えものです。このバランスが悪いと、極端なケースではオルタネーターを焼損してしまったりしますから注意しましょう。ボートの上では、何事もバランスがとれた設計をすることが大切です。

サルフェーションとドライアウト、どちらも致命傷

次にバッテリーのコンディションについてみてみましょう。放電したままの状態をアンダーチャージといいますが、この状態で放置しておくと、電気を生み出す活物質が「サルフェーション」という現象を起こし、充電しても元に戻らなくなってしまいます。これがバッテリーの大敵なのです。一度サルフェーションを起こすと、充電しても実質の容量が見る見るうちに減っていきます。このため、常に満充電を維持することが、バッテリーを取り扱ううえで最も大切なコツとなるのです。冬ごもりで長期間保存するときなど、1カ月に1回は充電しなさいといわれるのは、こうしたことが理由です。

一方で、バッテリーは力任せにガンガンと充電していけばよいというものでもありません。満充電以上に充電してしまうことをオーバーチャージというのですが、オートストップ機能のない充電器を使ったときに発生することがよくあります。液式バッテリーは比較的オーバーチャージには強いですが、それでも充電完了後に通電し続けると、電極から盛んにブクブクとガスが発生してきます。これはもうバッテリー内には放電状態の活物質が残っていないことを示すもので(つまり満充電ということです)、加えられた電流が電解液を電気分解することに使われているのです。このガスは酸素と水素なので、慌ててクランプを外すなどしてスパークを飛ばすと爆発する危険すらあるのです。それはさておき、こういう状態で放置すると電解液がどんどん失われていき、電極が露出していくことになります。すると電極が乾いて活物質が剥離してしまい、結果的にバッテリーが死んでしまうのです。これを「ドライアウト」といいますが、これもバッテリーにとって致命的なダメージとなります。さらにゲル式やAGM式になると元々バッテリー内の水分量が極端に少ないですし、また減ったからといって補水することもできません。このためオーバーチャージには極端に弱いので、専用のバッテリーチャージャーを使わないと取り返しのつかない失敗を招きます。何事も過ぎたるは及ばざるが如しというヤツですね。

このようにバッテリーはある意味で生き物です。外観は同じに見えても、その健康状態は千差万別で、「新品のときから育てていく」といった表現をする人もいるぐらい

です。放置されていて、どんな扱いを受けたかわからないバッテリーなど信用できないということですね。比重計を使ったとしても、その内部に生き残っている活物質の状態だけしかわかりません。すでに死んでしまっている活物質はわからないので、なおさら厄介です。

液式のほかにも、ハイテクバッテリーがある

最近では一口にバッテリーといっても、実にさまざまなタイプが登場しています。スターティングユースやハウスユースなどの用途による種別以外に、その構造自体が大きく異なります。ここではディープサイクルバッテリーを例にとって、どのようなものがあるかみてみましょう。

まず従来からの液式に加えて、ゲル式、AGM式と、昨今のバッテリーは大きく3つに分けられます。まず液式バッテリーですが、英語では「Wet Battery」または「Flooded Battery」と呼ばれます。文字通り電極が希硫酸の電解液の中に浸けられているといった、最も古典的な構造となっています。ゲル式バッテリーは液式の欠点、電解液の取り扱いが面倒だったりする点などを改善するために開発されました。電解液はワックスでペースト状になっており、電極の間にサンドイッチされています。さらにAGM式バッテリーともなると最新テクノロジーの賜で、元は軍用や航空宇宙開発など、非常に厳しい環境下で耐えうることを目的として開発されました。電解液は、電極の間にあるセパレーターと呼ばれる膜状の隔壁内にすべて含有されており、一見するとまったく水っ気がないことから、ドライバッテリーなどとも呼ばれています。

バッテリーの自然放電は、実は夏の方が大きい

よく、冬になるとバッテリーが上がってしまうという話を聞くので、冬の方が自然放電は大きいと思われるかもしれませんが、実はまったく逆です。バッテリーは電気化学反応によって電気を生み出していますが、こういった化学反応は常に温度が高いほうが活発に行われるため、冬場よりも夏場に自然放電する量が多くなります（放電も充電も同じです）。冬によく上がってしまうというのは、気温が低いためにバッテリーの性能が低下してしまうことと、自然放電の割合が小さいとはいっても、それにも増してボートに足を運ぶ機会が減ってしまうのことが原因です。

バッテリーの種類によってその放電割合は変わりますが、ごく一般的な液式バッテリーとゲル式バッテリーの各温度別の放電割合は、右上のグラフのようになっています。温度が38度の液式を見てみると、ごく短期間にバッテリー容量が激減することがわかりますよね。ですからスペアとして積んでおいただけでは、すぐに役に立たなくなってしまうということがおわかりいただけるでしょう。

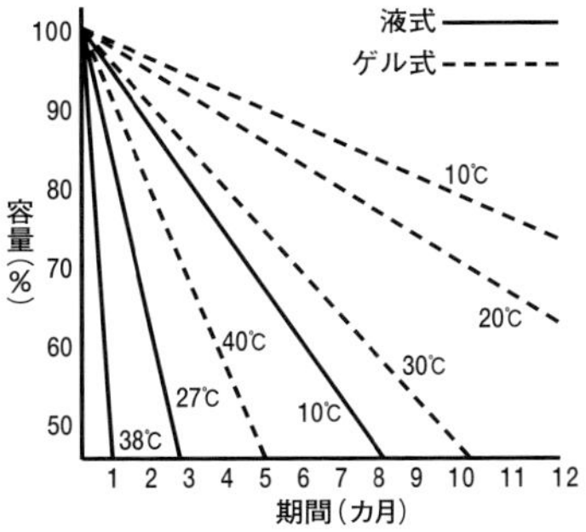

さて、今バッテリーにどのくらいの残量があるかを知るには、どうしたらよいでしょうか？ よく液式バッテリーでは、電解液の比重を測れといいますが、専門施設でもないと現実問題としてなかなかできるものではありません。液式の電解液は希硫酸ですから、そもそも取り扱いには注意が要りますし、スポイト式の比重計もすぐにボロボロになってしまいます。たいていは一度使ったら、次にはもう役に立たない状態になっているのではないでしょうか。さらにゲル式ともなると電解液の比重など測りようがありません。そこで簡略なバッテリー残量の目安を紹介します。放電や充電をせずに、バッテリーを1時間以上放置したあとの電圧を測ってやるのです。そのときの電圧と残量には、おおよそ次のような関係があります。

充電状態	ゲルバッテリー	液式バッテリー
100%	13.0V〜	12.6〜12.8V
75〜100%	12.8〜13.0V	12.4〜12.6V
50〜75%	12.6〜12.8V	12.2〜12.4V
25〜50%	12.4〜12.6V	12.0〜12.2V
0〜25%	12.2〜12.4V	11.8〜12.0V
0%	〜12.2V	〜11.8V

バッテリーの充電状況と電圧の関係を、バッテリーの種類別に示しました。開放電圧を知れば、そのバッテリーの充電状態を知ることができます

Chapter 7　**バッテリーシステム**

2 既存のシステム

プロダクション艇でごく一般的に見られるバッテリーシステムを紹介しています。現実的な妥結点として設計されたシステムには、それぞれに応じたリスクがあります。そのリスクを知ることで、はじめて自艇のシステムが構築できるのです。

ツインシステムには、できればコンバイナーを使いたい

まずは市販されているボートでよく使われるバッテリーシステムの構成と、そのメリット、デメリットをみてみましょう。ごく一般的に見られるボートのバッテリーシステムは、ほぼ以下の4つに集約されます。その中でも市販されている艇の大部分が、【1】、【2】のタイプです。これはコスト面の厳しい制約などで致し方ない面もありますが、使い方を誤るとエンジン始動不能になる可能性もなくはありません。そのことを念頭においておきましょう。しかし、いつでもバッテリーにばかりに気を使っているわけにはいかないでしょう。ですからボートオーナーとしては、できればハンズフリーで、より安全性を向上させた、自分流のシステム化を計りたいものです。最近ではメーカーオプションとして【4】のタイプが用意されていることもありますから、それを選択するのもよいでしょう。

【1】シングルバッテリーシステム

小中型船外機艇に多いタイプです。バッテリーひとつだけでスターティングユースからハウスユースまでを賄います。このため、電力の使い過ぎによってエンジン始動ができなくなる、といった危険性が常にあります。

さらにこういった艇ではオルタネーターの容量が小さいケースが多く、たとえエンジンを動かしていたとしても、電気を使い過ぎるとバッテリーが空になり、エンジンの再始動ができなくなることがあります。ですからこのタイプでは、あまり消費電力の大きな電装品は設置しないほうが賢明です。

【2】マニュアル式ロータリー型切り替えスイッチを使ったツインバッテリーシステム

中型以上の船外機艇や船内外機艇に多いタイプ。プロダクション艇のほとんどがこのタイプといえます。「1-2-BOTH」のマニュアル式ロータリー型切り替えスイッチで、2つのバッテリーを使い分けることができます。エンジン始動時や航行中は「BOTH」にしておいて、両方のバッテリーを使ったり充電したりし、停泊時は電気の使い過ぎによるバッテリー上がりを防ぐため、「1」または「2」に切り替えて片側を温存します。しかしこのスイッチの切り替え忘れや不適切な切り替え、またはバッテリー維持の管理不良などで、しばしばエンジン始動が不能の状態に陥ること

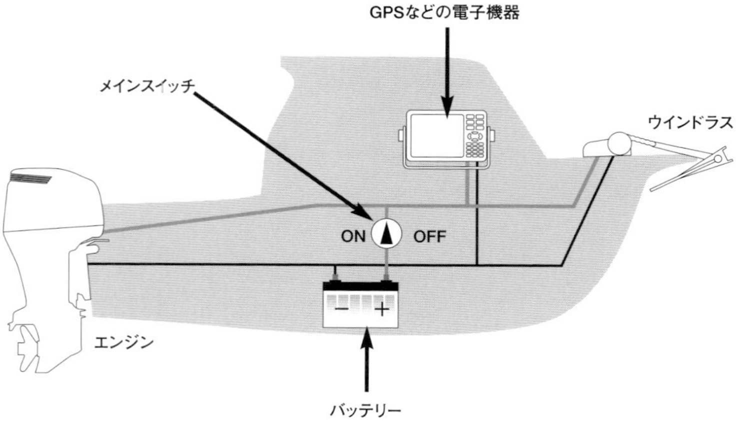

もあります。いくらバッテリーを2つ積んだところで、やはり最後は人間がしっかりしていないとダメですね。

【3】バッテリーアイソレーターを使ったツインバッテリーシステム

マニュアル式スイッチの切り替え忘れによる問題点を解決するために、一時期よく使われたタイプです。バッテリーアイソレーターを用いて、スターティングユースとハウスユースに、2つのバッテリーを使い分ける方式です。アイソレーターというのはダイオードを使った装置でオルタネーターからの電流を2つに分離し、2系統の充電ソースに分離するものです。ひとつのオルタネーターから2つのバッテリーを等しく同時に充電できますが、バッテリー側から見るとお互いは完全に分離されていますから、スターティングユースとハウスユースに使い分けることができます。

人為的なミスが解消されたことにより、エンジンが始動不能になるという危険性はかなり回避できます。しかし、バッテリーアイソレーターを通過することで電圧が約0.7ボルト下がるため、せっかくオルタネーターが電気をバッテリーに送っても満充電までいかない、という大きな問題があります。この下がった分の電圧は熱として損失するので、エンジンパワーがそのぶんムダになってしまいます。

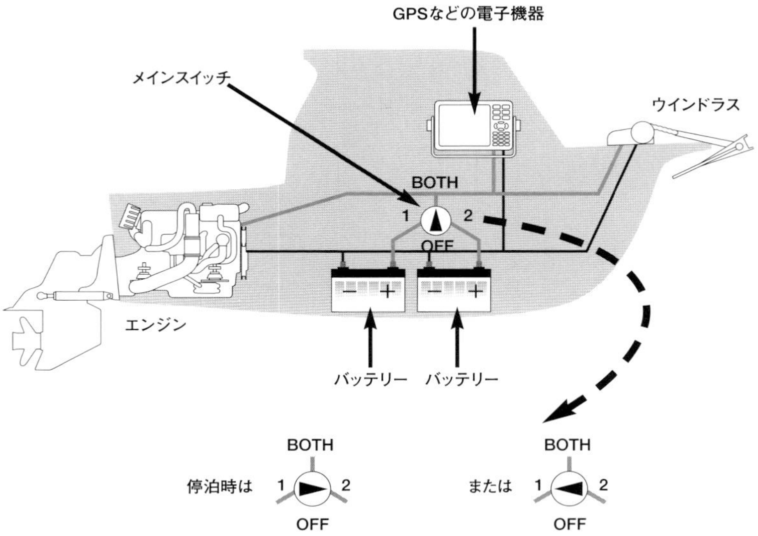

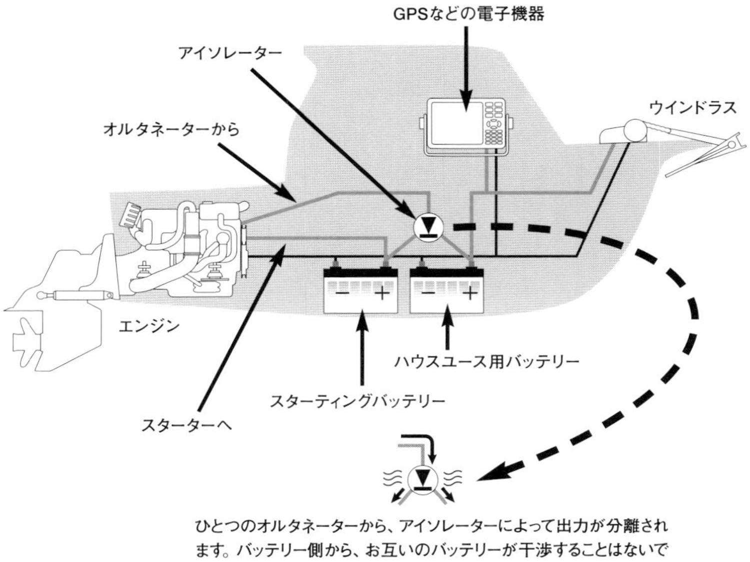

ひとつのオルタネーターから、アイソレーターによって出力が分離されます。バッテリー側から、お互いのバッテリーが干渉することはないですが、アイソレーター内部のダイオードによって、熱損失が生じます

船外機に取り付けられたメーカーオプションバッテリーアイソレーター

【4】バッテリーコンバイナーを使ったツインバッテリーシステム

アイソレーターを使うとバッテリーを満充電することができない、という問題点を解決するために、バッテリーアイソレーターの代わりに、リレーを応用した「バッテリーコンバイナー」を使用したタイプです。【3】と同じくスターティングユースとハウスユースに、2つのバッテリーを使い分けることができます。

2つのバッテリーの接続は単なるリレーによるものなので、バッテリーアイソレーターであったような電圧の損失はありません。ですから、もちろんバッテリーは満充電されるというわけです。スターティングバッテリーを十分メインテナンスしておけば、かなり安心なバッテリーシステムとなります。とくに外洋を行くボートに、強くお勧めしたいタイプです。

インテリジェントタイプの最新バッテリーコンバイナー。ロスがなく複数のバッテリーを充電することができます

日本では先のアイソレーターという名称の知名度があるため、製品によってはコンバイナーなのに「〜アイソレーター」と銘打って売られているものもありますが、名称だけでなく、その内容を見極めて判断するようにしましょう。最近ではさまざまなインテリジェントタイプが登場してきていますね。

特性の違うバッテリーは、併用できない

いくらインテリジェントタイプのバッテリーコンバイナーを使ったとしても、完全無欠のシステムが構築できるというわけではありません。先の通り、ボートは自動車と違って、停泊中でも電気を使用する場合が多いため、ハウスユースのバッテリーがしばしば空っぽ近くになってしまうことがあります。空っぽになったらまた充電すれば……と考えるのは早計というものです。

スターティングバッテリーは深く放電させてはいけません。ですからハウスユースに、スターティングバッテリーを使うと、すぐにダメになってしまうのです。これが先の【2】、マニュアル式の切り替

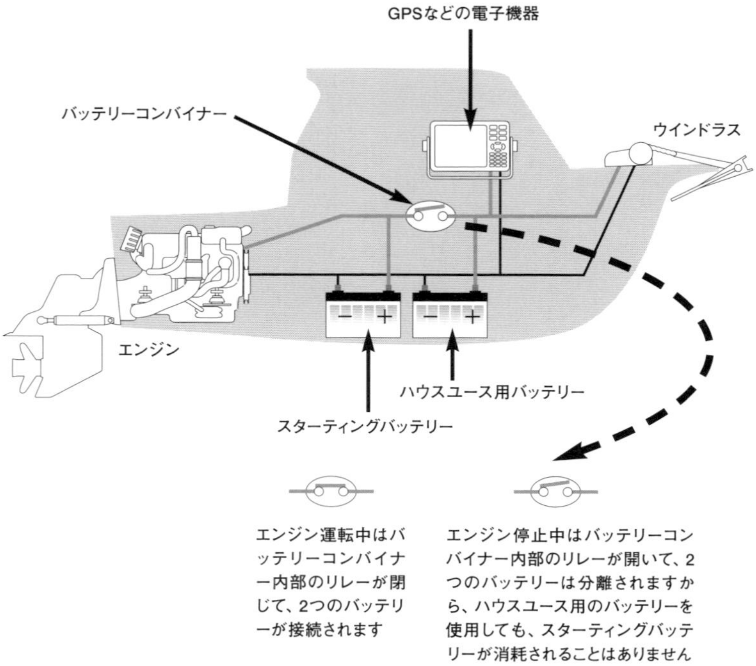

えではしばしばバッテリー不良が発生してしまう理由のひとつでもあります。アンカリング時に、今回は「1」、次は「2」、今日は気分で「1」かな……などと不定見に切り替えているとバッテリーを痛めてしまうのです。

では、ハウスユースだけにディープサイクルバッテリーを使ったらどうでしょうか？　一見よさそうにみえますが、実はこれもあまり感心できません。なぜなら異なる種類のバッテリーをつなぐと、いろいろとよくないことが起こるからです。よく乾電池で、新しいものと古いものを混ぜて使ってはいけない……という注意書きを見たことがあるでしょう。バッテリーも同じなのです。ちょっと例を挙げてみましょう。

ここに同じ種類で同じ大きさのスターティングバッテリーを用意しました。ひとつは古くてパワーが出せなくなってきたもの、もうひとつは新品のものだとします。電池には内部抵抗というものがあって、これをインピーダンスと呼んだりしますが、新しい電池がパワーを出せるということは、この内部抵抗が低いことを表しています。逆に、古くてパワーが出せなくなったものは、バッテリーの劣化が進んで内部抵抗が高くなったのです。さて、ここで新旧2つのバッテリーを、並列につないだらどうなるでしょうか？　実艇ではこういうケースがありがちだとは思いませんか？「バッテリーが古くなってきたんだけど、予算がないからひとつだけ交換しよう……」なんていうケースです。機器側から見たとき、内部抵抗が小さい新しいバッテリーから電気を取り出すほうが簡単なので、もっぱら新しいものばかりを使おうとします。そして充電するときでも、やはり新しいものは内部抵抗が小さい分、どんどん電気を吸収してしまいます。となると、古いほうのバッテリーは何も働いていないことになりますよね。新旧2つのバッテリーをつないでみたところで、結局、新しいものしか働かないのです。皆さんも思い当たる節があるのではありませんか？

●20アンペアの機器をつなぐと……

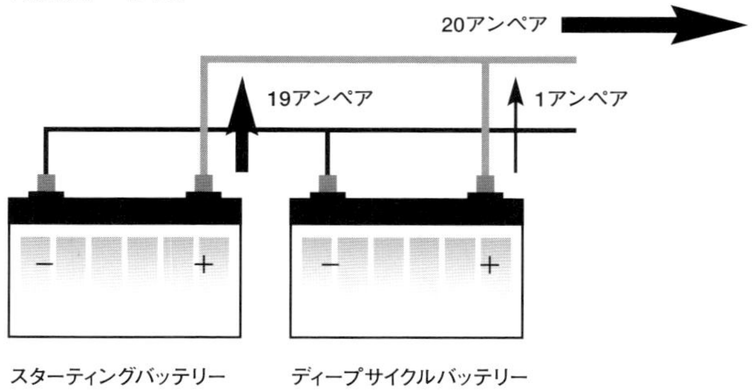

このことは、片方だけディープサイクルバッテリーにした場合にも当てはまります。簡単な実験をしてみましょう。同じ容量のスターティングバッテリーとディープサイクルバッテリーを、並列につないでみます。もちろん両者とも新品で、しっかりと充電されています。この状態で20アンペアの電気を消費する機器につなげると……驚くなかれ、上図のようにディープサイクルバッテリーは、ほとんど働いていません。スターティングバッテリーだけが働いて、ディープサイクルバッテリーは遊んでいるのです。ちょうどハウスユースだけにディープサイクルバッテリーを使って、コンバイナーでつないだ状態ですね。異なる種類のバッテリーをつないではいけない、ということがよくわかると思います。また、同じメーカー、同じシリーズのバッテリーを使っても、容量が違うと内部抵抗が違うので同じような状況になります。ですから、大きさの違うバッテリーをつないではいけないといわれるのです。せいぜい20パーセント程度の違いにしておきましょう。

では、スターティングユースにもディープサイクルバッテリーを使ったらいいじゃないか、という声が聞こえてきそうですが、普通のディープサイクルバッテリーでは残念ながらエンジンをスタートさせるためのパンチ力がありません。以上のように、考えれば考えるほど訳がわからなくなってきます。一度、まとめてみましょう。求めるものは、もちろん安全なバッテリーシステムです。これを実現するためには……

① 万一の放電に備えてスターティングユースとハウスユースのバッテリーは分離する
② できればハウスユースにはディープサイクルバッテリーを使いたい
③ 人の手を煩わせない全自動でメインテナンスフリーのシステムとしたい……です。

Chapter 7　**バッテリーシステム**

3 ツインシステム

スターティングバッテリーを温存することの重要性を繰り返しお話ししてきましたが、それにはツインバッテリーシステムが有効です。ここでは、さまざまなツインバッテリーシステムを模索し、そのメリットとデメリットを考えてみます。

スターティングユースと、ハウスユースを切り離す

現在、実際に使われているさまざまなバッテリーシステムにもそれぞれ欠点があり、場合によってはバッテリーを過放電してしまう危険性があるということをお話ししてきました。いったい完璧なバッテリーシステムというのは構築できるのでしょうか？ まず求めるものは、スターティングバッテリーをまったく放電させることなく、安心してハウスユースのバッテリーが使えることです。このためにはスターティングユースとハウスユース、この2つの分離が必要不可欠、かつバッテリーの特性はそろえなくてはなりません。以上を実現するために、ボートにおけるいろいろな制約の下で模索してみます。

まず、スターティングユースとハウスユースを分離するには、単にバッテリーを付け加えるだけではなく、ハウスユースのバッテリーに新たに配線を引き直さなければなりません。

右上の図は、ごく一般的なシングルバッテリーシステムの配線です。バッテリーから出たプラス側の太い電線が、メインスイッチを通ってスターターソレノイドの大端子に接続されています。この大端子に共締めされて、少し太めの1本がオルタネーターへ、加えてもう1本がブレーカーを経て配電盤に接続されています。この配電盤へ続く1本が、ハウスユースの配線というわけです。

そして下の図が、ツインバッテリーシステムにするために配線を引き直した状態です。ハウスユースのバッテリーを分離するために

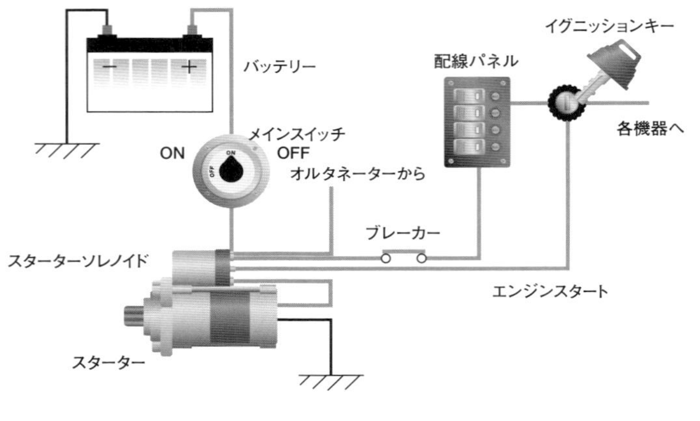

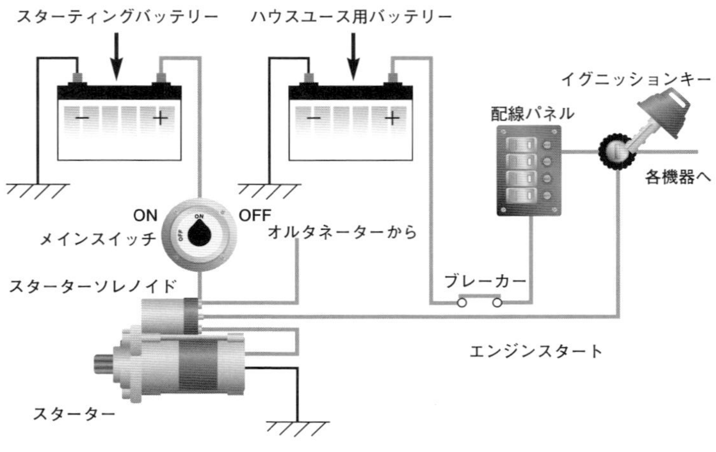

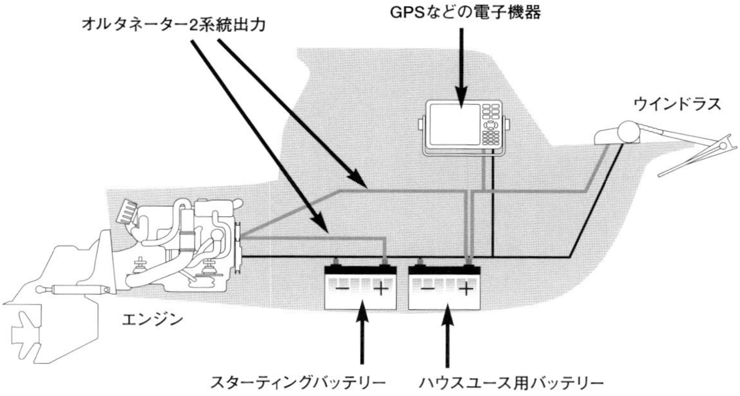

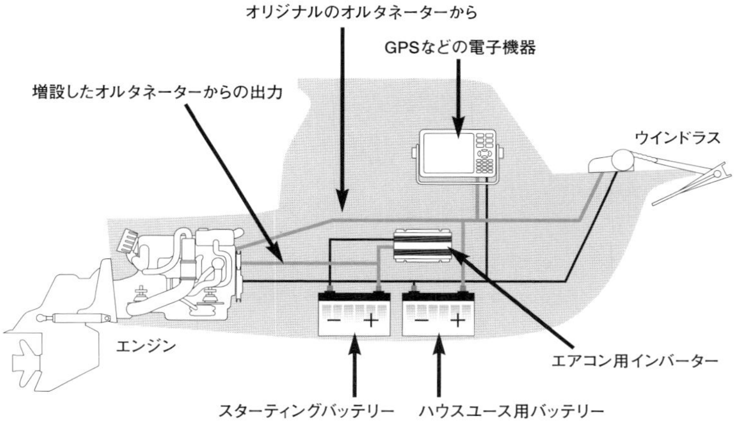

は、先のスターターから出ているハウスユースの配線を見つけて、それを新たに設置したハウス用バッテリーのプラス側端子まで引き回してやればよいのです。

厳密にいうと、ガソリンエンジンではイグニッションコイルに使う電気、ディーゼルエンジンでは燃料のカットオフに使う電気、さらに近年ではエンジンを電子制御するために使う電気などは、空になるまで使われる可能性があるハウス用バッテリーから供給されることになりますが、そこまで完全に分離するには専門的な知識が必要になりますし、とりあえずスターティングバッテリーは温存されるので実用上問題ないといえます。

ただし、新たに電線を引き直す際には、その太さにも注意を払ってください。電線だったら何でもいいというわけではありません。ハウス用バッテリーを新設する場所の温度と距離、ハウスユースで使う電流の大きさやドロップ許容率によって、適切な電線は変わってきます。単に配線を引き直すといっても結構たいへんです。少なくともシングルの状態で使われていたものと同レベルにしてください。もちろん接続に使うコネクターも、十分しっかりしたものを使いましょう。

充電ソースを2つのバッテリーに分ける

次にツインバッテリーシステムでの充電ソースです。エンジンはひとつですから、何らかの方法で充電ソースを2つに分けなければなりません。バッテリーコンバイナーを使うか、はたまたオルタネーターを2つにしてしまうか……ただしバッテリーコンバイナーを使うときには、バッテリーの特性をそろえなければなりません。具体的にどういったシステムが考えられるかをみてみましょう。

【1】オルタネーター2系統出力

2系統の出力を持つオルタネーターを使うのが一番完璧な方法でしょう。

しかし言うは易し行うは難しで、実際はオルタネーターの換装や配線などで相当な費用が掛かります。第一、船外機では事実上不可能な方法でもあります。筆者の場合も実現は諦めました。

【2】オルタネーター増設

エアコンを使うためにオルタネーターを増設して、インバーター用のバッテリーを充電している例があります。増設されたオルタネーターはプーリーを介して駆動されますが、負荷が掛からない状態では空回りするだけで、パワーのロスはありませんから、スペースに余裕がある場合は悪くない方法です。

このシステムでは、インバーター用のバッテリーのみ分離、スタ

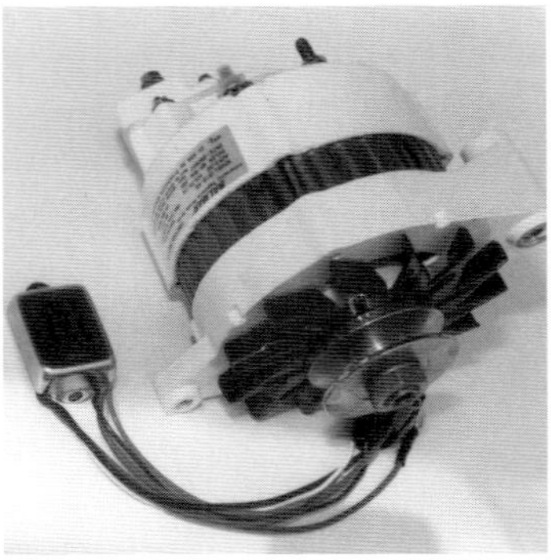

BALMAR社のオルタネーター。サードパーティーでは、さまざまな大きさのオルタネーターが発売されています

バッテリーアイソレーター。大きな放熱フィンが見えます。このフィンにダイオードが組み込まれています。放熱フィンがあるということは、大きな熱損失があるということでもあります

ーティングユースとハウスユースは分離されていませんから、過放電の危険性は残っています。しかしインバーターでエアコンを使うのなら、このくらいの覚悟をして欲しいという面からはよい例です。

ただしエンジンマウントとは別にオルタネーターを設置すると、振動の食い違いによりベアリングなどを痛めることがあります。

【3】ディープサイクル並列方式

スターティングバッテリーとディープサイクルバッテリーを、スターティングユースとハウスユース、それぞれ片バンクでダブルに組んでしまうという方法です。これだとCCA（エンジン始動性能）を確保しながら、ハウスユースのRC（容量性能）を高めることができます。しかし、いくつものバッテリーを搭載するスペースが、まず問題となるでしょう。

仮にエンジンが必要とする始動時の電力が、ディープサイクルバッテリーひとつで十分に賄うことができれば4つが2つとなり、シンプルでよいシステムになるかと思います。しかし、そもそもディープサイクルバッテリーは瞬発力に欠けますから、その辺りは十分検討する必要があります。

【4】筆者のちょっと特殊なシステム

ハウスユースを分離しようとしていろいろな方式を検討した結果、筆者が採用した方法です。スターティングユースとハウスユースでバッテリーを完全に分離して、オルタネーターはスターティングバッテリーにだけつないでいます。そして、ハウス用バッテリーはバッテリーチャージャーから充電、バッテリーチャージャーはジェネレ

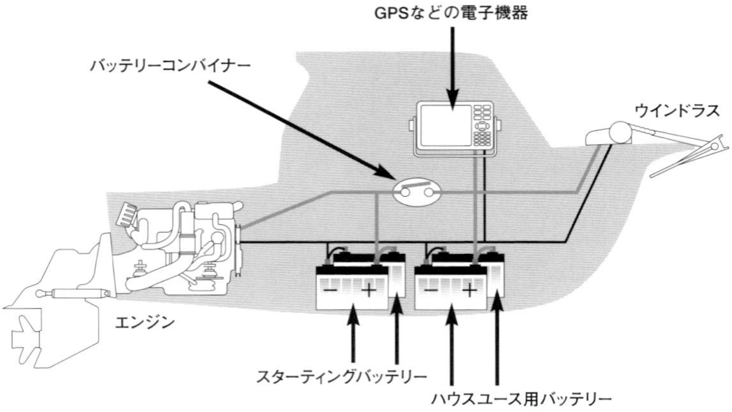

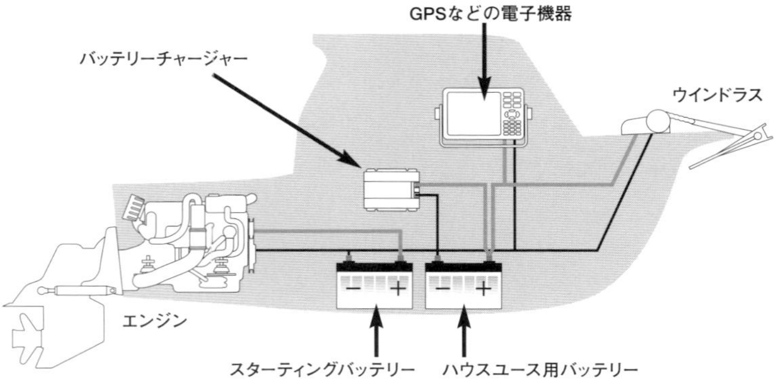

アクセサリー用に増設されたバッテリー。複数のバッテリーバンクを搭載した場合は、何らかの方法で充電ソースを分けなければなりません

ーターにて駆動しています。結局、これが一番安くて確実な方法でした。筆者の場合、すでにジェネレーターを積んでいたためにできた技です。もちろんいざというときのために、スターティングバッテリーとハウス用バッテリーをつなぐスイッチは設置してあります。

以上、ここに挙げた例をご覧になっていかがですか？ どれもこれも、単純で手軽なシステムとはいいがたいですよね。このようにスターティングユースとハウスユースのバッテリーを完璧に分離することは、実はかなりむずかしいのです。もちろんどんな方法でも、システムを構築できればそれに越したことはないですが、艤装には何かしらのトレードオフがつきまといます。自艇の大きさや空きスペース、必要な電力、ボーティングフィールドや使い方、リスク回避など、そして予算やコストパフォーマンスも十分検討して判断する必要があります。まずは自艇の現状をじっくり考えて、システム化へのプランを練りましょう。

スターティングバッテリーとハウスバッテリーを完全に独立させた、筆者のバッテリーボックス。何があっても安心で完璧なはず……ですが、太い配線が溢れかえっています

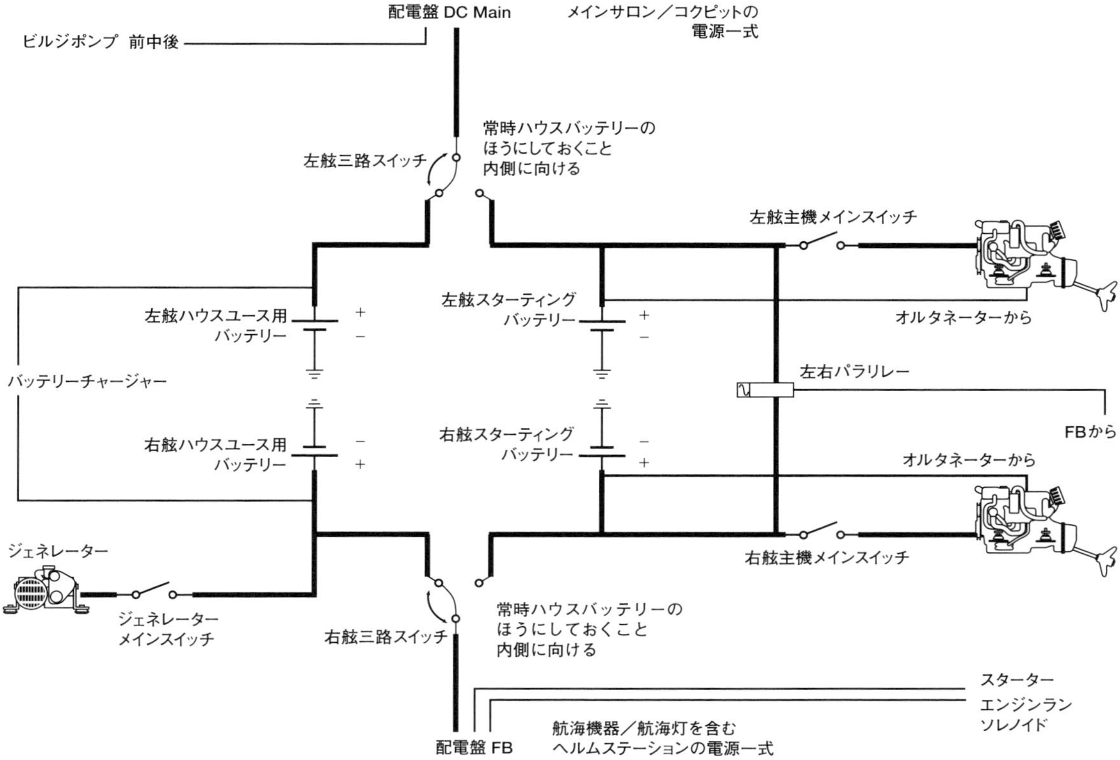

写真でも紹介した筆者のバッテリーシステム、その配線図です。4つのバッテリーがいかようにもつながって、ひとつでも生き残っていれば、航行を続けることができるようになっています。ぜひ、読み解いてください

Chapter 7　　バッテリーシステム

4 システムを考える

現在、実際に使われているバッテリーシステムにも、それぞれ欠点があることをお話ししました。では、完璧を期すためにはどうしたらよいのでしょうか？ ここでは、いろいろな大きさと用途によって、最適なシステムを模索してみます。

小型船外機オルタネーターは、発電量も小さい

皆さんは愛艇のオルタネーターの発電量をご存知でしょうか？ バランスのとれた電力設計をするためには、消費する方だけでなく、オルタネーターが生み出す発電量も知っておく必要があります。消費だけを考えていたのでは、収支決算などできませんからね。

とくにオルタネーターの発電量が問題となってくるのは船外機です。最近では船外機艇でも電装品が多くなってきているので、搭載されるオルタネーターも徐々に大きくなってきていますが、それでも絶対的には小さいものです。

船内外機をみてみると、ガソリン、ディーゼルとも、オルタネーターはエンジン脇に位置し、エンジンがプーリーを介してオルタネーターを回転しています。オルタネーターの回転数は、プーリーの増速比により調整されています。いずれの機種でも、だいたいエンジンの全開回転数の1/2～1/3で定格出力が出るように増速されています。船内外機のオルタネーターは定格出力時、50～65Ah程度を発生します。アイドリング時でも20Ah近く出力するのが普通です。

一方、船外機のオルタネーターはというと、省スペース化のためにオルタネーターはフライホイールの中に埋め込まれた構造になっています。メーカーによっても違いますが、最近の200馬力クラスにもなると定格出力は普通45～60Ah程度ありますから、船内外機と比べてもそう遜色ないレベルといえます。

一方、100馬力クラスになると20～40Ah、50馬力クラスでは6～15Ahと、船内外機のものと比べるとたいへん小さくなってしまいます。当然、低回転時はさらにずっと小さくなります。このような船外機では電力の絶対量が少ないので、使う方をあまり気前よくしてしまうとすぐに足りなくなってしまいます。くれぐれも注意してください。

船外機のオルタネーター。フライホイールの中に組み込まれています。船外機のオルタネーターは、容量の小さいものが多いですから、電気の使い方には注意してください

自艇の大きさと目的に適ったバッテリーシステムを考える

どのようなバッテリーシステムを組んだらよいかを考える場合、先の通り、自艇の電気消費量と発電量、それに加えて艇の大きさやリスク回避の重要性、コストパフォーマンスといった項目を十分検討する必要があります。その結果として、さまざまな要因の妥結点を導き出すことができればよいの

です。もちろん、現状のバッテリーシステムをそのまま使い続けるということもあり得るでしょう。

例えばマニュアル式のツインバッテリーシステムだとしても、チェックリストなどを活用し、停泊して電気を使うときは必ずバッテリーを切り替え、十分な始動性能があるバッテリーを常に温存するといった運用が励行できれば、それはそれでよいわけです。要は自艇のシステムとその特徴を理解し、それに対するリスクを承知のうえで、それなりの運用ができることが重要なのです。

今回バッテリーシステムに何も手を加えなかったとしても、以上のことを考えているか否かで、キャプテンのスキルには雲泥の差があります。ぜひとも、「なんとなく乗せられている」のではなく、「考えながら乗っている」となるようにしてください。

バッテリーシステムを考えるということは、何もハードウエアだけに限ったことではありません。組み上げたシステムを生かすも殺すも、結局は人の手、人もまたシステムの一部なのです。ですから、いくらすばらしいシステムを構築したとしても、それを理解せず、また使いこなせなければ、単なる宝の持ち腐れというものです。逆にキャプテンがシステムの一部として役割を完璧にこなせれば、たとえ簡素なシステムであっても、その信頼性は十分高いものとなり得ます。

以下に一般的な環境下で現実的なバッテリーシステムを、艇のサイズやタイプ別に紹介していきますが、くれぐれも人間というファクターを忘れないでください。

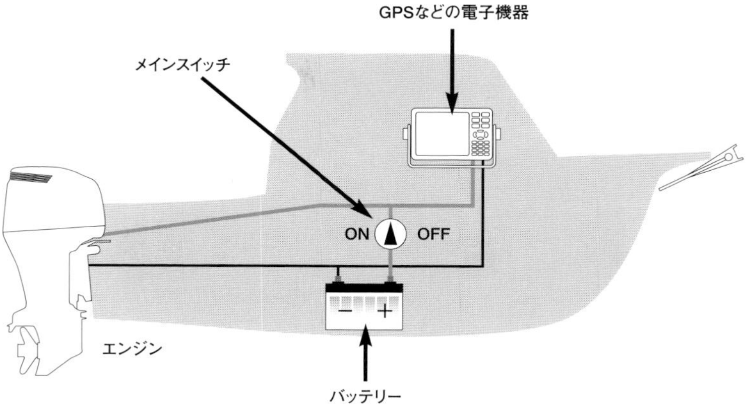

【1】80馬力未満の小型船外機艇

このサイズの艇では、そもそもオルタネーターの発電量が小さいため、多くの電装品を使用するにはムリがあります。まずそのことを念頭におかないと失敗の元となります。また、マニュアル式でも自動化されたものでも、ツインバッテリーシステムを組んだところで、同じ理由により実効性を十分発揮できるか疑問です。さらに艇全体に対してシステムのコストが割高になってしまいすし、システムを設置するスペースもない場合がほとんどだと思います。

以上を考慮し、あまり電装品を使用せず、昼間の釣りなどに限定して運用すれば、シングルバッテリーシステムが最善でしょう。ただしシングルシステムですから、常にバッテリーの信頼性を十分高めておかなければいけません。普段からのメインテナンスを心がけましょう。簡単なシステムだからといって、決してメインテナンスを疎かにしてはいけません。また、常にシングルバッテリーだということを念頭において行動し、万が一の事態に備えて代替手段を用意しておきましょう。

なんだか制約ばかりが目につく内容になってしまいましたが、小型艇ならではの優位性というのもあります。それはスターターが必要とする電流が小さいので、過放電のときにバッテリーを傷めてしまわないように、ディープサイクルバッテリーを使うことができるというのも、そのひとつといえるでしょう。

【2】80馬力未満の小型船外機艇で、夜間釣行やエレキなどを使いたい場合

夜間釣行やシーバスハンティングのためにエレキなどをつけたい場合、これら専用のバッテリーを積むよりほか方法がありません。間違ってもスターティングバッテリーから、エレキなどの電気を使ってはいけません。一発でアウトです。

遊び終わるごとに持ち帰って充電しなければならないのを、いくら面倒だと思っても、そうするより仕方ありません。バッテリーコンバイナーなどを使ってハウスユースのバッテリーをオルタネータ

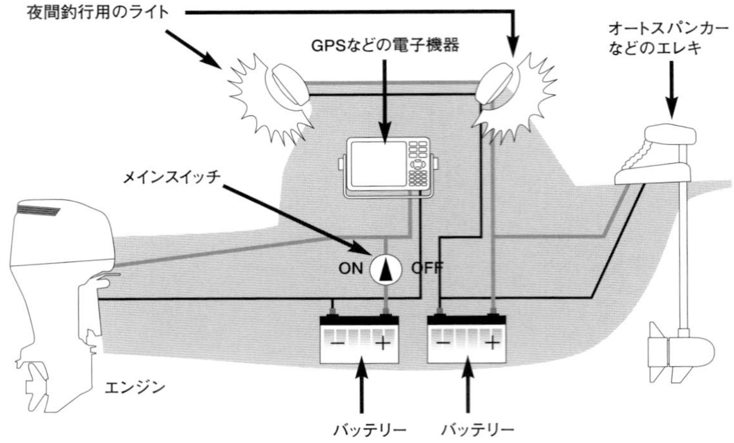

ーにつないでも、やはりオルタネーターの発電量が小さいので充電の手間は省くことができないと思います。

ただし、オートスパンカーなどと銘打たれているエレキでは、その辺りの問題がよく研究されていて、小型艇でも実用的なツインバッテリーシステムとして使えるケースもあります。使用状況を限定すれば検討に値すると思います。

【3】100馬力以上の中大型船外機艇

このクラスになると電装品も多くなり、停泊中でもいろいろな機器を動かしたくなります。そのため最低でもバッテリーは2つ用意して、スターティングユースとハウスユースに使い分けてください。

切り替えは「1-BOTH-2」のマニュアル式でも構いませんが、この場合、停泊中に使用するバッテリーはどちらかにするのかを、必ず決めておきます。バッテリーを均等に使うことなく、スターティングユースのために温存するスペシャルバッテリーをつくってしまうということです。ハウスユースに使うと放電深度が深くなりますから、交互でこの用途に使っていると、2つともスターティングユースに耐えらなくなってしまいますからね。もちろん、エンジンを始動するのに十分な力を持つものを、スペシャルバッテリーにすることは言うまでもありません。

以上、システムが自動的にツインバッテリーシステムを運用してくれるわけではありませんが、その役目をキャプテンが担えばよいのです。ただし人間は間違えを犯す生き物ですから、必ず緊急時の始動電源は別途確保しておきましょう。

資金に余裕があればバッテリーコンバイナーを使用して、自動的にツインバッテリーを運用するシステムを組めれば、かなり安全性が高まるでしょう。またこのクラスまでだったら、エンジン始動時に必要な電力もそれ程大きくありません。始動性能に優れるディープサイクルバッテリーがあれば、

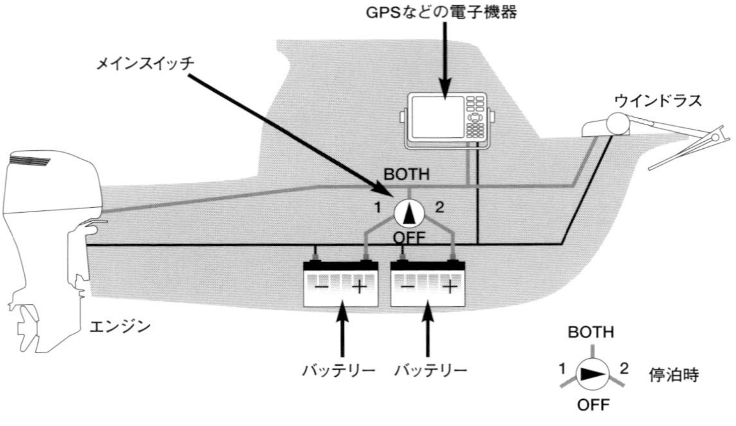

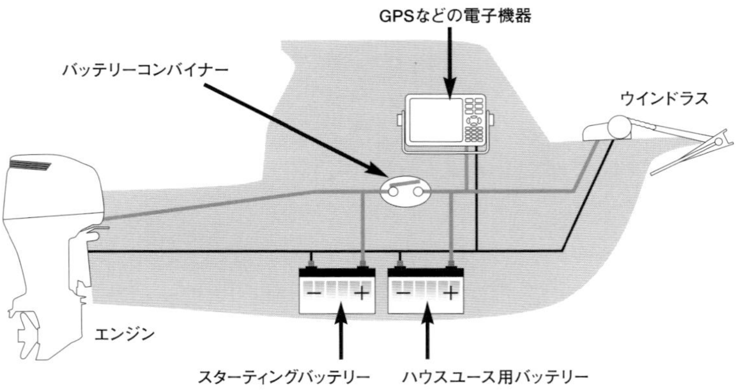

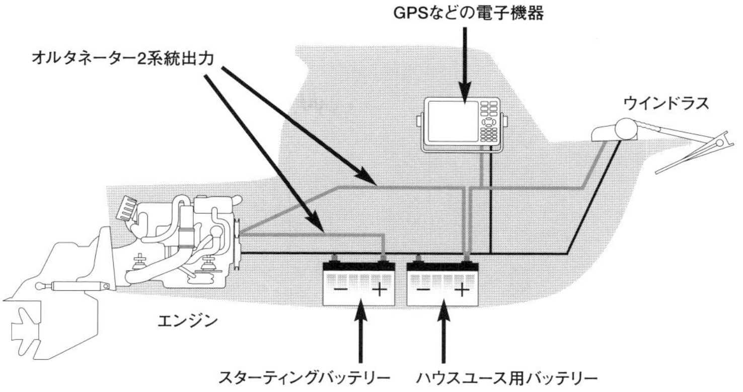

それを使うのも実用的かもしれません。もちろん2つともです。そうなると、放電深度が深くなりがちなハウスユースとの間でバランスが取りやすいですね。

【4】船内外機艇

このクラスで考えられるバッテリーシステムは、【3】で紹介した中大型の船外機艇と基本的には同じですが、ますます電装品が増え、エンジンの始動時に要求される電力もさらに大きくなります。船内外機艇は、数あるボートの中でもバッテリートラブルを一番引き起こしやすいクラスといえるでしょう。

中でもジェネレーターの代用としてインバーターを使っている場合はとくに危険です。インバーターは常時使用するDC機器の中で、おおよそ一番の電気喰いといえる存在なのです。インバーターが必要とするDC12ボルトの電流はAC機器が消費する電流の約10倍ですから、くれぐれもご注意を。別途確保しておくべき緊急用の始動用電源も、かなり信頼性の高いものである必要性があります。

ただし船内外機艇ではオルタネーターを換装することができるため、2系統出力のオルタネーターと換装するか、スペースに余裕があれば増設することもできます。つまり、スターティングユースとハウスユースを、完全に分離することができるのです。こうしたツインバッテリーシステムを構築するとなると、かなりの手間とコストが掛かりますが、ほぼ完璧といえるものができます。スターティングユースを気にすることなくインバーターなどを使用できますから、ACを使うにあたってジェネレーターの設置に躊躇しているような場合には、強くお勧めします。

【5】船内機艇

このクラスになるとスペース的にも余裕があるケースが多いので、最低でもバッテリーコンバイナーを使って、スターティングユースとハウスユース、2つのバッテリーを分離しましょう。また【4】で紹介した2系統出力のオルタネーターへの換装や増設も、ぐっと現実味を帯びてきます。一方でジェネレーターを装備する艇も多くなり、そもそもハウス用バッテリーの負担が軽くなるところに加えて、バッテリーチャージャーの常時使用も可能となります。そのためどのようなシステムとするかは、ケースバイケースといったところでしょうか。ただしこの船内機艇でも「スターティングバッテリーは必ず温存する」が鉄則です。

以上、艇のサイズやタイプ別に、どんなバッテリーシステムが最適なのかを考えてきました。ここで注意して欲しいのは、いずれのバッテリーシステムでも、スターティングユースのバッテリーが過放電してしまうリスクは決してゼロにはなり得ないということです。だからこそ、そのリスクの見積もりと、バックアップの手段を考えておく必要があるのです。

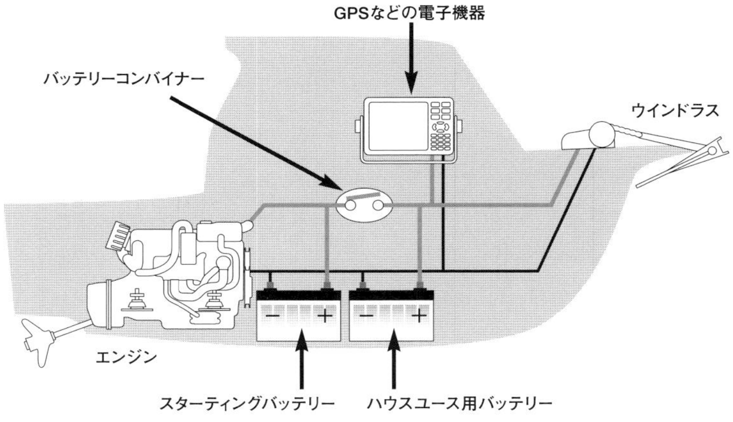

Chapter 7　バッテリーシステム

5 バックアップ

ここでは、万一バッテリーが上がってしまったときを考えてみましょう。今までのように完璧なバッテリーシステムを構築することはむずかしいことです。万全のバックアップ手段を準備していてこそ、バッテリーシステムが完成したといえるでしょう。

万一のバッテリー上がりに、バックアップで対応

もしバッテリーが上がってしまったらどうしたらよいでしょうか？ リコイルスターターがついているような小型の船外機は別として、自力でのエンジン始動は諦めざるを得ません。100馬力程度の中型船外機でも、取り扱いマニュアルに応急時はフライホイールにロープを巻いて始動しなさいと記載されていますが、筆者はあまりお勧めしません。結構、これは危ない作業ですよ。普段、安全な桟橋で練習しているならいざ知らず、洋上でトラブルを起こしてはじめてやってみるなんて、ムチャもいいところです。クランクカバーを外すということは回転部が剥き出しになるということです。もしロープの掛かり具合が悪くて外れなかったら、フライホイールに引き込まれてしまうことになります。命あっての物種ですからね。「何かあったらロープで始動すればいいや」なんて思っている方は、少なくとも一度は安全な場所で試してみましょう。25馬力のエンジンでも、かなり力が要りますよ。やはり、ちゃんとしたバックアップの手段を用意しておいたほうが得策だと思います。

では、具体的にバックアップの手段にはどのようなものがあるのかみてみましょう。まず、誰でも最初に思いつく定番といえば、予備のバッテリーやブースターケーブルを積んでおくというものでしょう。しかしこれだけではいくつか問題があります。気温にもよりますが、普通のスターティングバッテリーは、放置しておくと月に5〜10パーセント程度が自然放電してしまいます。このため、万一のために……と船倉奥深くに積んでおいても、いざというときにはもう役に立たなくなってしまっている、というケースがよく見受けられるのです。

また、エンジンが大きくなるにつれて、必要とされるバッテリーも大きくなるので、コストや重量、スペースなどの面で現実的ではなくなるケースもあります。また、電解液には希硫酸が使われているので、キャビン内に置いておくのもあまり感心しません。ブースターケーブルも湿気の多いボートの上で隅に追いやられ、使おうとしたときは錆だらけで使えない、なんてこともしばしば見掛けます。ブースターケーブルはちょっと錆びると凄い接触抵抗になってしまうんですよ。もちろんホームセンターなどで売られているような細いケーブルでは役に立ちません。太さによって流せる電流の大きさが決まっていますからね。何でもよい、というわけにはいかないのです。ですからこういった普通のバッテリーとブースターケーブルをバックアップの手段にしようとしたら、頻繁に手入れをしない限りは信頼をおくことができないのです。

高性能ポータブルバッテリーをバックアップに用意

以上のように、ただバックアップの手段を準備しろといわれても、従来の方法だとなかなかむずかしい面も多々あります。しかしそんな現状を救ってくれる、たいへん便利なポータブルタイプのバッテリーが登場しています。あんなに大きくて重いバッテリーでもヘタるのに、ポータブルなんてオモチャみたいなもんじゃないの？ と訝しむ方もいると思いますが、中には株式会社セイシングの「スターティングパックSP3500」などのようにJAF（社団法人日本自動車連盟）のレスキューに正式採用さ

筆者の愛艇に積んでいる、緊急始動用のスターティングパックSP3500。長期保存ができ、ボルボAD41などのディーゼルエンジンも楽々始動できます。筆者も絶対の信頼をおいています

れているモデルもありますから、その実力は決して侮れません。このモデルに関しては、実際にバッテリートラブルで救援出動した際、大型トラックを含む計60数台を無充電でレスキューしたという逸話もあります。近年著しいバッテリーの技術革新に感謝するよりほかはありません。イニシャルコストは多少掛かりますが、5、6万円程度で命に関わるスターティングシステムが盤石になると考えれば、かえって安上がりだと思います。筆者も愛用して絶対の信頼をおいています。片手で持ち運べるようなコンパクトサイズで、ボルボのAD41クラスの200馬力級ディーゼル船内外機やマークルーザー7.4Lクラスの300馬力級ガソリン船内外機を、難なく始動可能。もちろん船外機なら、一番大型のものまで、楽々始動できることは言うまでもありません。長期保存時の自然放電も極めて少ないという、まさに万能選手です。一度、導入を検討してみるのもよいでしょう。

休ませて回復するか？は、使用状況に限られる

よく、スターターを連続して回していたらバッテリーが弱ってきて、結局、回せなくなってしまうということがあります。こんなときはバッテリーをしばらく休ませると、またちょっとだけ回復して、なんとかエンジンを始動できる場合もあります。慌てずに対処しましょう。ではなぜバッテリーはしばらく休ませるとわずかでも回復するのでしょうか？

これにはバッテリーの化学特性が関係しています。電極表面の酸

種類	AGMバッテリー Absorbed Glass Mat	ゲルバッテリー Gel Battery	液式バッテリー Flooded Battery
長所	完全にメインテナンスフリー。 液漏れしないシールドバッテリーなので、どんな角度にも設置が可能。 低温耐性が良好で、耐ショック、耐振動性能にも優れる。 充電時にガス発生しない。 自然放電が少ない（25℃のとき、月3%程度）。 水に浸かってもダメージがない。 長いサイクル寿命を持つ。 宅急便で送ることができる。	完全にメインテナンスフリー。 液漏れしないシールドバッテリーなので、どんな角度にも設置が可能（ただし、倒立させる際には10%程度の容量が減少）。 低温耐性が良好で、耐ショックや耐振動性能にも優れる。 充電時にガスが発生しない。 自然放電が少ない（20℃のとき、月3%程度） 長いサイクル寿命を持つ。 宅急便で送ることができる。	イニシャルコストが安い。 高い充電電流に耐えることができ、またオーバーチャージにも強い。 適切な取り扱いをすれば、優れたディープサイクル特性を発揮することができる。 ほかのバッテリー形式に比べて軽くすることができる。
短所	イニシャルコストが高い。 最新テクノロジーの産物なので、マリン業界では、まだ実績が少ない。 同一容量の液式バッテリーに比べて重くなる。 オーバーチャージしてしまったときに、電解液を補充できない。	イニシャルコストが高い。 同一容量の液式バッテリーに比べて重くなる。 オーバーチャージしてしまったときに、電解液を補充できない。	自然放電が大きい（月7%程度）。 振動やショックに弱い。 正立状態で設置しなければならない。 転倒したり、ケースが割れたりすると、腐食性の電解液がこぼれる可能性がある。 定期的なメインテナンスが必要。 充電時には、酸素ガスと水素ガスの発生があるので、換気に注意しなければならない。 取り扱いを誤ると、爆発の危険性がある。

各種バッテリーの構造とその特徴を挙げてみました。ここで紹介している株式会社セイシングの「スターティングパックSP3500」は、AGMバッテリーです。完全にメインテナンスフリー、液漏れしない、自然放電が少ないなど、バックアップシステムとして最適なのがわかりますよね

化鉛が電解液中の硫酸と化学反応して電子を放出し、硫酸鉛になるのがバッテリーの原理です。電極表面は多層構造をしており、また活物質である酸化鉛もある程度の厚みを持って塗布されています。ここでスターティングユースのような非常にすばやい反応が求められると、ごく表面の活物質(酸化鉛)だけしか反応しません。さらに活物質に触れている電解液も硫酸濃度が下がってしまいます。すると一時的に反応が止まってしまうのです。そしてしばらく休ませると、電解液の硫酸濃度が均衡されて深層にある活物質まで染み込んでいき、また反応がはじまるのです。このような過程を「イコライゼーション」と呼びますが、バッテリーを休ませるということは化学反応の準備時間をとってやる、ということなのです。

では使う電流がスターターのような大きなものではなくて、電球とかラジオとか、電流が少ないもののときはどうでしょうか？ この場合はイコライゼーションしても、ほとんど意味がありません。電流を少しずつ放出しているときはゆっくりと反応しているので、電極表面での新旧交代が円滑にいき深層の活物質まで使い尽くしてしまうからです。ですからハウスユースでスターティングバッテリーを使ってしまうと、なおさら致命的なのです。

バッテリーの大きさとスターターの容量との関係にもよりますが、スターターを回し過ぎて弱くなり、もう回せなくなったと思ったときには、実はまだその容量の半分程度は残っていることが少なくありません。ですからこのようにバッテリーを上げてしまっても、また充電してやれば元に戻ります（もちろん、これでもよくはないですが）。しかしライトの消し忘れでバッテリーを上げてしまったときは、すっかり空っぽになっていますからもう充電しても元には戻らないことが多いのです。じわりじわりと真綿で首を絞められるような感じですね。

おおまかにいうと、バッテリーの容量とは活物資の量です。言うなればバッテリーの目方ですね。一方、瞬発力の大きさというのは電極の表面積の大きさです。同じ重さの活物質を持ったバッテリーでも、電極のつくり方によって、スターティングバッテリーになったり、ディープサイクルバッテリーになったりするのです。瞬発力を上げるためには電極を薄く広くしてやればよいのですが、そうすると放電したときに電極の活物質が脱落して、すぐダメになってしまうのです。これがスターティングバッテリーを放電してはいけないという理由です。

一方、容量いっぱいの放電深度を確保したいディープサイクルでは、電極を厚く強くし、放電を繰り返しても活物質が脱落しないような構造になっています。そのために電極の表面積が小さくなるので瞬発力がなくなるという具合です。もちろん、ここでいったことはおおよその原理で、これに加えて各種さまざまな工夫が施されているのは言うまでもありません。

ちなみに現在では、背反する両者の性能を併せもった、夢のような新世代のAGM式バッテリーも登場しています。これなどの電極は、限りなく薄く広く表面積を増やしながらも、放電したときに活物質が脱落しないような特別な構造となっているのです。先の「スターティングパックSP3500」なども、このバッテリーを使っています。

考えることが、バッテリーシステムの第一歩

洋上でのバッテリートラブルほどドキドキするものはありません。筆者もバッテリーのシステム化をしていなかった頃、長時間アンカリングして再始動するときは、思わず「掛かってくださいっ」と祈るようにしてキーをひねっていたものです。しかし愛艇の必要電力を知り、またそれに備えるバッテリーシステムを構築してからは、非科学的な「お祈り」をしないで済むようになりました。さらにバックアップの手段を用意してからは、「何があっても大丈夫」と余裕を持って対処できるようになりました。

今までここに紹介してきたものはほんの一例であり、ボートというのはたとえ量産品であろうと、一度ユーザーの手に渡ってしまえば、2つとして同じ条件のものはありません。そういう意味で皆さんが所有するそれぞれの愛艇に合った、最もよい「解」というものがあるはずです。

繰り返しますが、バッテリートラブルはすべてキャプテンの責任です。ぜひご自身で愛艇のバッテリーシステムについて考えてみてください。その考えるプロセスを行うことこそが、バッテリーシステムの第一歩になるのです。

Chapter 8

充電系

バッテリーは、生かすも殺すもユーザー次第

Chapter 8　充電系

1 電気設計

安心できるバッテリーシステムを構築するためには、電気の収支バランスを考えることが何よりも大切です。いくらバッテリーを増設しても、電気の収支バランスがとれていなければ、システムはすぐにでも破綻してしまうのです。

貯めておけるDC電気。充電の要はオルタネーター

自動車でもボートでも、電気を供給してくるのはおもにバッテリーですが、それは水を蓄えたダムのようなもので、電気を使い続ければいつかは枯渇してしまいます。そのためダムへ河川が流れ込むのと同じように、バッテリーにも電気を充電してやる必要があります。

ボートの場合、充電系の要はオルタネーターです。オルタネーターはエンジンに取り付けられていて、プーリーとベルトを介してエンジンの動力で駆動しています。オルタネーターが発生する電気はバッテリーに供給され、充電されます。これが通常の充電機構なのですが、時には停泊中に陸電をとってバッテリーチャージャーで充電することや、陸電設備のない係留場所では、ソーラーパネルやウインドジェネレーターを使うこともあります。

また、バッテリー以外からの電気というと、AC（交流）電気が思い浮かびますが、ACの電気の場合は電気を貯めておくということができません。常時ジェネレーターを使って「発電」するしか得る方法がないのです。例えば夏場の日中、都市の電力需要がうなぎ登りになったとしても、どこかに貯めてある電気を使うわけにはいかないですよね。需要に見合っただけの電力を常に発電し続けなければならない、これがACの宿命です。火力発電所などは出力の増減が難しいので、需要のない夜間も発電し続ける必要さえあります。深夜電力が安いのもこういった理由ですが、この余った電力を利用して、水力発電所が夜間に水を上流のダムにくみ上げて、昼間はその水を使って発電する……という話も、ACの電気を貯めることがむずかしいことを端的に表しています。

充電系システムでは、供給と消費のバランスこそが重要

では、要のオルタネーターを備えていれば充電系のシステムは盤石なのでしょうか？　答えはノー。オルタネーターが電気を生み出していても、その電気がバッテリーに流れるか否かというのは、そのときの電気使用状況によって変わってくるのです。例えばオルタネーターが50アンペアの電気を発生しているときに、30アンペアの電気を使っていると、差し引き20アンペアの電気がバッテリーに流れます。つまりこの状態なら、バッテリーを最大20アンペアで充電することが可能です。しかし、仮に50アンペアの電気を使っていたとしたらどうなるでしょう？　そうです、バッテリーはまったく電気が流れない、つまり充電できないのです。もし60アンペアまで使っていたとしたら、オルタネーターがフル稼働しているにもかかわらず、充電どころかバッテリーから電気が流れ出ることになります。

つまりバッテリーが正しく充電されるか否かは、発電量と電気使用量のバランスこそが重要なのです。いくらスターティングバッテリーとハウスバッテリーを分離しても、またいくらたくさんバッテリーを積んでも、供給と消費のバランスが取れていなければ、充電系のシステムはすぐに破綻をきたしてしまいます。

バッテリーを大きくするだけでは意味がない

実際のボートでは、どの程度の電気使用量まで許されるのでしょ

うか？ 先ほどはオルタネーターが50アンペアを発電している場合を例にしましたが、この50アンペアという値は、実のところなかなか大きなものです。読者の皆さんの中で船外機艇にお乗りの方もいらっしゃると思いますが、船外機のオルタネーターは発電量がとても小さいのです。60馬力クラスではせいぜい10アンペアちょっと。150馬力クラスでも20アンペアなんていうこともあります。この程度の発電量で大きな電装品を積むのは、まず無理だと思っていたほうがよいのです。ましてや、アイドリング時の発電量はお寒いかぎり。「エンジンが掛かっているから大丈夫だろう」などと安易に考えていると、バッテリーの電圧がドロップしていて、いったんエンジンを停止したら再始動できなくなった……なんていうことがあるかもしれません。

しかし、海外メーカー製の船外機の中にはオルタネーターが大きいものもあり、最新のV6クラスだと60アンペア以上のものを装備しています。これなら船内機のオルタネーターと比較しても遜色ないですね。国産でも最新のモデルでは少しずつでもアップしているようです。とはいっても船内外機にはもともと55～60アンペアのオルタネーターがついていますし、より大きなオルタネーターに換装することも可能ですから、さらに許容範囲は広いといえますね。

ここで注意して欲しいのが、もしオルタネーターの容量不足を補うつもりで大きなバッテリーを積んだとしてもたいして意味がない、ということです。前述の通り、オルタネーターの発電量を上回る電気を使えばバッテリーは充電できませんから、いつかは空っぽになってしまいます。むやみに大きなバッテリーは重いだけの邪魔者、しかもムダな出費になってしまいます。もちろん大きなバッテリーを積んでいれば「破局」を迎えるまでの時間が「多少」は長くなるかもしれませんが、それだけです。繰り返しますが、「大きいバッテリー積んでいるから大丈夫だろう」というのは間違いなのです。

大喰らいの代表選手権。これらの使用には注意

ここでは、とくに消費電力が大きな機器を挙げ連ねていきます。

まずはエレキ。シーバスフィッシングで積極的にストラクチャー回りを攻めるときには必需品ですが、非常に電気を喰います。推力にもよりますが、40ポンドクラスだと、優に30アンペア程度は消費します。これではとても船外機のオルタネーターでは賄いきれないでしょう。湖でバスフィッシングをしている方々は専用のディープサイクルバッテリーを使っていて、これを自宅で充電しています。そのくらいの注意を払いたいものです。最近ではエレキを応用したオートスパンカーも発売されていますが、これにも専用のバッテリーが必要で、特別な高性能アイソレーター（コンバイナー）を使ってメインバッテリーと接続されています。エンジン始動に使われるメインバッテリーの負担を減らすための工夫ですね。オルタネーターが小さな船外機艇で使用する場合は、より一層の注意が必要です。

次がアンカーウインドラス（ウインチ）です。深場までアンカーを上げ下ろしすることが多いアングラーならぜひ欲しい装備ですが、この消費電力も大きなものです。クラスにもよりますが一般的な小型普及タイプでも軽荷で30アンペア、重荷重になると瞬間的には100アンペア近くの電気を消費します。さらに深場からアンカーを引き上げると数分間連続稼働することもしばしば。アンカーを上げたのはいいけど、エンジンが始動しなくなってはたいへんです。くれぐれも必ずエンジンを掛けてからアンカーウインドラスを使うようにしてください。また、ウインドラスは海底からアンカーを巻き引き上げるためだけの装備です。抜錨までウインドラスの力に頼っているとトラブルの元になります

エアコンを駆動するために搭載された大出力のインバーター。大出力のインバーターを使用するときには、電気の供給源や配線などに細心の注意を払うことが必要です

から注意してください。

次はライト類とインバーター（DC-AC変換器）です。夜間の釣行ではライトが必需品。だからといって灯し過ぎると問題です。よく使われるのは55ワット程度のライトですが、これを2基灯せば約10アンペアになってしまいます。自動車でもアイドリング時にヘッドライトとフォグランプを灯せば、電気の収支はマイナスです。船外機では電力の絶対量が少ないですから、さらに注意を払いましょう。

インバーターも電気大喰いの代表格。300ワット程度の小さなインバーターでも、変換効率まで加味すると30アンペア近くの電気を消費します。1500ワットクラスのインバーターになると、130アンペア程度も消費しますからたいへんなものです。似たような消費電力として電子レンジが思い浮かびますが、それでも稼働しているのは短時間。エアコンをインバーターで稼働するとなると、事情がまったく違ってきます。ジェネレーターを装備している艇でも、夜間は騒音防止のため静かなインバーターに切り替えるという使い方もありますが、それでもエアコンの使用は無理です。

最後に魚探を挙げておきます。そんなあ……と思われるかもしれませんが、沖合でアンカリングしたまま魚探を使い続けると、意外と電気を喰います。とくに出力の大きいものには注意してください。またGPSなども含めて、ブラウン管表示の電子機器は、それだけで消費電力が増えるので、船外機艇ではできるだけ液晶表示タイプのものをお勧めします。

愛艇の発電量を知ると、背筋が寒くなることも

電気設計とはつまり、愛艇の発電量を知り、それを上回らないように注意する、ということです。己を知り、敵を知れば……というではないですか。まさに真理です。しかし「愛艇の発電量を知り……といわれても、一体どうやって知るんだ？」と、訝しむ方もいらっしゃると思います。実のところ、これがなかなかむずかしいのです。

できればエンジンメーカーに、愛艇に装備されているオルタネーターの性能と、その特性を問い合わせてみましょう。ここで特性といったのは、オルタネーターが発揮する発電量は、エンジン回転数によって変動するからです。エンジンの出力でも回転数によって馬力とトルクが違いますね。オルタネーターの発電量も同じです。こういった各回転数における変化をグラフにしたものを出力曲線などと呼んだりしますが、これがわかれば使える電気の許容範囲を自ずと知ることができます。メーカーによって対応はまちまちですが、親切なメーカーならば細かく教えてくれますよ。一例として、某社175馬力の船外機では最大5000回転で20アンペア、常用する4000回転で15〜17アンペア、2000回転で7〜8アンペア、アイドリングではわずか2〜3アンペア程度です。結論としては「やはり電装品は必要最低限までそぎ落とすべき」となりますね。

では、このオルタネーターの出力曲線がわからない場合は、どうしたらよいでしょうか？ ある程度大型の船内外機艇には電圧計やアンメーターが装備されていておおよその傾向がわかりますが、船外機艇にはこういったメーターはついていないのが普通です。もし周りに、DC用のクランプメーターを持っている方がいれば、それを借りるのが一番確実です。クランプメーターは電流の大きさを測る測定器ですが、測定する際に回路をつなぎ直す必要がないのでたいへん便利です。もっともDC用のクランプメーターは、あまり存在していないのですが……。

最後に、メーカーにも聞けない、計測メーターもない、DC用のクランプメーターもない、というのでしたら経験則に頼るしかないでしょう。つまり余分な電装品は積まない、積むのだったら万一のバッテリートラブルに対処できるように予備のバッテリーを積んでおく、さらに電気を使うときは必ずエンジン始動の下で……などなど。このように愛艇の電気対策は入念に。

ボートの使い方でも、収支バランスが違ってくる

では、「ちゃんと電気設計して余計な電装品は積んでいないのに、どうもバッテリーがヘタって困る」という方はいませんか？ そんな方は愛艇の使い方を振り返ってみてください。エンジンを動かせば、バッテリーは確かに充電されます。しかしここで大切なのは、どのくらい充電されたかということなのです。マリーナから釣り場までほんの10分、少し走ってはアンカーを降ろし、またちょっと移動して

……というようなチョイ乗りを繰り返していれば、消費した電気を充電しきれなくてバッテリーは弱る一方です。

これも電力収支のアンバランスによるバッテリーのヘタリ、その典型的な例でしょう。どんなに大きなオルタネーターで大きなバッテリーに充電しようとも、充電する時間が短ければ、バッテリーはいつか空っぽになってしまいます。詳しくは後述しますが、充電には時間が掛かるのです。

電装品をそぎ落とした船外機艇でも、エンジン自身が電気を消費しますから、オルタネーターが発生する電気をすべて充電に回せるということはありません。魚探やGPSを稼働していればなおさらです。ですから20アンペア使ったとすると、これを補填するためには1時間以上エンジンを回さなくてはならないということも、ままあります。釣り場がすぐ近くという夢のようなシチュエーションは……実はバッテリーにとって、厳しいものだったのです。

バッテリーバンクの増設、手動では切り替えを忘れずに

例えばバッテリー2つを並列でつないで、あたかもひとつのバッテリーのように扱うことを「バッテリーバンク」と呼びます。一方、2つのバッテリーをメインスイッチの切り替えで使い分けたとき、それぞれのバッテリーを「バンク1」、「バンク2」と呼んだりします。要は電気を供給するバッテリーのグループひとつずつが、「バンク」という単位になるのだと思ってください。

スターティング用のバッテリーとハウス用のバッテリーを使い分けようとしてバッテリーを増設すること、すなわちバッテリーバンクの増設です。さてここで問題となるのは、その使い分けです。ありがちなのは、手動のロータリー式メインスイッチを使って「1-2-BOTH」と分ける方法です。始動時や航行中は「BOTH」にして両方のバッテリーを使用または充電します。一方、停泊中は電気の使い過ぎによるバッテリー上がりを防ぐため、「1」または「2」に切り替えて、残りのバッテリーを温存します。しかし手動のロータリー式スイッチ、筆者は切り替えるのをよく忘れてしまうんですよね。まあここが注意点といえば、そうなりますか。

2つのバンクを全自動で分離できる、バッテリーコンバイナー

充電について語るときに欠かせないのが「バッテリーアイソレーター」です。このバッテリーアイソレーターというのはバッテリーバンクの自動切り替え装置で、手動のロータリー式メインスイッチの煩わしさを解決するために一時期よく使われました。

これを用いるとスターティング用のバッテリーとハウス用のバッテリーが分離でき、しかも一度に2つのバッテリーを充電できることから重宝していた方も多いと思います。しかし、この便利な装置にも決定的な問題があります。アイソレーターはオルタネーターとバッテリーの間に設置するのですが、アイソレーター自身が電気を消費してしまうので、バッテリーが満充電できなくなってしまうのです。つまりオルタネーターからバッテリーへ流れる電気の一部をくすねてしまうのですね。ちょっとした回路の工夫をすれば、これを解決できるのですが、それについては後述します。

一方、同じようにひとつの充電ソースを、2つ以上のバッテリーバンクに分ける装置で「バッテリーコンバイナー」というものがあります。これはリレー(小型のソレノイド)を利用したもので、エンジンが動いてオルタネーターが電力を生み出しているときはリレーが閉じ、エンジンが停止するとリレーが開くという仕組みになっています。リレーが閉じれば2つのバッテリーが結ばれて同時に充電、リレーが開けばスターティング用のバッテリーとハウス用のバッテリーが分離されるというわけです。

なお、2つのバッテリーの接続は単なるリレーによるものなので、アイソレーターであったような電気の損失はありません。もちろんリレーを駆動するために多少の電気は必要ですが、その量はアイソレーターに比べて微々たるものです。事実上、電気のロスがなく、全自動で2つのバッテリーバンクを分離できることになります。各々のバッテリーをメインテナンスさえしておけば、かなり安心なバッテリーシステムが完成できるでしょう。バッテリーバンクを2つ以上設置する場合は、検討に十分値すると思います。

Chapter 8　充電系

2 オルタネーター

バッテリーを充電する源は、ご存じオルタネーター。一見神秘的とも思えるオルタネーターですが、実はDCモーターの仕組みさえ知っていれば簡単に理解できるローテクです。ここではその仕組みと使ううえでの注意点に触れてみます。

磁石と電線を使って、電気を発生させる

オルタネーターは中学校の理科で習った、「フレミング右手の法則」を応用した機器です。こんなことを書くと、すでに頭が痛くなってしまうかもしれませんが、ちょっとだけおつき合いを。中学生のお子さんがいらっしゃる方でしたら、理科の教科書を見せてもらうと話が早いです。「親の沽券にかかわる」などと言うことなかれ。ミステリアスな機器、オルタネーターを理解できるのだったら安いものです。

このフレミング右手の法則というのは「磁界の中を電線が移動すると、電線に電気が流れる」というものです。たとえばUの字型磁石を用意して、そのN極とS極の間に1本の電線を動かすと、もうそれだけで電気が生まれるのです。磁石が大きくて電線が長く、そして速く動かすほど、生まれる電気も大きくなります。とはいっても限界があるので、ここでちょっとひと工夫。動かすほうを逆にして、なが～い電線が取り巻く空間、つまりはコイルの中で磁石を回転させると、あ～ら不思議、オルタネーターのできあがりというわけです。

ボートの電力の供給源オルタネーター。摩訶不思議な機械のひとつですが、基本的な構造はモーターとよく似ています

オルタネーターは、モーターと表裏一体

実際はオルタネーターの中で回転する磁石は電磁石、つまりこれもコイルになるので、コイルの中でコイルが回っているのですが、本質的には同じことです。実はこの構造、モーターとよく似ています。モーターは「フレミング左手の法則」つまり「磁界の中にある電線に電気を流すと、電線に力が生まれる」を応用しているのですが、オルタネーターが使う「右手の法則」と、ちょうど裏返しですよね。逆もまた真なり……といったところです。つまり、オルタネーターの電気を生みだす源は、モーターと同じで磁石とコイルなのです。

具体的なオルタネーターの構造はというと、オルタネーターのケース側に電気を発生させる「ステーターコイル」があり、その中心にエンジンによってクルクルと回わされるローターがあります。このローターにもコイルが巻かれていて、これにも電気を流して電磁石にするのです。要するにオルタネーターはコイルの塊なのです。

回転するローターにどうやって電気を送り込むというと、ローターを支えるシャフトの一端には「スリップリング」という電極があって、これにカーボン製のブラシを接触させることで行います。やはりモーターの構造と似ていますよね。

決定的に違う点は、DCモーターのアーマチェアは常に周りの磁石と反発して自力で回転しなければいけませんから、電気の極性を交互に切り替えるコミュテータという複雑な機構を持っていましたが、オルタネーターのローターにはそれが必要ありません。オルタネーターの場合は単にローターコイルに電気を流して電磁石にするだけでよいのです。極性の回転はエンジンが回してくれますからね。ですからオルタネーターのスリップリングは単なる円形の金属とな

っています。オルタネーターのブラシはこの滑らかなスリップリングをなぞるだけなので、お互いほとんど傷むことはありません。しかもスリップリングやブラシを流れる電流は、モーターに比べるとはるかに小さいですからね。

こうして電気を与えられたローターは電磁石となり、それがエンジンによって回転させられることで、オルタネーターは電気を生み出すのです。

生み出すのはAC。これをDCに整流する

以上ここまでがオルタネーターの基本ですが、ここでひとつ問題が発生してしまいます。こうしてオルタネーターが生み出す電気は、実はAC（交流）の電気なのです。オルタネーターにはモーターのアーマチェアのような複雑な機構が要らないといいましたが、そう簡単なものではないのです。

バッテリーを充電するためには、このACの電気をDCの電気に変換しなければなりません。このACからDCへ変換する作業を「整流」と呼びます。ACすなわち交流電気とは、その名の通りプラス側とマイナス側の極性が交互に入れ替わるのですが、そのうちマイナス側の分をプラス側に変換してしまうのです。するとプラス-マイナス-プラス……と繰り返していた電気が、プラス-プラス-プラス……の電気となるわけです。

少し専門的な話になってしまいますが、ACの電気をグラフにすると、0を中心とした上下のプラス側とマイナス側に、山と谷が横に繰り返す波形となります。整流するということは、この下の分、つまりマイナス側の谷をプラス側にひっくり返して、山にしまうことをいうのです。するとプラス側に、山-山-山……が繰り返すことになりますよね。このままでは山と谷の間が広過ぎてちょっと具合が悪いので、ちょっとしたひと工夫が必要になります。コイルを3組使って山-山-山……というグラフを3つ、少しずつ横にずらしながら合成してやるのです。これを「位相をずらす」というようないい方をします。こうして多少のデコボコは残ってしまうものの、ほぼ平らなプラス側の高原が続くグラフができあがります。実際のオルタネーターもコイルを3組、位相を120度ずらして組み合わせ、そこから生まれる3相の電気を整流し、グラフでしたように合成するのです。これで私たちが欲しいDCの電気ができるというわけです。

ダイオード4つで、基本的な整流回路が完成

実際にこの整流という作業をするのはダイオードという電子部品です。ダイオードとは電気を一方方向にしか通さない性質を持っている半導体で、トランジスタなどと親戚ともいえます。このダイオードを4つ以上組み合わせて「ダイオードブリッジ」という構造をつくると、ACをDCに変換する整流器のできあがりというわけです。ちなみにこのダイオードブリッジ、一般家庭でよく見掛けるACアダプターにも必ず使われています。いわゆる電子回路というのはDCでないと働きませんから、現代人はダイオードブリッジの多大なる恩恵を享受しているといえます。

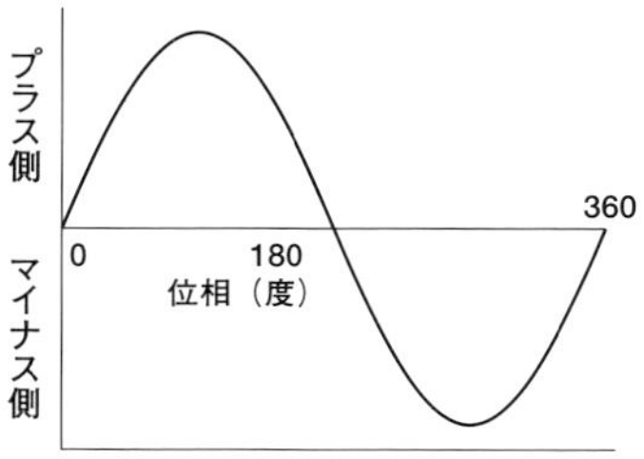

交流の電流「Alternate Current」を発生させるという意味でオルタネーターと呼ばれ、プラスとマイナスの電気を繰り返します

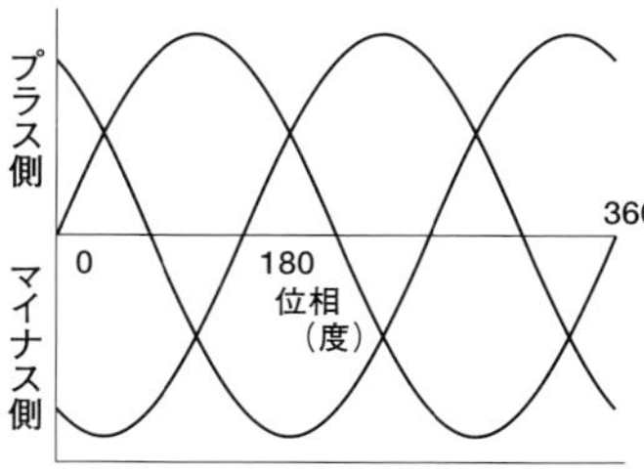

ひとつの位相だけでは、電流の値が0になってしまう個所が生じるので、3つの位相を120度ずつずらして合成します

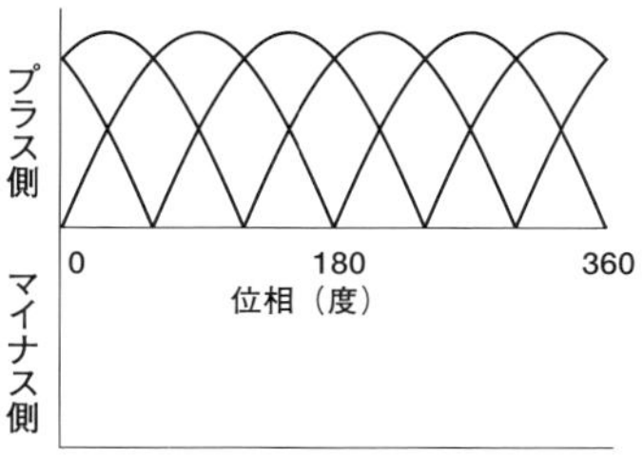

ダイオードブリッジを使ってマイナス側の電流を、プラス側に反転させます。こういった操作を「3相全波整流」と呼びます

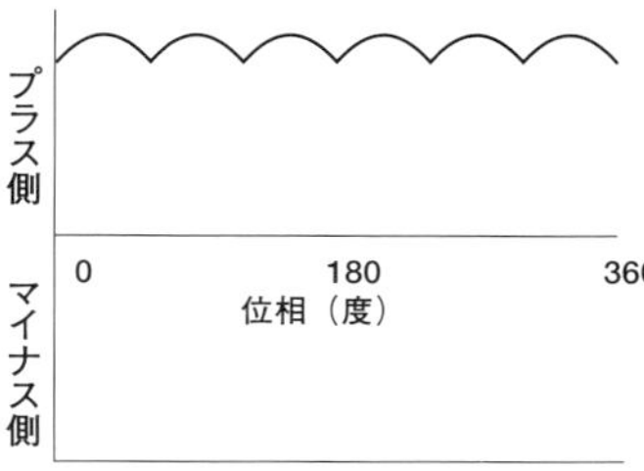

これがオルタネーターが最終的に生み出す電気の波形です。多少の凸凹が残りますが、変動の割合は13%程度です

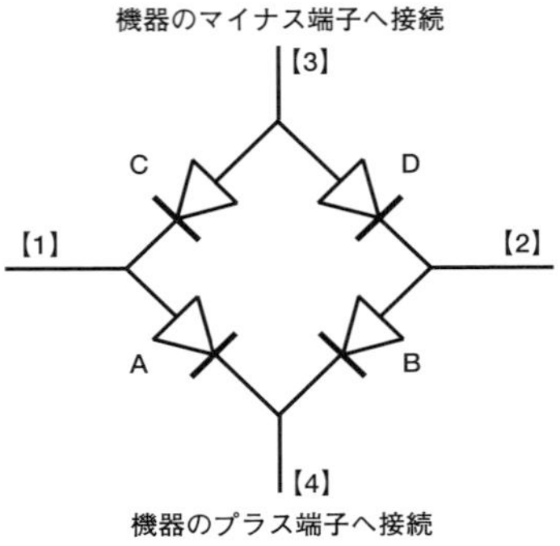

今、ダイオード「A」「B」「C」「D」が、図のように接続されています。これがダイオードブリッジというヤツです。記号の形状からして想像できると思いますが、三角形のバーがついている頂点方向にしか電気を通しません。

ここで【1】と【2】に、ACの電源をつなぎます。

そして【4】と【3】を何かの機器に、【4】をプラス側、【3】をマイナス側にしてつなぎます。

【1】がプラス側に振れているとき、つまり【1】から電気が来てどこかへ行こうとしているとき、電気はダイオード「A」という関所を通過して【4】へ流れて行きます。このとき、機器を通って【3】から戻って来た電気が、ダイオード「D」という関所を通過して【2】へ流れていきます。

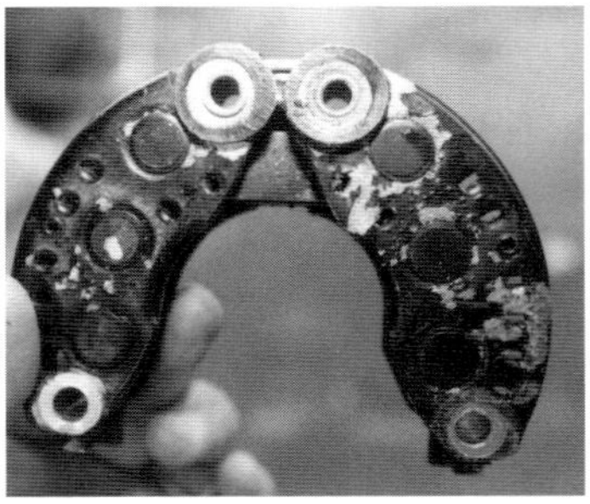

オルタネーターのダイオードブリッジ。ヒートシンクに埋め込まれた、丸いダイオードが見えるでしょうか？ たいてい6個のダイオードがついています

逆に【2】がプラスに振れているとき、つまり【2】から電気が来てどこかへ行こうとしているとき、電気はダイオード「B」という関所を通過して【4】へ流れて行きます。このとき、機器を通って【3】から戻って来た電気が、ダイオード「C」という関所を通過して【1】へ流れていきます。

以上をまとめると、常に【4】から出たDCの電気が機器を通って【3】へ戻ると同時に、【1】と【2】に流れるAC電気を妨げないことがわかります。

ダイオードを数個組み合わせるだけで、いとも簡単にACをDCに変えることができるのですね。オルタネーターにも、このダイオードブリッジが装備されています。オルタネーターの後ろ側、カバーの辺りに取り付けられていることが多いので、一度、気をつけて見てください。電圧降下により熱を持つという理由で、ダイオードは放熱フィンに組み込まれているのが普通です。

レギュレーターが、起電力を調整する

次にオルタネーターが生み出す電圧……これを起電力といったりしますが……それを調節する仕組みをみてみましょう。オルタネーターが電気をつくり出してくれるのはよいのですが、12ボルトシステムのボートに、20ボルトや30ボルトもの電圧が掛かっては困りますからね。

オルタネーターの基本的な仕組みは、ステーターコイルが取り囲む中で、電磁石すなわちローターコイルを回転させる、というように説明しました。このとき回転数が高ければ高いほど、高い電圧を生むことができますが、前述のようにローターコイルを回しているのはエンジンです。エンジンの回転は常に増減するので、生じる電気も大きくなったり小さくなったりします（これがエンジンの回転が上がらない渋滞時などに、バッテリー上がりを引き起こしてしまう一要因ですね）。そこでオルタネーターが生み出す電圧を調整するためには、ローターコイルの回転数以外の要素、ローターコイルが発生する磁力を操作するのです。同じ回転数でも、電磁石の磁力が強ければより大きな電圧を生み出しますし、逆もまた然りというわけです。

この磁力の強さを決めているのが、ローターコイルに流れる電流の大きさです。実のところオルタネーター出力は、このローターコイルに流れる電流で調整しています。そしてこの調節を行っているのが「レギュレーター」という装置なのです。具体的にはレギュレーターがボートの電装系全体の電圧を検知して、12ボルトのシステムの場合は、その値が13.8ボルトになるとローターコイルに電流を流さない、逆に電気を使ったりバッテリーが弱ったりして12ボルトぐらいになっていると、目一杯電流を流す……という仕組みです。

レギュレーターのテスト項目にも「14ボルトでレギュレーター出力端子の両端抵抗は大。12ボルトでほぼ0になるのを確認する」とありますが、つまりはそういうことです。13.8ボルトもの電圧があ

オルタネーターのレギュレーター。これでローターコイルに流れる電流を調整し、オルタネーターが発生する電力を調整します

れば、レギュレーターの抵抗値が大きくなってローターコイルへの電流は小、逆に電圧が低ければレギュレーターの抵抗値が小さくなってローターコイルへの電流が大になる、つまりは起電力が大きくなる。こういった仕組みです。このように、簡単なレギュレーターだけで起電力を調整するのがオルタネーターの特徴です。

電圧検知回路の死角、アイソレーターには注意

この電圧検知回路ですが、通常のプロダクション艇に使われているようなオルタネーターの場合、レギュレーター内部に組み込まれているケースがほとんどです。つまりオルタネーターから出ている、出力用プラス側とマイナス側の太い電線に掛かる電圧を検知しているのです。

エレキモーターやエアコンのために2つ以上のバッテリーを別々に管理して使いたい場合などに、バッテリーを分離する「アイソレーター」という機器を使うことがあります。このアイソレーターにはダイオードが使われているため、オルタネーターがせっかく電気を送っても、そのダイオードが電圧の一部を使ってしまうために、バッテリーまで、電圧がそのまま届きません。するとバッテリーが満充電にならないのです。せっかくオルタネーターが14ボルトを発生しても、それがうまく伝わらないのですね。

これはゆゆしき問題です。こんなとき、電圧検知回路の配線を移動できるレギュレーターなら、その配線をアイソレーターの後ろにつないでやればよいのです。するとメデタシ、ダイオードが使ってしまった電圧分だけ、余分にオルタネーターが稼いでくれるというわけです。もっとも、余分なパワーは喰われてしまいますけどね。

バッテリーの状態で、オルタネーターの働きが決まる

さて、ではオルタネーターがどのくらい充電できるかということに目を向けてみましょう。前述の通りオルタネーターは、常に一定の電圧13.8～14.0ボルトを出し続けようとしますが、バッテリー電圧が高いと（つまりバッテリーが満充電で元気という状態）、ほとんどバッテリーに電気は流れ込みません。つまりバッテリーは満充電というわけです。このとき、たとえオルタネーターが13.8ボルトの起電力を発揮していても、バッテリーにはほとんど電流は流れていません。オルタネーター自身もクルクルと空転しているだけなのです。

逆にバッテリー電圧が低いと（つまりバッテリーが減っている状態です）、バッテリーに多量の電気が流れ込みます。ですがボートには色々な電子機器が装備されていて、常に電気を使っています。そうした電子機器が電気を喰い過ぎると、バッテリーが必要とする充電分までオルタネーターの供給では賄いきれなくなってしまいます。このような状態に陥ると、艇全体の電圧がドロップしてしまうのです。

電子機器を増設する場合に注意することは、ダブルバッテリーでもトリプルバッテリーでも、オルタネーターの定格出力以上の電気を使い続ければ、いつかはバッテリーが空っぽになってしまうということです。エレキを使っている方ならご存じだと思うのですが、毎回あの重いバッテリーを充電のために家に持ち帰らなければならないのでは、たまったものではありません。愛艇が使う電気の設計は慎重に見積もりましょう。

機器類の使う電気が多くなるとエンジンが重たそうな音を立てるのは、その電気を稼ぐためにオルタネーターががんばっているからなのです。

オルタネーターが生み出す電気は元々ACの電気、それをDCに整流しているのだとお話ししました。3組のコイルの位相を120度ずらして組み合わせ、そこから生まれる3相の電気を合成するなどして、できるだけ平滑なDC電気となるように工夫されているのですが、それでも実際は細かく電圧が上下しています。ちなみに、この細かく上下する電圧をさらに平滑にする役目は、バッテリーが担っています。

最後にひとつ、重大な注意点を挙げておきます。オルタネーターは運転中にバッテリーを外されると、途端にダメになってしまうので

す。バッテリーを外されるとオルタネーターが生み出した電気の受け口がなくなって、瞬間的にオルタネーターが抱える電圧が上がってしまいます。するとオルタネーターに組み込まれているダイオードが、その高い電圧に耐えきれなくなって機能を失ってしまうのです。くれぐれも運転中はバッテリーを外さないようにしましょう。もちろん運転中にメインスイッチを切ってしまうことも同様です。

定格出力もいろいろ、出力の仕方もいろいろ

オルタネーターは各モデル固有の値、例えばローターコイルの巻き数線などで基本的な性能が決まってしまいます。この性能が最大に発揮されたときの出力を「定格出力」などと呼びますが、同様に定格出力を発生するローターコイルの回転数を「定格回転」などといったりします。だいたい5000回転ぐらいでしょうか。エンジンがローターコイルを回転させますが、この間にプーリー（ベルト車）を使ってエンジンの回転数を増速します。エンジンの回転数が2000～2500回転くらいで定格出力、定格回転になるようです。

ガソリンエンジンとディーゼルエンジンでは常用するエンジンの回転域が異なりますから、プーリーのサイズもガソリンエンジン用とディーゼルエンジン用で異なるのが普通です。ディーゼルエンジンの方が低回転で最大馬力になるので、当然ディーゼルエンジンのプーリーが小さいですが、オルタネーターを換装するときそのサイズを間違えると、オルタネーターが100パーセントの力を発揮できなかったり、むやみやたらとエンジンに負担を掛けてしまったりと不具合を起こしますので注意してください。

アフターマーケットにはさまざまな定格出力のオルタネーターがあって、普通は50アンペア、55アンペアなどというものですが、中には250アンペアなどという化け物クラスのものまであります。愛艇の消費電力が大きいときは、このようなオルタネーターに換装して対処することもあるかと思いますが、ただオルタネーターを大きくすればよいというものではありません。詳しくは後述しますが、オルタネーターの容量をアップすると、エンジンの馬力が喰われてしまうのです。必要以上の高定格出力オルタネーターをむやみにつけるのは、エンジンパワーをドブに捨てるようなもの、ひいては燃料費のむだ遣いとなります。かく言う筆者も昔、オルタネーターのラインナップを見て「どうしてこんなに小刻みに色々な種類があるのだろう？ 値段はそんなに変わらないのに……」と不思議に思っていましたが……。

また、モデルによって出力の出方が大きく異なる場合があります。例えば、定格出力は275アンペアでもアイドリング時には40アンペアしか出なかったり、定格出力115アンペアでもアイドリング時から85アンペアも出たり、といった具合です。エンジンにも高回転時の最大馬力を重視したタイプと、低回転時のトルクを重視したタイプがあるように、オルタネーターにもモデルの棲み分けがあるようです。また特殊な用途向けに、スターティングバッテリー用とハウスバッテリー用に2つの出力を持つオルタネーターものもあります。用途に合わせて選ぶことが大切ですね。

消費電力が増えれば、確実にエンジンパワーをロスする

オルタネーターの中身はというと、言わばコイルの中をコイルが回っているだけなのですけど、電気を生み出した途端に相応のエンジンパワーを喰ってしまいます。フレミング右手の法則を持ち出さなくとも、自転車のランプを灯しただけでかなりペダルが重くなりますよね（最新の自転車だと重く感じないように工夫がされているそうですが……）。それと同じです。オルタネーターは一体どのくらいのエンジンパワーを必要としているのでしょうか？ 実はこのオルタネーターが必要としているエンジンパワーは簡単に計算することができます。

例えば、今ここに100アンペアの定格出力を持つオルタネーターがあり、フル出力で発電、概算14ボルトの電圧を発生しているとすると、そのときの電力はW（電力）=VI（電圧×電流）から1400ワットだとわかります。以前、電力を水車の仕事に喩えてお話ししましたが、電力は馬力に換算することができます。度量換算表を見ると1馬力が746ワットですから、1.88（1400÷746）馬力分のエンジンパワーを喰っていることが

わかります。

しかし、これは効率100パーセントでのお話。残念ながらオルタネーターのエネルギー変換効率は、スモールフレームの場合でせいぜい50〜60パーセント程度ですから、実際にオルタネーターがロスするエンジンパワーは、1.88馬力÷0.5で3.76馬力となってしまいます。しかもこれはオルタネーター単体での値。実際にはプーリーベルトのフリクションロスや駆動ロスがこれに加わりますから、それを勘案すると、定格出力100アンペアのオルタネーターがフル出力で稼働した場合、4〜5馬力のエンジンパワーがロスするのです。

結構、大きな値だと思いませんか？ 100馬力程度の小型エンジンでは、最大出力の5パーセントにも相当します。昔、自動車でもエンジンパワーのカタログ値は補機類でのロスを含まないグロス表記でしたが、あるとき以降、補機類でのロスをすべて含んだネット表記になってグロス値とかなりの差が出ました。それはこういった補機類に相当なパワーを喰われてしまうのが理由なのです。

このため愛艇に電装品を色々増設し、それで電気不足が怖いからといって、むやみやたらと大きなオルタネーターを積むことは、大切なエンジンパワーをむだ遣いしていることと同じなのです。筆者がインバーターによるエアコンの使用に躊躇するのも、こうした理由からです。夏場暑いときは乗船人員も多いですし、そればかりか空気密度の関係でエンジンパワーも下がりがちです。そのうえインバーター駆動のエアコン用に設置した定格出力100アンペア以上のオルタネーターにエンジンパワーを喰われると、かなりキツイですよ。エンジンの最大馬力に対するパワーロスは僅かなように見えても、普通は最大馬力よりもずっと小さいパワーで巡航しますので、余計、エンジンに負担が掛かるのです。ちなみに些細なことと思われるアイソレーターでも、その部分で電圧が0.7ボルト低下しますから、そのときオルタネーターが100アンペア出力していたとすると、そのロスはそれだけで70ワット、電球1個分にもなります。アイソレーターを使いたくないとはそういうことなのです。

回転数一定の下では、ダイナモが使われていることも

一般的には、ダイナモのほうがオルタネーターよりも知られているかもしれませんね。自転車のランプを灯しているヤツです。ダイナモとオルタネーター、基本的な電気を生み出す原理は同じなのですが、ダイナモの場合はオルタネーターでいうローターコイルが、より簡素な永久磁石になっています。ですから、ローターコイルに流す電流で磁力を調節するといった芸当はできません。

ボートでは効率のよいオルタネーターが使われ、ダイナモが使われることはめったにありませんが、唯一、マリンジェネレーターに使われていることがあります。マリンジェネレーターに内蔵されているエンジンは、いったん始動してしまえば、あとは一定の回転数で回り続けるだけだからです。オナンのマリンジェネレーターなどに、ちょこんとかわいらしい補機がついていることがありますが、これはオルタネーターではなくダイナモです。

ダイナモは回転数によってのみ、起電力が変わってきます。自転車のライトの輝き具合を見ればわかりますよね。ですから普通のエンジンにはなかなか使いにくいです。それでも昔は自動車用の発電機として使われていたこともあるそうですよ。アイドリング程度では発電しないし、渋滞にはまるとバッテリーのエンコが頻発したそうですが……もちろん筆者の物心がつく、ずっと前の話です。ダイナモに代わってオルタネーターが普及してから、こういったトラブルがなくなって本当に感謝の至りですが、ジェネレーターは常に一定の回転数を保つので、ダイナモにうってつけ。コストも安いので今後も使われ続けることでしょう。

蛇足になりますが、もちろんマリンジェネレーターはACの電気を生み出す機器ですから、自らのACの電気で駆動するバッテリーチャージャーを内蔵し、ダイナモもオルタネーターもついていない……なんていうツワモノもありますね。

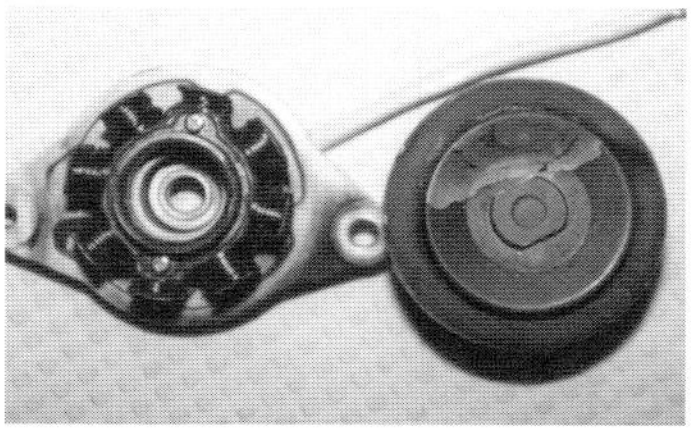

オナンジェネレーターのダイナモ。電力負荷が一定でかつ定回転で運転するジェネレーターなどでは時々オルタネーターの変わりにダイナモが使われることがあります

Chapter 8　**充電系**

3 チャージングランプ

チャージングランプはバッテリーの充電状況を表示しているのではありません。しかし、その点灯と消灯には重大な情報が示されているのです。ここではチャージングランプの意味を把握するために、その仕組みに触れてみましょう。

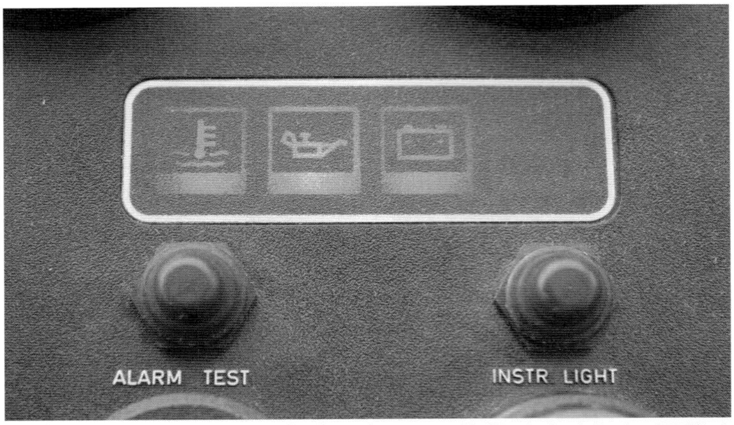

ボルボ製メーターパネルにあるチャージングランプ。このランプを通じて、オルタネーターを励磁します。オルタネーターが発電を始めると、点灯がス〜ッと消えていきます

チャージングランプは充電状況を表示していない

自動車の場合もそうですが、エンジンを掛ける前、イグニッションスイッチをオンにすると、バッテリーの充電状態を警告するチャージングランプが点灯しますよね？ そしてエンジンを始動して充電をはじめるとスーッと消える、と。

これを見て、オルタネーターがバッテリーを充電し終わった、と思う方もいるかもしれませんし、また、そんな短時間に充電が終わるのは何か不自然、と思う方が多いかもしれません。実はあの表示、バッテリーの充電完了を知らせているのではないのです。

オルタネーターの仕組みを説明したときに、オルタネーターの中には回転するローターコイルがあり、これが電磁石になることで、外側のステーターコイルに電気を生み出していると説明しました。それではローターコイルに必要な電流は、いったいどこから来ているのでしょう？ このことがチャージングランプの秘密に関係しているのです。

自励状態に移るとチャージングランプが消える

エンジン始動の直前と、回転数が上がってから以降では、ローターコイルまでの電気の流れが違います。エンジン始動の直前は、バッテリーからイグニッションスイッチ、そしてチャージングランプを経由して、ローターコイルの励起端子（エキサイター端子）という端子へと電気が流れます。つまり、オルタネーターは電気を生み出すためにバッテリーから電気をもらっている、という「他励状態」になっています。もちろんこの状態ではチャージングランプに通電するわけですから、ランプが点灯するというわけです。

一方、エンジンの回転数が上がってくると、オルタネーターはバッテリーから電気を受け取らずに、自身で発電した電気をローターコイルに供給して発電を開始します。つまりは「自励状態」というわけですね。こうなるとチャージングランプ両端に電圧の差がなくなるので通電しなくなり、点灯が「スーッ」と消えていのです。

実のところオルタネーターが発電するだけだったら、ず〜っと他励状態のままでもよいのです。ではなぜ、こうした2段の構造になっているかというと、つまりはこれがオルタネーターのチェック機構として働くからです。他励状態から自励状態に移り変わるときに、

チャージングランプが「スーッ」と消えていく……これ即ち、オルタネーターの発電が正常に行われはじめたことの証明にほかなりません。チャージングランプの消えることが、オルタネーターの働きを表しているのです。なんと賢い設計なのでしょう。筆者などはホレボレしてしまいますね。

球切れすると、始動時に発電できない

チャージングランプを回路に組み込んだ設計の巧みさを力説したばかりで何ですが、反面、このチャージングランプが球切れしてしまうと、バッテリーからオルタネーターのローターコイルまでが通電しないことになってしまいます。つまりエンジン始動時や低回転時に、オルタネーターが発電できなくなるということです。マニュアルなどにも、よく「……ローターコイルの残留磁気が不足した場合、オルタネーターがバッテリーへの充電をはじめるために、ローターコイルに少量の電流を供給しなければなりません……チャージングランプが球切れを起こしてしまうと1300rpm以下では充電されません……」などとあります。何のことだかよくわかりませんが、つまりはオルタネーターが電気を発生するためには「火種」が必要なのです。この火種がチャージングランプを点灯させる電気なのです。

ところで先のマニュアル中、「……1300rpm以下では……」という断り書きは何でしょう? ローターコイルは鉄芯にコイルを巻いた電磁石ですから、電気が止まったあとでもほんのりと磁化しているのですね。クリップやドライバーを磁石に擦り付けると、それ自身が磁石になった経験をしたことがあるでしょう。あれと同じで、常時、電磁石として使われていると、鉄芯が磁化して、ほんのり弱い磁石になっているのです。このためチャージングランプが球切れをしていても、オルタネーターが高回転で回っているときなら、磁力が弱いながらも電力を生み出して自励状態となり、次第に加速してフルパワーが出るようになるのです。

ランプが消灯していても、バッテリーが満タンとは限らない

繰り返しになりますがチャージングランプが消灯しているからといって、バッテリーが充電完了しているか否かは別の話だ、という点には注意が必要です。チャージングランプは、あくまでもオルタネーターがまだ電気を生み始めていないときに点灯するものなので、アイドリング時にバッテリーの定格出力を超えるような大電流を使ってしまい、艇全体の電圧がドロップしているような状態だと点灯しません。艇全体の電圧が高くてオルタネーターが空回りしている状態でも点灯しませんし、逆に艇全体の電圧がドロップしているような状態でも点灯しないのです。まさに諸刃の剣といったところです。やはり艇全体の電圧というのはボルトメーターなり、アンメーターなりで確認する必要があるのです。これだけは注意してください。

またディーゼルエンジンのタコメーターは、エンジン回転数をオルタネーターの回転数から検出しているケースも多いです。ディーゼルエンジンでタコメーターが不調になったときは、このオルタネーターのトラブルを疑う必要があるかもしれません。

アイドリング時の回転が低いと、正常に消灯しないことがある

高速ディーゼルエンジン搭載艇で、アイドリング時に時折、チャージングランプがチラチラと点灯したり消えたりすることがあります。この現象はオルタネーターの回転が低くて、十分な電気を生み出せないことが原因です。先の自励状態と他励状態との間を行ったり来たりしているのです。とくに高速ディーゼルの場合、全開時、過回転にならないようにオルタネーターのプーリー径が大きいので、アイドリング時はオルタネーターの回転数が十分上がらず、その起電力がバッテリーの12ボルトとギリギリ勝負ということなのです。ですから、ごく低速のアイドリングでチャージングランプがチラチラと点灯するのはそれほど珍しいことではありませんし、エンジンの回転数を上げてチャージングランプが消えるのであれば問題ありません。まあ念のため、プーリーのベルトぐらいはチェックしたほうがよいかもしれませんね。チャージングランプがチラチラするので調べてみたら、ベルトが緩んでズルズル滑っていた、なんていうことがありました。

Chapter 8　充電系

4 バッテリー

バッテリーをよいコンディションに保つには、充電の仕組みとその特性を知ることが必要不可欠です。これを怠ったばかりにバッテリーを劣化させてしまったり、洋上でバッテリートラブルに見舞われたりするケースがありがちです。

定電圧充電法では、充電に長い時間が掛かる

バッテリーに充電する電圧を一定に保つ定電圧充電法では、充電が進みバッテリーの電圧が上がってくると、バッテリーに流れ込む電流は加速度的に減っていきます。たとえ大きな100アンペアのオルタネーターを装備していても、どんなに大きなバッテリーチャージャーを積んでいても、常に100アンペアの電流をバッテリーへ送り込めるわけではないのです。

大雑把にいってスターティングバッテリーであれば、残存する電気がトータル容量の50パーセント程度までは、トータル容量に対して30パーセント程度の電流まで吸収できます。例えばトータル容量100Ahのバッテリーであれば、およそ30アンペアの電流まで吸収できるということです(「Ah=アンペア×時間」という単位は「放電電流×放電終止電圧までの放電時間」を意味しています)。

この率で充電していったら、すぐに充電が終わってしまいそうに思いますが、事はそんなに上手くいきません。充電が進んでバッテリーの電圧が上がると、充電電流はその30アンペアからどんどん減っていくのです。バッテリーがトータル容量の75パーセントを溜め込むと充電電流は10アンペアを下回り、さらに90パーセントを超えると、わずか1アンペア程度になってしまいます。このためトータル容量の50パーセントから上、とくに75パーセントから満充電になるまでは、非常に長い充電時間が必要になるのです。これはどんなに大きなオルタネーターを使っても変わりません。バッテリーに必要なのは時間なのです。

充電電圧を高めると、過充電の危険性が増す

一般的なボートの使い方では、いったんバッテリーの電気を大量に使ってしまうと、行き帰りの短時間の航行中にそれを満充電するこ

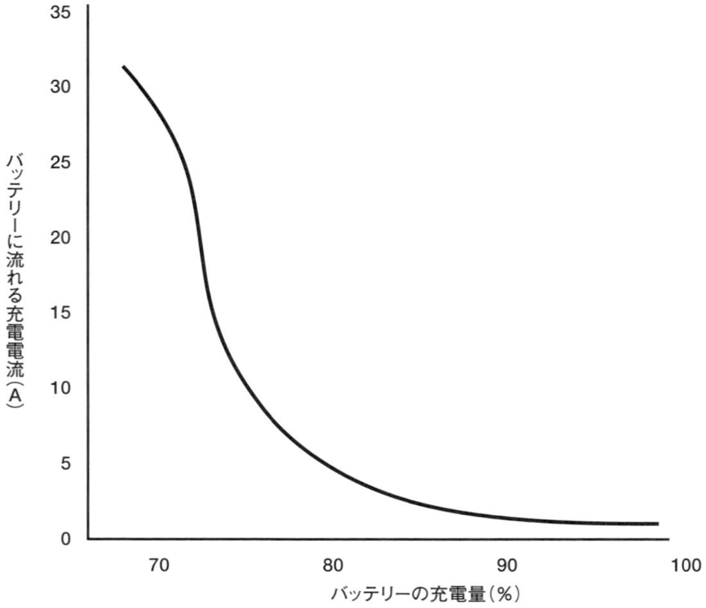

バッテリーの充電量と、充電電流の関係のグラフ。バッテリー残量が増えると、充電電流は加速度的に減ってきます。このためバッテリーを満充電するためには長い時間が掛かります

とはほとんど不可能です。このためスターティングバッテリーとハウスバッテリーを分離しておかないと、エンジンを始動するための大切な電気がジリ貧になって、いわゆるバッテリートラブルを起こしてしまいます。このようなトラブルを防ぐために、マリン用のオルタネーターでは、出力電圧が変えられるようなものがありました。しかし、電圧を高くするにしたがって過充電の危険性が増してしまうので、それにも限度があります。実際には、程々のセッティング、といったところでしょうか。むやみに過充電を心配する必要はありませんが、「どうにもバッテリー液が蒸発するよなあ」という場合は、オルタネーターの出力電圧を疑ってみる必要があるかもしれません。もっともプロダクション艇に装備される普通のオルタネーターでは、出力電圧の変更などはできないので困りものです。

　バッテリーの充電には長い時間が必要であり、それを改善しようとして充電する電圧を高くすると、今度は過充電の危険性が高まる、といった問題を抱えているのが定電圧充電法です。

　一方、電圧を一定に保つのではなく、一定の電流を流し続ける定電流充電法というものもあります。これだとバッテリーの電圧が上がってきても、満充電まで同じ電流で充電できるので、充電時間がやたらと延びてしまうことはありません。しかしこの定電流充電法では、充電が進むにつれてバッテリーの電圧や温度が上がり続け、注意深くコントロールしてやらないと、あっという間にバッテリーを破壊してしまいます。スキルのある一部ボーターは、この充電方法で急速充電の恩恵を受けていましたが、まさに危険と紙一重。決して万人向けではありません。それもあってか現在ではほとんど行われていないのです。

バッテリーの救世主、マルチステップチャージャー

　このように、旧来からある充電方法は簡便ではあるものの、いろいろと問題を抱えています。これらの問題を解決するために最新のオルタネーターには、「マルチステップチャージャー」というものが搭載されています。これはバッテリーの状態に合わせて、常に最適な充電方法を自動で行うもので、今後ますます主流となっていくと思われます。このマルチステップ方式だと、定電圧充電時に起こりがちな長い充電時間や過充電、定電流充電時に起こりがちな過電圧によるバッテリー破壊が防げます。つまり素早く充電できて、しかもバッテリーにやさしいという、たいへん優れた充電方式なのです。

　マルチステップの名は、バッテリーの状態によって充電方法を変えることに由来しています。ステップ数は一般的に3もしくは4なので、「3ステップチャージャー」とも呼ばれます。それぞれのステップは「Bulk（バルク）」フェーズ、「Acceptance（アクセプタンス）またはAbsorption（アブソープション）」フェーズ、「Float（フロート）」フェーズ、「Equalization（イコライゼイション）」フェーズと呼ばれます。

　詳細は後述しますが、「Bulk」はバッテリーが空に近い状態で、「Acceptance（Absorption）」はかなり充電が進んだ状態で、「Float」は満充電の状態で適応されるフェーズだと思ってください。最後の「Equalization」はバッテリーの劣化した電極をリフレッシュするフェーズです。

　このようにマルチステップチャージャーを用いると、バッテリー管理のエキスパートによる作業を、ごく一般の人でもハンズフリーで行うことができます。価格的にはまだ高い印象ですが、オルタネーターやバッテリーチャージャーの換装や増設をする際には、ぜひ検討してみてください。

大型ディーゼルエンジン用のバッテリー。大きく、重く、取り扱いが厄介ですね。鉛バッテリーは、常に満充電にしておくのが長持ちの秘訣です

Chapter 8　充電系

5 バッテリーチャージャー

バッテリーチャージャーを使えば、バッテリートラブルの確率がぐんと減ってきます。近代的なマリーナで陸電が取れるような環境であれば、ぜひ活用してください。ここではそんなバッテリーチャージャーについてみてみましょう。

マリン用マルチステップバッテリーチャージャー。ユニバーサル電源仕様になっていて、電源の電圧や周波数に依存しないインテリジェントチャージャーです。使うなら、ぜひこういうタイプを使いたいですね

マリーナのボートヤードでは、さまざまなタイプのバッテリーチャージャーが使用されていますが、できるだけマリン用のチャージャーを使いたいものです

マリンで使うなら、マルチステップチャージャー

一口にバッテリーチャージャーといっても、ピンからキリまでさまざまなタイプがあります。カーショップなどで見掛けるチャージャー、とくに安いものはトランス（変圧器）とダイオードを入れただけの仕組みになっています。こういったタイプでは充電の開始や終了はすべて人の手に任され、チャージャーが自動的に何かをするということはありません。ちょっと高級なものになると、バッテリーの容量に応じて作動するタイマーがついていたり、電圧検知回路がついていて自動的に充電を終了したり、一時的に大電流を流せるセルスタートモードなどを持っていたりしますが、安価なものと基本的な仕組みは変わりません。このようなチャージャーは、昔からある「定電圧充電器」というものです。

一方、最近のマリン用として製造されているタイプは、ほとんどすべてがマルチステップチャージャーとなっています。充電方法の詳細については後述しますが、ボートで使うなら、このマルチステップチャージャーにしてください。マリン用のものは、耐振動、耐腐食など、過酷な使用状況に耐えられるようなつくりになっていますからね。一昔前までは高嶺の花だったのですが、最近ではずいぶん安価なものも登場しています。

チャージャーも、バッテリーのサイズに合わせる

バッテリーチャージャーを選ぶときに注意して欲しいのは、自艇のバッテリーに見合ったサイズのチャージャーを選ぶということです。大きなバッテリーを積んでいるディーゼル艇に小さな自動車用のチャージャーを持ち込んだりす

ると、バッテリーが必要とする充電電流がチャージャーには大き過ぎて、チャージャーが加熱したり、安全回路があれば年中それが作動したりして、使いものになりません。危険ですらあります。

逆に小さなバッテリーしか積んでいないのに大型のチャージャーを使うと、常に能力の何割かしか使わないことになり、もったいない感じがします。壊れる心配はありませんけどね。大雑把にいうと、大きなバッテリーには大きな充電電流が、小さなバッテリーには小さな充電電流で十分です。バッテリーチャージャーの各モデルには、適応するバッテリーの推奨サイズが明記されているはずですから、それを守りましょう。

バッテリータイプによって、最適な充電の仕方が変わる

バッテリーのタイプや気温によって、最適な充電電圧があります。ですから自動車用のチャージャーを転用することなどもってのほかです。外観は同じに見えても、マリン用のマルチステップチャージャーは中のつくりがまったく違います。間違った充電方法をするとバッテリーをダメにしてしまうこともよくありますから、くれぐれも注意してください。

一例を挙げると、筆者の愛用している最新のマルチステップチャージャーには、充電するバッテリーによって「Flooded」、「GEL」、「AGM」の3タイプ、いずれかに切り替えるスイッチがついています。

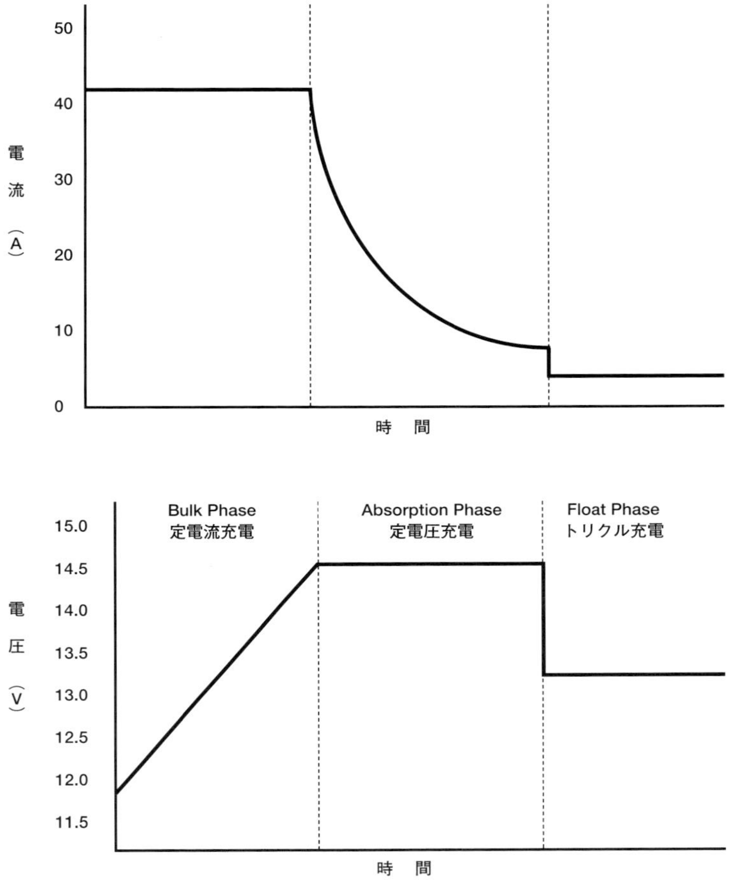

マルチステップチャージャーの充電電圧と電流値の変化を表すグラフです。バッテリーが空に近いときはバッテリーチャージャーの出力いっぱいでガンガン充電し、充電が進んでくると徐々に充電電流を減らしていき、満充電になるとその状態を維持するだけのトリクル充電に移行します。バッテリーをすばやく充電し、かつ、よいコンディションを保つには、こういったマルチステップのバッテリーチャージャーを使ってください

「Flooded」とは、電解液がちゃぷちゃぷしている通常の液式バッテリーを意味しています。中にはキャップに触媒がついていて補水が不必要なタイプなどもありますが、その辺りは関係ありません。ともかくバッテリー内部に電解液がちゃぷちゃぷしているバッテリーは、皆このタイプに含まれます。ちなみにボートで使われるバッテリーの90パーセント近くがこのタイプです。

次に「GEL」というバッテリーのタイプは、電解液の代わりにコロイド状のゲルが使われているものです。このタイプは電解質の水分が少ないため、過充電に非常に弱いという特性があります。購入するときに「このバッテリーを充電するには、専用のチャージャーが必要だよ」と言われるかと思いますが、そのくらいシビアです。もちろん普通のチャージャーで充電できないことはありませんが、その寿命は大幅に短くなってしまいます。

最後に「AGM」というのは

「Absolute Glass Mat」の略で、電解質が液状やゲル状になっている代わりに、電解質を染み込ませたガラスマット（FRPに使うガラスマットのようなもの）を使っています。内部はほとんどカラカラで、水っ気がありません。新世代と目される高性能バッテリーがこのタイプですが、さすがに超大電流、超急速充電、超耐久性……と、まさによいことずくめですが……やはり高価なのが玉に瑕ですね。でも筆者などは、性能的な面で絶対の信頼を置いています。

GELやAGMでは、過充電に一層の注意が必要

バッテリーの電解質にも液式やゲル式（GEL）、ガラスマット式（AGM）があるといいましたが、バッテリー内の水分量が違うと充電の仕方が違ってくるのです。

液状（Flooded）のバッテリーが充電完了すると、コポコポとガスを出すのをご存知ですよね。理科の実験でやった電気分解と同じ現象なのですが、これは充電が完了したというサインでもあります。加えられた電気がもはや充電できなくて、電解液をただ電気分解しているのですね。これを「過充電」と呼びますが、通常の液式バッテリーには水がいっぱい入っているので、少々の過充電にはびくともしません。コポコポとガスを出すだけです。もっともこのガスは水素と酸素なので、引火する危険性があり、油断は禁物です。充電は換気のよいところで行いましょう。

一方、ゲル式バッテリーは、元々水分が少ないので、過充電すると一気に水分がなくなってしまい、乾燥して死んでしまいます。これを「ドライアウト」などと呼んだりします。そのためゲル式のものは、とくに過充電に注意が必要です。同じ理由から、より水分が少ないガラスマット式のバッテリーを充電するときには、一層、過充電に気をつけなければならないとわかりますよね。

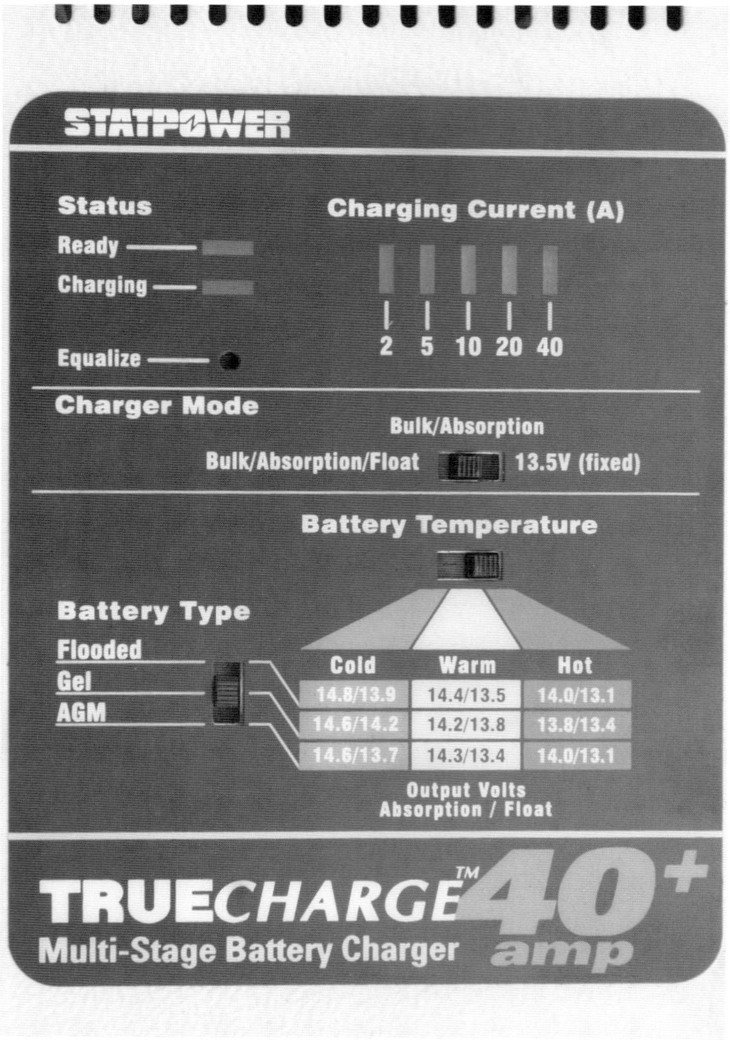

左はバッテリーチャージャーのセッティングパネルです。おもなセッティング項目は、以下のものです

① 「Battery Type」の「Flooded」は、液式の通常バッテリー、「GEL」はゲル式、「AGM」は「Absolute Glass Mat」の略で、液やゲルの代わりにガラスマットを使っているタイプを表しています。もちろん充電するバッテリーのタイプによって切り替えます

② 「Battery Temperature」の「Cold」、「Warm」、「Hot」で、気温による充電セッティングを変更します。バッテリーは化学反応なので、気温によって特性が変わります。寒いときは「Cold」にして充電電圧を上げないと、うまく充電できないことがあります

③ 「Status」はチャージモードの切り替えです。「Bulk/Absorption/Float」の3フェーズ充電モード、「Bulk/Absorption」の2フェーズ充電モード、13.5V固定の「fixed」モードから選ぶことができますが、通常、「fixed」モードはあまり使いません。ガンガン充電していく「Bulk」フェーズ、充電電圧を一定に保ち電流を減らしていく「Absorption」フェーズ、バッテリーの満充電を維持するだけの電流を流す「Float」フェーズへと自動的に移り変わるマルチステップをとることで、オーバーチャージすることなく安全に満充電状態を維持できるのです

そんなわけで、マリン用のマルチステップチャージャーには、充電するバッテリーのタイプに応じた切り替えスイッチがついているのです。

温度によっても、充電電圧が違ってくる

さらに筆者が使っているマリン用のマルチステップチャージャーには、「Cold」、「Warm」、「Hot」の切り替えスイッチがついています。これは読んで字のごとく、気温による充電電圧の切り替えです。バッテリーは化学反応で発電したり充電したりするものなので、気温によって発電能力や充電特性が変わります。冬、気温が低いとバッテリーが弱ってしまうのを経験したことがありますよね？ それと同じで、寒いときの方がより高い電圧で充電してやらなければなりません。そのための「Cold」、「Warm」、「Hot」の切り替えスイッチなのです。オプションでバッテリー温度を測るセンサーがついているものもありますから、積極的に使ってください。

バッテリーを傷めない、マルチステップ充電モード

最後に充電モードについて、とくにマルチステップチャージャーならではの機能、マルチステップ充電モードについて説明しましょう。筆者が愛用している機種では「Bulk/Absorption/Float」モードとあります。これは充電ステップが「Bulk」-「Absorption」-「Float」というフェーズに、自動的に移り変わることを意味しています。

「Bulk」フェーズというのは、放電しきっているバッテリーを、チャージャーの能力いっぱいを使ってガンガン充電していく状態です。充電開始からどんどん充電電圧が上昇していきます。しかしそのまま充電を続けるとバッテリーが壊れてしまうので、そのあとは充電されたバッテリーの電圧が上昇していくにしたがって電圧を一定に保ち、充電電流を下げていく「Absorption」フェーズに移行します。そして最後、バッテリーに供給される電流の逓減率がある一定以下になるか、予めセットされたタイマー時間を経過すると充電を停止し、バッテリーの満充電を維持するだけの「Float」フェーズとなって充電が完了します。このフェーズでは満充電を維持するだけの低い電圧を維持して、過充電することなく安全に満充電状態を保つことができます。

以上のように3つのフェーズを備えているので、マルチステップチャージャーとか、3ステップチャージャーなどと呼ばれています。もちろんバッテリーを傷めることなく、素早く充電できることが最大の利点です。また充電中に電子機器を使っても、各フェーズを維持したままバッテリーから電気を供給することができて、さらにバッテリーの電圧が一定以下になると、再び「Bulk」から充電を再開します。ちなみに3つのフェーズのうち、「Float」のフェーズがなくても問題ありません。自然放電でバッテリーの電圧が下がっても、自動的に充電するからです。

ほかに筆者使用の機種では「13.5V(fixed)」モードというのも選べますが、これはバッテリーの状態とは無関係に、常に充電電圧を13.5ボルトに保つというものです。まるで定電圧電源のような使い方になってしまいますよね。バッテリーを傷めてしまうことがあるので、通常は使いません。ちなみに最新のバッテリーチャージャーでは、こういった設定をフルオートで行うものも増えてきました。

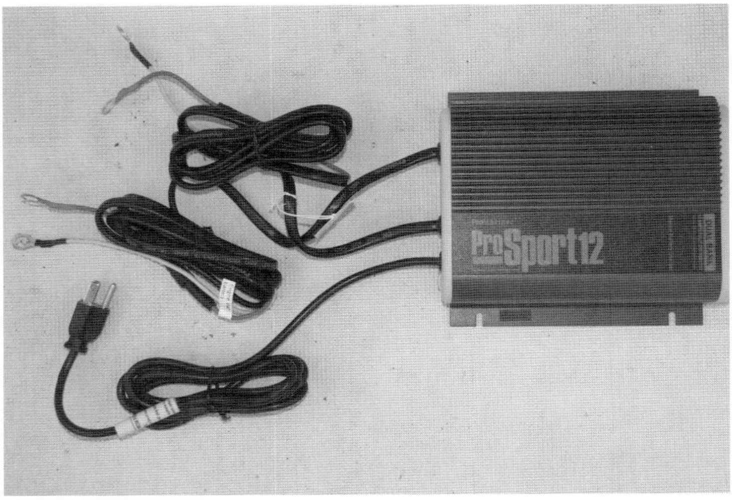

最新のフルオートタイプでは、とくに設定する必要もなく、バッテリーを接続するだけで安全に充電してくれます。価格も安くなってきて、大助かりですね

Chapter 8　充電系

6 自然エネルギー

環境問題が重視されている今、クリーンなエネルギー、太陽発電や風力発電が注目されていますが、それはマリンでも同じこと。もちろん環境にやさしいということもありますが、使い方次第で、ほかでは得難い強力な味方となります。

ソーラーパネルの設置には、レギュレーターが必須

ソーラーパネルは太陽電池と呼ばれているように、太陽の光を浴びて電気を生み出すものです。半導体技術を応用したものなのですが、実に不思議ですよね。ほかから遮断された人工衛星では、エネルギーをソーラーパネルに頼る以外になくて、軌道上で大きなパネルを展開しています。ボートでも保管中のバッテリーの充電に大いに役に立ちます。ここではそんなソーラーパネルについてみてみましょう。

ソーラーパネルは多数のセルを集合させたもので、ひとつずつのセルはシリコンをベースとした半導体です。このセルが太陽光線を浴びるとDC（直流）電流を生み出し、バッテリーの充電や各種機器の電源として使われます。また家庭用のソーラー発電に代表されるように、インバーターとつないでAC（交流）電気をつくり出すのにも使われます。従来はシリコンの単結晶で塊をつくり、それをハムよろしくスライスしていたのでたいへん高価なものでした。パネルの中に丸いセルが並んでいるのがこのタイプです。しかし最近では、製造が簡単で出力が大きい多結晶シリコンタイプ、最大出力は低いけれど高温時や弱い光でも発電効率が高いアモルファスシリコンタイプ（結晶をつくらないタイプです）と、さまざまに改良されてきました。それぞれのタイプで出力の大小や弱い光でも発電するかなど、多少、特質が異なりますが、以前より手軽に買える点は大歓迎ですね。最新のものだと、曲面への設置が容易なシートタイプまで登場しています。

ひとつひとつのセルが生み出す電気は0.5ボルト程度とごくわずかなものですが、通常はこれを30個ほど直列につなぎ合わせて、パネルとして最大14〜18ボルトを生み出します。おや、と思った人も多いはずで、この値はバッテリーが必要としている電圧よりも高いのです。この理由は、ソーラーパネルの出力は太陽光線の強弱によって変動してしまうため。したがって、このため大きなソーラーパネルを設置する際にはレギュレーターを回路に組み入れないと、ソーラーパネルが最大出力を発揮したときにバッテリーの過充電を起こしてしまうので注意が必要です。

人知れず充電してくれる、ソーラーパネルの効用

マリンカタログで、よく最大出力50ワットだの100ワットだのというソーラーパネルの広告を見掛けますが、これらのパネルは具体的にどのくらいの性能を持っているのでしょうか？ それを計算するには、電気の基本公式、W（電力）＝VI（電圧×電流）の関係式を思い出してください。

最大出力のときの電圧はだいたい15ボルト程度ですから、100ワットの製品なら約6アンペアの電流を生み出せることになりますよね。このくらい電気を生み出してくれると、バッテリーはかなり楽になります。最近は電力表示ではなくて、電流の大きさを表示してくれる製品も増えてきました。このほうが直感的にわかるので、助かりますよね。

ただし注意して欲しいのは、この最大出力というのは最高のコンディション、例えば、真夏の快晴、正午の屋外、パネルが太陽光と直角に置かれ、しかもパネルには汚れひとつない……とまあ、こんな理想的な条件のときにはじめて達せられる数値です。屋外にポンと

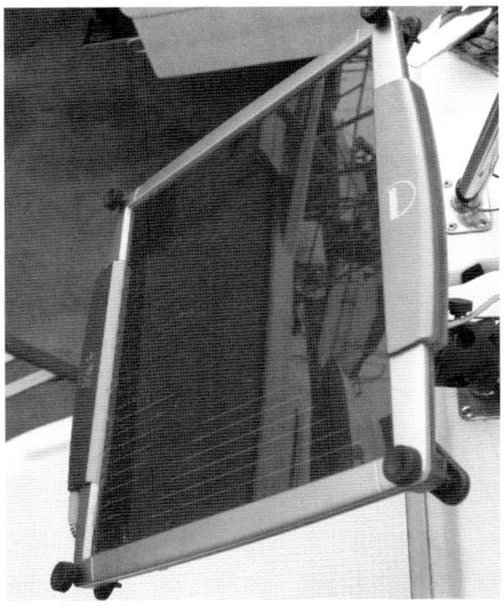

トランサムレールに設置されたソーラーパネルは、保管中にバッテリーを充電してくれる心強い味方。常時陸電を取れないような場合、こうした機器で、バッテリーのコンディションを維持してあげたいものです。ただし、大型のソーラーパネルを設置する場合は、オーバーチャージにならないように、必ずレギュレーターを取り付けてください

水平に置かれたパネル、汚れもつくでしょうし、陽射しも雲に遮られるときもあるでしょう。ましてや盗難が怖くてパネルを室内に置いた場合は推して知るべし。通常の設置状態では、よくてスペックの2分の1程度、平均すると3分の1も出せれば御の字といったところでしょうか。

ソーラーパネルに過度の期待は禁物です。とはいっても、人知れず長時間掛けてバッテリーを充電してくれる点は、ほかでは得難いものです。陸電がとれない係留場所ではたいへん重宝しますね。バッテリーにとって最も悪いのは、放電したままの状態で放置されることです。通常、係留中のバッテリーは、オートビルジだの自然放電だの塩害によるリークだのと、常に減る一方です。使ったら早いうちに充電してあげたいところですが、ソーラーパネルがなければ、次回エンジンを掛けたとき、となってしまいますからね。したがってバッテリーの寿命も短くなってしまいます。

小型のソーラーパネルでも、自然放電対策には十分

このソーラーパネル、大型のものは最新のコンピューター制御されたマルチステップチャージャーと組み合わせて、立派な充電器として使えます。ちょっと高級なものになると、過去数日分の充電量を記憶できるチャージングコントローラーを装備しているものもあります。充電量をLCDにて積算表示してくれるので、どのくらい充電したか直読できるのです。まあこれは必須の機能ではありませんが、やはり目で見えるというのは心強いですよね。

実際にこんなデータが取れました。春先4月の横浜で、日差しがあるといえばあるし、ないといえばないというような、うす曇りの一日でした。ちなみに横浜のアメダスでは、その日一日の積算日照時間は296分となっていました。そんな天気で最大出力55ワットの単結晶ソーラーパネルを地面に水平に設置していました。周囲には一切陰になるものはない状態で、一日の充電量は2.1アンペア。実際には296分、つまり5時間の日照と考えると、時間当たり0.4アンペアの発電となります。このソーラーパネルの最大出力時の電流は3.1アンペアとなっているので、全能力のうちだいたい15パーセント発揮したということです。がっかりですか？ パネルは地面に対して水平なので、真昼の南中時でも太陽光線に対して直角というわけにはいきませんし、しかもうす曇りの天候ですから、まあ現実はこんなものでしょう。

しかし、一日につき2.1アンペ

係留施設の杭に設置された大型のソーラーパネル。このような大型タイプなら、バッテリーのコンディションを維持するだけでなく、チャージャーとしても十分に使うことができます

アという数値だけを考えると、晴天ばかりではないにしても1カ月あれば50〜60アンペア程度は充電できるのですからね。少々電気がビルジポンプに喰われても、空っぽのバッテリーが満充電近くになる計算です。これは陸電がとれない係留地では心強い味方となります。実際ソーラーパネルを使っているオーナーさんは、陸電環境のない係留地でほとんどエンジンも回さず､しかも夜間使用でGPS、航海灯、キャビンライト、速度計などとつけっ放しなのに、バッテリーは常に満充電状態だと喜んでいました。なにしろ数日間放置するだけで人知れず満充電まで充電してくれるのですから、たとえ性能の十数パーセントしか発揮できなくても、十分使い勝手があるというものです。

とくに冬季、長時間放置すれば自然放電だけでもバカになりません。それを補うだけだったら数十ミリアンペアも出せれば十分です。一番小型のものでも、ソーラーパネルがあるとないとでは大きな差となってくるでしょう。小型艇では設置場所の関係であまり大きなものは設置できないかもしれませんが、一度検討してみてはいかがでしょうか。

ウインドジェネレーターも、最新モデルは使い勝手が大幅アップ

「ウインドジェネレーター」、何やら響きがカッコイイですが、要は風力発電機、風車のことですね。近年ではあちらこちらに風力発電所があるので、巨大な風車をご覧になったことがあるでしょう。駅前や公共施設などでも小型のものを見掛けますよね。最近では家庭で使う小型のものも登場していて、マリン業界でも見掛けるようになってきました。このウインドジェネレーターはソーラーパネルに次ぐ、クリーンなエネルギーの担い手として注目されています。

基本的にはオルタネーターと同じ仕組みで、プロペラに直結されたシャフトが回転すると発電します。ソーラーパネルと違って雨天でも夜間でも、風さえあれば発電しますから、そこが利点ですね。とくに常時風が吹いていることが多い洋上では、比較的発電しやすいのではないでしょうか。しかも、このウインドジェネレーターは風速が倍になると、出力が4〜8倍にもなります。

このウインドジェネレーターで気をつけなくてはならないのが、強風時の破損とオーバーヒートです。風速20メートルを超えるようなときは、回転スピードが速くなり過ぎてブレード（羽根）やシャフトが破損したり、発電部がオーバーヒートして焼損したりします。また発電する電圧が高くなり過ぎて、バッテリーを煮え立たせてしまうこともあります。逆に、風速がきわめて弱いときはプロペラを回すことができません。最新型のモデルでは、これらを改善しようと可変抵抗の機構が組み込まれていたり、可変ピッチの機構が組み込まれていたりするものがあるようです。

古いモデルを使っていた方の中には、こうした煩わしさが記憶に残っていて敬遠してしまうこともあるかもしれませんが、最新型のものであれば、ずいぶん使い勝手が違いますよ。また強風時の風切り音も、かなり改善されてきているようですね。

このウインドジェネレーター、パワーボートではあまり必要とするケースは多くありませんが、長距離を航行するセーリングクルーザーなどではソーラーパネルと組み合わせることにより、充電するために補機を運転するのを不要にしてしまうほどの威力を発揮します。航行中の補機の騒音に悩まされているなら、こちらも検討の価値ありです。

桟橋のポールに設置されたウインドジェネレーター。最近では、小型で高性能なものが登場しています。使い勝手も格段に向上していますから、検討してみてはいかがでしょうか？

Chapter 9

電蝕

人知れず忍び寄る、ボートのガンを徹底退治

Chapter 9　電蝕

1 電蝕のメカニズム

ボートオーナーなら「電蝕」という言葉を聞いたことがあるでしょう。いつの間にか、愛艇をガンのように蝕んでいく怖ろしいテーマ。しかしそのメカニズムを知って、しっかりとした対策を立てれば、むやみに怖がることはありません。

原理は電池と同じ。異なる金属が電蝕を起こす

日常生活のいたる所で使われている、さまざまな電池。もちろんボートに積まれているバッテリーもその中のひとつですが、その原理は実に簡単なものです。どのくらい簡単かというと、電気を通す液体……これを「電解液」と呼んだりしますが、この中に異なる種類の金属を浸し、その金属同士を接触させるか電線で結ぶだけで、原始的な電池がひとつできあがります。電解液とは電気を通す液体なら何でもよく、海水だったら申し分ありません。あまりに簡単過ぎて……私たちの愛艇が、いつのまにか海という電解質に浸かった巨大な電池となってしまっていることも決して珍しくはないのです。

ところで、一般の電池が消耗するのはなぜでしょう。大まかにいうと、電解質に浸されているプラス側とマイナス側、2種類の金属のうち、マイナス側の金属が「腐食」していくことで電気が発生し、腐食しきったところで電池としての役目を終えるのです。つまり、電池と腐食というのは切っても切れない仲なのです。これは海に浮かんでいるボートにも、そのまま当てはまります。

海に浮かんだ巨大な電池となったボートに人知れず電気が流れていると、そのマイナス側となっている金属が次第に腐食していくのです……怖ろしいことですよね。これが電蝕の正体です。この電蝕はボートにおけるガンのように気づかぬうちに進行し、気づいたときはもう手遅れという、実に深刻なダメージとなる可能性があります。時には沈没事故を引き起こすことがあるので、決してバカにはできません。

イオン化傾向の高い方から、電子を放出して海水に溶けていく

では、電解液に浸されたマイナス側の金属が腐食すると、なぜ電気が流れるのでしょうか。その前に、皆さんも「イオン」という言葉を一度はお聞きになったことがあるかと思います。世の中の万物は「原子」や「分子」というものが寄り集まることで成り立っていて、その原子ひとつひとつは「陽子」「中性子」「電子」というもので構成されています（分子は原子の寄り集まりです）。皆さんも化学の教科書で、土星のような原子モデルをご覧になったことがあるでしょう。

陽子というのはプラスの電気、中性子はその名の通り中性、電子というのはマイナスの電気をそれぞれ帯びています。電気というと何か特別なことをしないと生まれないような気がしてしまいますが、実のところ万物すべてに電気が内蔵されているのです。とはいっても、何事もなければ原子や分子のプラスとマイナスは釣り合っていて差し引きゼロ、普段私たちがその電気を意識することはありません。しかし何らかの原因で電子が数個、原子や分子から逃げ出してしまうことや、逆に余分な電子を迎え入れてしまうことがあります。するとプラスとマイナスの均衡が破れた原子や分子ができてしまいます。こうした原子や分子のことをイオンと呼び、金属がイオンになろうとする傾向、それを「金属のイオン化傾向」と呼びます。

この金属のイオン化傾向は、金属の種類によって度合いが違います。化学の時間、「まああてにするなひどすぎるしゃっきん……」などと語呂合わせで試験勉強したのを思い出しませんか？　そしてこのよ

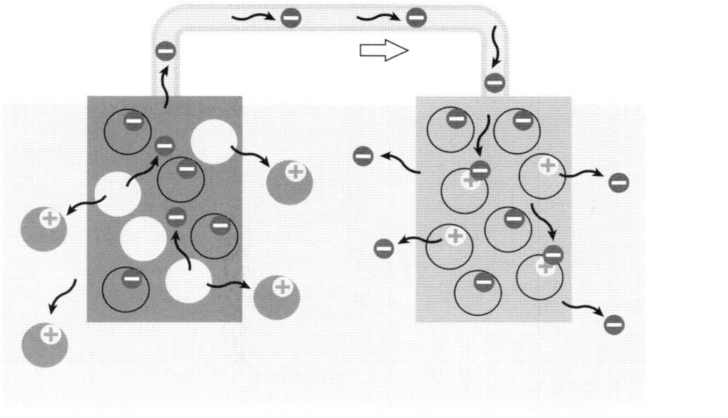

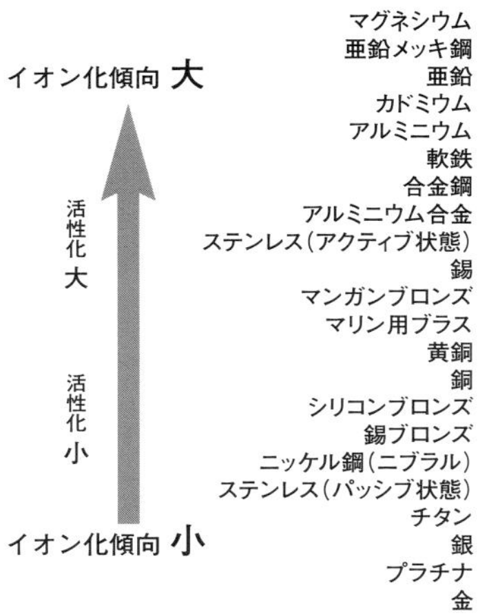

上のイラストは電蝕現象の概念図。異なる種類の金属間で電池を形成、イオン化傾向が高い金属が電子を放出し、際限なく電解液に溶け出していきます。右のリストは金属のイオン化傾向。科学の時間に習ったのを思い出しますよね? イオン化傾向の高い金属ほど、アクティブで溶け出しやすいのです

うなイオン化傾向が低い金属(電子を放出しにくい金属)と、イオン化傾向が高い金属(電子を放出しやすい金属)が、電気を通す液体の中で結ばれたときに電池が生まれるのです。イオン化傾向が高い金属から電子が逃げ出して、イオン化傾向が低い金属の方へどんどんと流れていってしまうのですね。電子が流れる、つまり電気が流れるというわけです。

それでは、電子が逃げ出してしまったイオン化傾向が高い金属は、その後どうなるのでしょうか? それが……怖ろしいことに、電解液の中に溶け出していってしまうのです。電池なら電気を使い尽くしてしまえば交換となりますが、ボートの場合、大切な金属部分が海水という電解液に溶け出してしまうと一大事です。ちなみにこうした電池の原理を原因とした電蝕を「ガルバニックコロージョン(Galvanic Corrosion)」と呼びますが、今後とくに断りがない限り、本書でいう電蝕とはすべてこのガルバニックコロージョンのことを指します。

純金属に見えても実は合金。内部で電蝕が起こる

さて、今まで電解液中で異なるイオン化傾向の金属を結んだら……というお話をしましたが、それでは電気を通さないFRPのハルの船体に点在している金属パーツはどうなるでしょう? 一種類の純粋な金属ならイオン化傾向に違いはないから、電蝕の心配は要らない……となりそうなのですが、そう簡単に事は済みません。なぜなら一見すると1種類の金属に見えても、そのほとんどすべてが合金となっているからです。金属の添加割合は合金によってまちまちですが、ほとんどのものは銅や鉄といった地金となる金属に、数パーセントの割合でほかの金属が添加されています。ミクロレベルでみてみると、地金の金属原子の中に添加された金属の原子が点在している状態となります。この場合、1種類の合金を海水に浸けただけで、2種類以上の金属が電解液に浸かることになり、電蝕が発生するのです。その代表的なものは黄銅(真鍮またはブラス)によく見られる、脱亜鉛現象でしょう。

黄銅というのは銅に亜鉛などを添加したもので、広く使われている合金です。一般的にはネジなどでお目に掛かることが多いでしょう。この黄銅製のネジを海水に浸けたり、海水が頻繁に掛かる環境で長年使い続けたりすると、銅原子の中に点在している亜鉛原子だけが電蝕によって海水に溶け出してしまい、黄銅製であったはずのネジはスカスカのスポンジのようになってしまいます。ナイフで削れるくらい軟らかくなったり、もっとひどい場合は頭がポロッと取れてしまったりします。

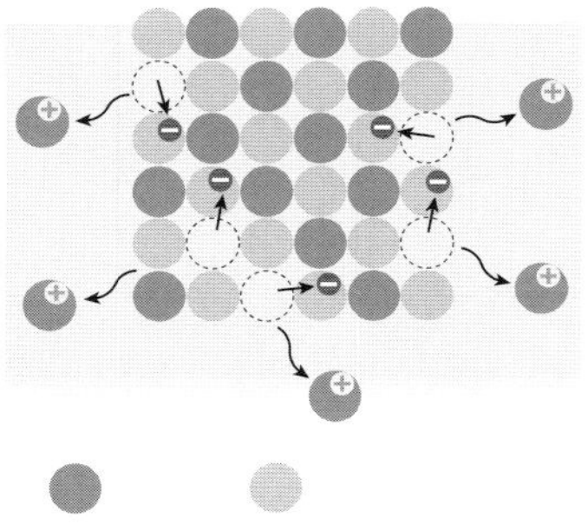

単独の合金でも電蝕します。上は銅と亜鉛の合金から、亜鉛が溶け出している様子

Chapter 9　電蝕

2 ジンク

愛艇を電蝕から守る唯一の方法、それがジンク。単なる亜鉛の塊でも、その使い方を間違えると効果がまったく発揮されず、重大なトラブルを引き起こすことさえあります。ここでは基本的な使い方と、その注意点を解説していきます。

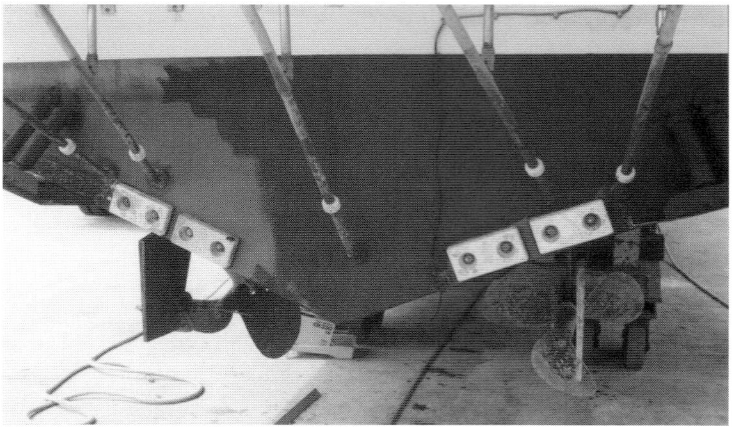

大型インボード艇のトランサムに取り付けられたジンク。この艇のオーナーは、かなり電蝕に悩まされているご様子ですね。ずいぶんたくさんのジンクを付けています

ボルボ製デュオプロドライブに設置されているプロペラジンク。スクリューの根元に取り付けられています

自ら減ることが使命。愛艇を守る守護神ジンク

電蝕を防ぐにはどうしたらよいでしょうか？ 答えはひとつしかありません。守りたい大切な金属より、より高いイオン化傾向の金属、つまりよりアクティブで電子を放出しやすい金属を接続し、その金属を犠牲にすることで構造物を守るのです。そして、この役目を担っているのが「ジンク」ということになります。

ジンクという名は「亜鉛」を示すもので、別名「ジンクアノード」とか「犠牲陽極（サクリファイシャルアノード）」などとも呼ばれています。ちなみに「アノード」とは「陽極」を意味する言葉ですから、ジンクの効果が電気的な作用と密接に関係していることがわかりますよね。亜鉛は灰色の鈍い光沢を持った金属で、もちろん銅やニッケル、鉄やクロムなどよりも高いイオン化傾向を持っています。この亜鉛の塊であるジンクが守るべき金属パーツと電気的に結合され、そしてジンクが自ら海水中に溶け出すことにより金属パーツが保護されるというわけです。このときにジンクから金属パーツに流れる電流を「防蝕電流」と呼びますが、亜鉛と結合された金属パーツのイオン化傾向の差が開くほど、その電圧も

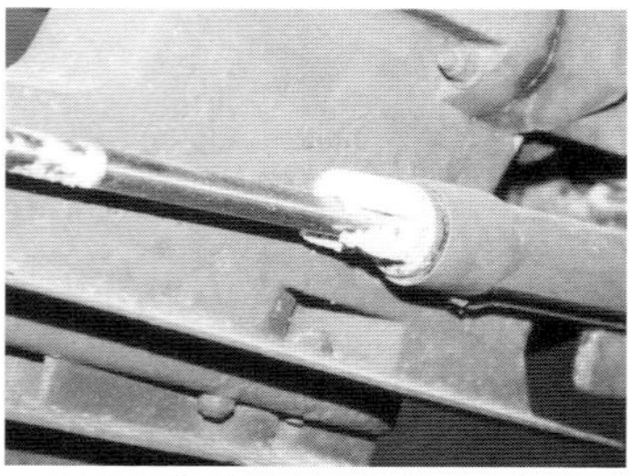

マークルーザーのチルトアクチュエーターにつけられたジンク。ステンレスのシャフトなど、異なる材質が接する部分などを重点的にして、ジンクが設置されているのがよくわかります

トリムタブ兼用のドライブジンク。取り付け角度を変えて、直進時のハンドルの力を軽減してくれます。プロペラのすぐ近くに設置されているのがわかりますね

大きくなります。

以上がジンクの減ってしまう理由です。だからといって、決してもったいないと思ってはいけません。このジンクが減ってくれているからこそ、愛艇の大切な金属パーツが守られているのです。ジンクの交換を怠り、減るがままにしておくと、重要な金属パーツを守る防蝕電流が生まれなくなって、どこかの大切な金属パーツがみるみるうちに減ってしまいます。ですから、夢々ジンクの交換だけは怠らないようにしましょう。

筆者の友人でジンクの交換をせずに放置してあった艇を買って、ドライブがすぐにダメになってしまった人がいます。電蝕でドライブには穴が、そして全体が痩せてしまっていて、あちらこちらが手でむしれるくらいにガタがきていました。こうなってしまうとドライブ全体を交換するしかありません。その友人も泣く泣く交換していました。たかがジンク、されどジンクです。ぜひ、このチェックだけは怠らないように心がけましょう。

ボンディングしないと、せっかくのジンクも意味がない

ボートの場合、ドライブ艇ならドライブやプロペラのアルミ合金やシャフトのステンレス、シャフト艇ならスルハルやシーコック、プロペラのブロンズ（銅合金）、シャフトには同じくステンレスが使われています。こういった金属を守るために、トライサムに大きなジンクをぶら下げるだけでよいのでしょうか？　いいえ、そんなことはありません。極めて重要なことなので繰り返しますが、これらの大切な金属を守るためにはジンクとの間に「電池」を形成させなければならないのです。つまり守られるべき金属パーツとジンクが、電気的につながっていなければなりません。

本物の電池だって、電線をつながないと電気は流れませんよね。電蝕から金属パーツを守るということは、ジンクから金属パーツに防蝕電流を流すということにほかなりません。くどいようですが、電線がつながっていなければ何も起こらず、気休めにさえならないのです。海水に接した合金製の金属パーツは各々勝手に電池を形成して、海水の中に溶け出していくことでしょう。いくらジンクをつけたところで、保護しようとする金属パーツと電気的な接触を持たなければ、その金属パーツを保護することなど到底できないのです。電蝕を防ぐには、これが非常に重要なこととなります。

さて実際のところ、ボートでジンクの効果を発揮するのに必要不可欠となるのが「ボンディング」です。このボンディングというのは、スルハルやシャフト、ラダー、エンジンなど、海水に接している金属パーツすべてをワイヤーでつないで、最終的にジンクと電気的な関係を持たせるための造作です。このボンディングワイヤーを施してはじめて、各金属パーツはジンクによって防蝕されることになるのです。

このボンディングワイヤー、しっかりと造り込んである艇の船底を覗き込んでみれば、黒色や緑色の

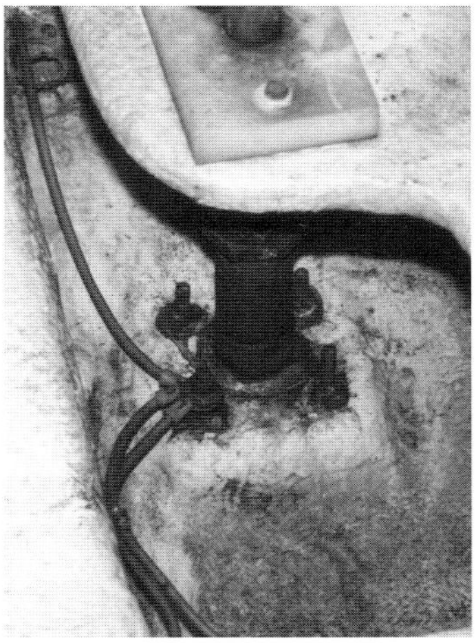

ラダーシャフトに取り付けられたボンディングワイヤー。ジンクが電蝕を防ぐには、このボンディングが非常に重要です

電線があちこちに這い回っているのを確認できると思います。後付けのマリントイレなどでシーコックを増設するときは、必ずボンディングを施すべきです。もしボンディングせずに、つまりは防蝕をしないのであれば、金属製ではないシーコックを使う方がよほどマシです。このボンディングに関しては、業者の中でも無頓着なところがありますからよく注意してください。こういう隠れた部分こそ、ボートオーナーとしては敏感にならないといけません。自らの艇を守るのは最終的に自分自身だからです。

ジンクひとつでは、効果の範囲に限界がある

ではジンクをつけてボンディングすれば、それでOKでしょうか？　答えは残念ながらNOです。海水は電解液といっても導電率が低く、ジンクと金属パーツの距離が離れ過ぎてしまうと、より近くにある金属パーツの影響にジンクが負

強靭なインボード用プロペラも、電蝕の犠牲になります。インボード艇では、プロペラシャフトに独立したジンクがつけられているのが普通です。強靭な材質のブロンズプロペラも、ジンクが消耗した状態で放置されると、ひとたまりもありません

ステンレスプロペラをつけたので、ドライブ全体が深刻な電蝕を引き起こしてしまった例。ドライブ全体が、手で引きむしることができるぐらいにボロボロになってしまいました。ステンレスプロペラをつけるときは、より厳重な電蝕対策が必要です

けてしまったりすることがあるのです。また金属パーツが多いときには小さなジンクでは賄いきれません。ですから、艇の大きさや金属パーツの多寡によって、ジンクの数や大きさを調整しなければいけません。防蝕はなかなか一筋縄ではいかないのです。ここでは、その実例をご紹介しましょう。

　船内外機艇の多くは、スタードライブのハウジング本体がアルミ合金でつくられています。また、使われているスクリューも、ほとんどの場合はアルミ合金製です。この場合、使われている金属のイオン化傾向がほぼ同じであり、内部のナットやプロペラシャフトの材質が多少違ったとしても、その表面積が小さいこともあって、通常はアンチベンチレーションプレートやスクリューの根元につけられているジンクだけで十分に防蝕することができます。しかし、アルミ合金製のスクリューの代わりに、軽い気持ちでステンレス製のスクリューをつけたらどうなるでしょうか？　答えはというと……見るも無残な結果が待ちかまえています。すぐ近くにジンクをつけているのにもかかわらずです。

　スクリューの場合、海水中に暴露している表面積が大きく、しかもそれがアルミ合金に比べて格段にイオン化傾向の低いステンレスであったとしたら、ドライブ本体との間で非常に強い電蝕作用が起こります。この強い電蝕作用を小さなジンクだけで防ぐことはとても不可能なのです。ジンクが起こす防蝕電流が単四電池のものくらいだとすると、ステンレス製のスクリューとアルミ合金製のドライブ本体との間に流れる腐食電流は、自動車用バッテリーのものくらいになるでしょうか。とてもではないけど、ジンクの防蝕効果が勝てるわけありません。このまま放っておくとドライブがどんどん電蝕され、ある日ポロッとドライブごともげてしまう……という怖ろしい事態が現実となるでしょう。これを防ぐには、プロペラシャフトにジンクを増設したり、能動的に防蝕電流を流すアクティブアノードなどを設置したりしなければなりません。いずれにしても、従来は金属パーツの多寡とジンクの大きさや数の関係を見極める「経験に育まれた確かな勘」が必要だったのです。

大きさ半分で表面積は1/4。減ったジンクは即交換

　また、ボンディングしたままではよいのですが、それに伴ってジンクを増設しなかったため、かえって電蝕を促進してしまったという例もあります。

　とある艇でのことです。トイレのシーコックにボンディングワイヤーをつないでおいたところ、1年でなんと2回もスルハルが飛んでしまいました。もちろん電蝕によるものです。一度は航行中トイレから突然水が溢れてきた、なんていう怖ろしい事態になったのです。以後、シーコックへのボンディングを止めて大丈夫になった、とオーナー氏は言っていましたが、これは決して「大丈夫」になったのではありません。腐食するのが遅くなっただけです。

しかしボンディングをしてシーコックがおかしくなってしまったのはなぜでしょう？ 恐らくはそれに伴ってジンクを増設しなかったために防蝕電流が足りなくなり、その代わりにシーコック自身がジンクの役割を果たさせられて電蝕されていったのではないかと考えられます。

このようにジンクは付けてさえおけば何でもよい、というわけにはいかず、適切なサイズというものがあるのです。海水の導電率が低いために、ジンクの単位面積当たりに流せる電流密度が低く、小さなジンク、つまり表面積の小さなジンクでは十分な防蝕電流を生み出すことができないのです。ですからボンディングするときや、ジンクを追加するときは専門家によく相談しましょう。また、最初は大きなジンクをつけていても、だんだん減って小さくなってきたときにも注意が必要です。相似形の二乗三乗の法則から、見た目が半分になっていれば表面積は4分の1、体積は8分の1になっていますから、すでにボートの金属パーツを守る力などは残っていません。まだ半分あるからもったいない、などといっていると痛い目に遭います。

ジンクは多過ぎても、もったいない。大きさは上架インターバルを考えて

ここまで読んで、なんとなくジンクは多いほどいいんじゃないか、と思う方もいらっしゃるかと思います。しかし、そうとばかりも言えないのです。ジンクをむやみに大きくしたり増やしたりすると、防蝕電流が余分に流れて保護されている金属パーツからガスが発生し（いわゆる電気分解というやつですね）、表面が傷んだり周囲の塗料が剥げたり、ハルがアルミ製の場合はそれが腐食したりと、いろいろと悪影響がでることがあります。とくにウッドボートでは過剰な防蝕電流によって、木材がグズグズに破壊されることさえ起こります。もちろん足らないよりはマシかもしれませんが、何事も過ぎたるは及ばざるが如し……というところですかね。まあ、FRP艇では特別気にしなくても問題ありませんが。

メーカーもきちんと計算してから適切な場所に適切なだけのジンクを設けていますから、まずはメーカー指定のジンクを維持するということが大切です。そのうえで自分なりに艤装をカスタマイズしたり、保管場所の状況が思わしくなかったりしたときに、測定して対策すればよいのです。そのようなときにも、艇を上架する次のタイミングまで、充分な防蝕電流を流し続けられる大きさがあれば、それ以上は必要ありません。牡蠣落としや船底塗料塗りで、半年に一度、少なくとも年に一度は上架するでしょう。ジンクはこのタイミングまで持てばいいわけです。どうせ上架したときは替えますからね。これは艇外に吊り下げるジンクに関しても同様です。吊り下げジンクをつければ、ハルジンクの消耗を抑えることができますが、やっぱり吊り下げジンクをいちいち上げ下げするのは面倒です。表面がネチョネチョとしてきますしね。ですからハルジンクだけで経過を見て、充分通常の上架インターバルまで間に合いそうならば、吊り下げジンクは必要ありません。

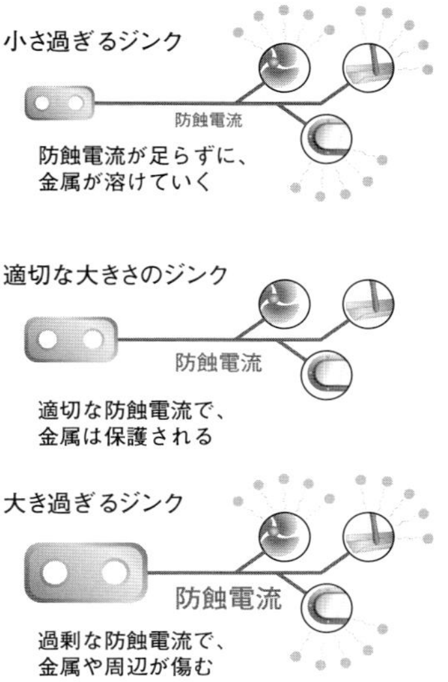

電蝕を防ぐために取り付けたジンクは、時間の経過とともに小さくなって、金属を守る力が弱くなってきます。そこで、十分な防蝕をしながらジンクを長持ちさせようと、予め大きなジンクをつけたらどうなるでしょうか？ もちろん必要なものより大きなジンクを付けますから、電蝕の心配はありません。しかし、大きなジンクからは大きな防蝕電流が流れてしまうので、周辺の金属に影響を与えたり、木造艇の場合、金属周囲の木が焼けたりと、いろいろな弊害が出てきます。電蝕を防ぐという意味では、適切な大きさのジンクをつけるのが一番です。右上は、桟橋に係留中、艇外に垂らす増設ジンク。右下はドライブ艇のプロペラシャフトにつけられた増設ジンクです。係留艇にステンレスプロペラを付けるときは、シャフトジンクを増設するなど、ほかのジンクの状態にも万全な注意を払いたいものです

過大なジンクに便利な、ジンクコントローラー

過大なジンクはそれなりに弊害を生むことがあるといいましたが、とは言っても少しでもジンク交換のインターバルを長くしたいと願うのが人情というもの。そこで実際に、この要望に応える装置があります。

それが「ジンクコントローラー」というもので、抵抗によって防蝕電流を一定以下に制限する仕組みになっています。これにより大きなジンクをつけておいても過大な防蝕電流による弊害がなくなり、かつジンク交換のインターバルを長くすることができるのです。保管する水域、さらには同じ水域でも、水温や周りの艇の状況などによって必要な防蝕電流の大きさが大きく変わることがあり、そういったときに最適な防蝕電流の大きさを設定することができる点も、このジンクコントローラーの大きな特徴です。コントロール部分が単なる可変抵抗のみとなっている製品では、後述するように別途、コロージョンテストメーターを用意して電蝕状況を計測することが必要になりますが、中にはこのメーターを内蔵している製品もあります。

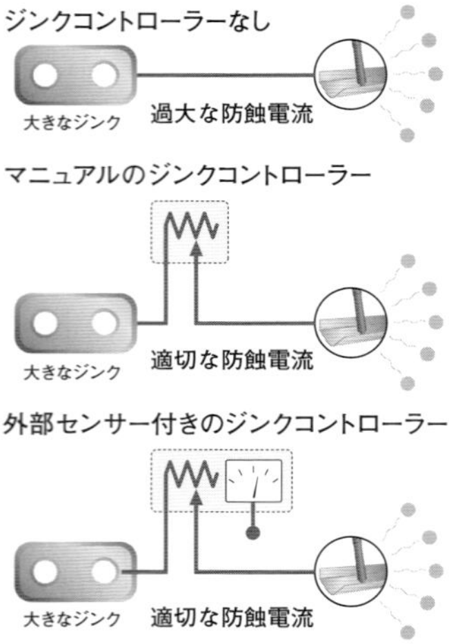

ジンクコントローラーは、大きなジンクが発生する防蝕電流を抑制する装置です。中には、外部センサーを持ち、常に最適な防蝕電流を流してくれる製品もあります

能動的に防蝕電流を流す、アクティブアノード

以上のように、ジンクは防蝕電流を流しているあいだ、海中に溶け出して減り続けているので、定期的な交換が必要です。また、ステンレスプロペラをつけた場合などは、増設したりしなければなりません。これらの問題をより能動的に解決する装置、つまり防蝕電流をより積極的に流してやる装置が「アクティブアノード」です。言うなれば、自らが減り続けて防蝕電流を供給する「電池」ではなくて、恒久的に防蝕電流を供給できる「ACアダプター」、それに防蝕電流の強弱を自動的に調節する機能を付け加えたものといったところでしょうか。

アクティブアノードの防蝕電力はボートのバッテリーから供給され、装置自体の構成は、必要な防蝕電流を検出ならびに調節するセンサーとコントローラー、そして実際に防蝕電流を流す電極などです。可動部や消耗部はまったくないので、その効果はまさに永続的です。アクティブアノードをつけるとジンクの消耗がセーブされ、かつ電蝕の心配が要りません。ただしバッテリーを使用するので、完全にメインテナンスフリーというわけにはいきません。使用にあたっては注意が必要です。

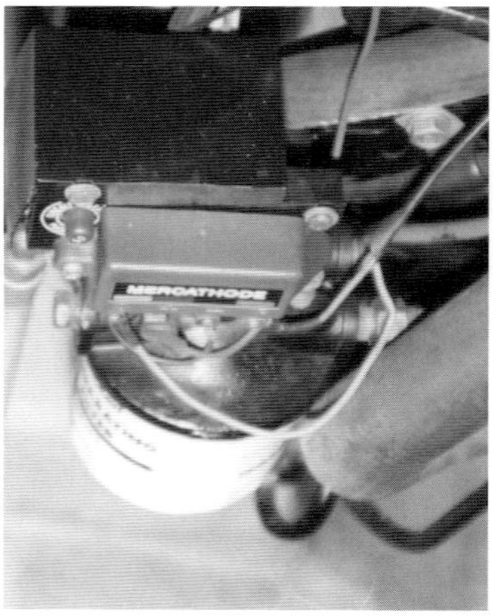

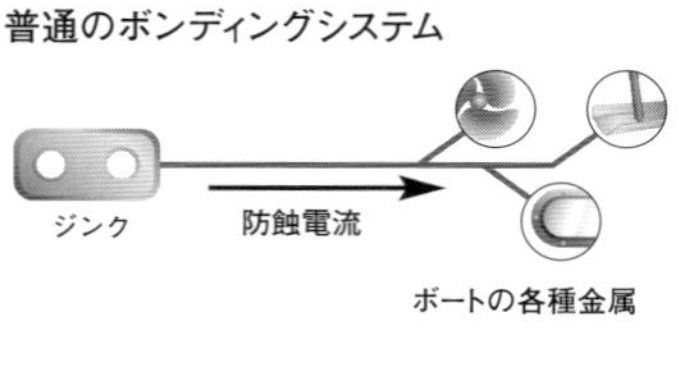

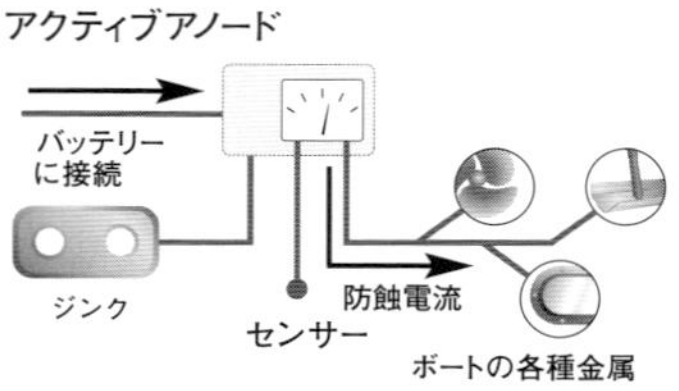

マークルーザードライブに設置されたアクティブアノード（マーカソード）。ステンレスプロペラを付けたときなど、ジンクだけではなかなか守りきれません。外部電源を用いて防蝕電流を流す、アクティブアノードなど検討しましょう。アクティブアノードはバッテリーの力を借りて、防蝕電流を流します

ヒートエクスチェンジャーやインタークーラーなど、エンジン内部に取り付けるペンシルジンクです。エンジン内部はこのようなジンクをつけなければいけません。また、定期的なチェックも必要になります

ヒートエクスチェンジャーに取り付けられたジンク。愛艇のエンジンをチェックしてみてください

エンジン内部は別空間。船体のジンクでは保護できない

ボンディングしてジンクを適切に配置すれば電蝕は防げると解説してきましたが、それが及ばない特別区があります。それがエンジン内部。海水に接している金属といってもエンジン内部は外界と隔絶されているので、ボート外部に設置されているジンクでは守れません。このため、エンジン本体のヒートエクスチェンジャーなどに独立したジンクが設けられています。このエンジンに取り付けられているジンクは、結構見落としがちなので、とくに注意が必要です。

当然、エンジンでもジンクのチェックと交換を怠ると、エンジン内部が電蝕を起こしてしまい、後々とんでもないトラブルを引き起こします。その中でもとくにトラブル多発個所となるのは、直接冷却のガソリンエンジンでは海水のサーキュレーションポンプ、間接冷却のディーゼルエンジンではヒートエクスチェンジャーとインタークーラーなどです。いくつか実例をご紹介しましょう。

これも知人艇の話。どうも走るたびにオーバーヒートを起こすので、インペラを替えてみたり、サーモスタットを替えてみたり、およそ考えられるすべてをチェックしても直らず、とうとうエンジンを下ろして徹底的に分解してみたところ、冷却水をエンジン内部に循環させるサーキュレーションポンプのハウジングがそっくり電蝕でなくなっていたという、とんでもない例がありました。

またヒートエクスチェンジャーも、清水系の高温と海水系の低温とが薄い管を通して接するウィークポイントです。もともと肉厚が薄いうえに、圧力と熱ストレスまで加わるので、ちょっと手入れを怠るとすぐに腐食してしまうのです。清水が減ってしまうというトラブルがあったときに、業者が真っ先に疑うのがこの部分ですが、同時にチェックや修理に非常に手間が掛かる部分でもあり、とりあえず交換となりがちです。こうなってはかなりの金額が掛かるので、オーナーとしては長持ちさせたいですよね。ぜひ電蝕を起こさないように、ジンクのチェックだけは怠らないでください。またこの腐食は海水の流れが速くなる場所や、強く当たる場所ほどひどくなります。L字型配管だと角の部分、ポンプからの水が直接当たるヒートエクスチェンジャーの入り口付近など、特定の部位ほど早く腐食するということも覚えておいてください。チェックするなら、こういう部位を重点的に行います。

次の例はインタークーラーで起こった話。知人が愛艇のディーゼルエンジンを年に1度のオーバーホールに出してみると、インタークーラーがボロボロで穴があく寸前だったそうです。このインタークーラーもヒートエクスチェンジャーと同様に、ターボチャージャーで圧縮された熱い空気が薄い管を介して海水と接しています。やはりヒートエクスチェンジャーと同様の理由でよく腐食するのですが、インタークーラーの場合、破損したときの損害は計り知れないものとなります。空気流路に水が

漏れ出て、シリンダーでウォーターハンマーでも起こしたら、エンジンは一発でお釈迦ですからね。実にきわどい状況でした。メーカー側もインタークーラーには頻繁なメインテナンスを求めているケースが多いですし、よく注意しましょう。メーカーでとくにメインテナンスが規定されている個所は壊れやすい部分ですし、言い換えれば壊れたときのダメージや損害が大きくなる部分です。くれぐれも疎かにしないでください。

材質には敏感に。ブロンズとブラスは違う

ブロンズ（青銅）は銅と錫の合金、ブラス（黄銅）は銅と亜鉛の合金で、どちらも銅系の合金ですが、その性質は大きく異なります。ボートの上で使いたいのは、当然ブロンズです。なぜなら錫と亜鉛、イオン化傾向が銅とより近いのは錫のほうだからです。

ところが配管で使うニップルの場合、一般的に売られているのはほとんどがブラス製です。エンジン冷却用の海水を取り入れる配管にこのブラス製のニップルを使うと、ブロンズとブラスを組み合わせることになって、当然ブラス製のニップルが電蝕を起こしてしまいます。できるだけブラス製のニップルを使わないことがベストですが、それが叶わぬときにはホースエンドを使い、ゴムホースを介して接続しましょう。万一の破断を招かないための予防措置です。海水流路が破断したらたいへんですからね。

ブロンズとブラスの配管材料。ブロンズは耐蝕性が高く、ボートの上でよく使われる配管材料です。しかし一見同じように見える金属でも、その材質が同じでない場合があり、時として電蝕を引き起こしまいます。とくに注意したいのは、配管継ぎ手のニップル。ブラス製のものが多く、ブロンズと接続すると電蝕を引き起こしてしまいます

また、海での使用が前提となっていないブロンズの中には、その耐蝕性が著しく劣るものがあります。一口にブロンズといっても、その組成分はいろいろあるからです。筆者でも見ただけで区別することはできません。間違った素材を使うと悲劇の元ですから、必ず確認してください。

とくに船体が金属の場合、異種金属の接触に注意

ドライブには船底塗料とは別に予め塗料が塗られているのをご存知ですよね？　これには電気的に水に触れる面積を極力減らして、ジンクの消耗を防ぐという意味もあるので、電気の導電性がない塗料が使われています。ですからこういったドライブなどを塗るときには、必ず専用の塗料を使いましょう。ホームセンターなどで売られている塗料の中には、電気を通すものも少なくありません。保護するつもりで塗ったのが、かえって腐食を促進しまったなどということもありますからね。

ブロンズ製のスルハル。電蝕の犠牲にならないように、ボンディングして防蝕しなくてはなりません

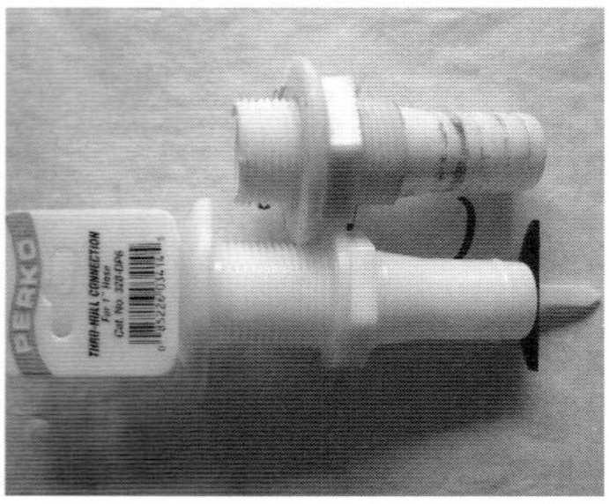

プラスチックのスルハル。強度的にはちょっと心配な気もしますが、電蝕の心配なく使えますね

また、とくにハルの材質がFRP以外、アルミや鋼の場合には、より一層の特別な注意が必要です。アルミや鋼はそれ自身に導電性があります。このような船体に使う艤装品でも通常のものと同じですから、ブロンズのシーコックなどを後付けするときには、船体と取り付ける金具との間を「必ず」絶縁しないといけません。十分注意してください。

また、電蝕はなにも海水中のみで発生するわけではありません。船上にも雨水が掛かりますし、場合によっては海水だって被るかもしれません。そうすると電気が流れます。アルミのレーダーアーチをステンレスボルトで組み付ける……なんていうことをするときは、できればスリーブや絶縁ワッシャーを組み込んでおくとよいですね。アルミやステンレスには酸化皮膜があるので大丈夫だという方もい

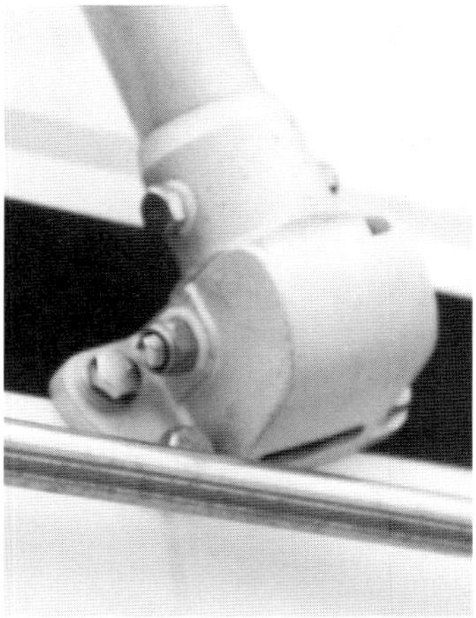

ステンレスボルトで組み付けられた、アルミ製のレーダーアーチの取り付け部。電蝕は水中でのみ起こるとは限りません。水線上の構造物でも、雨水や海水が掛かると電蝕を引き起こすことがあります。接合部に導電性のないカラーとスペーサーを入れてあり、直接ステンレスとアルミが接触しないような注意が払われています

らっしゃいますが、筆者の経験ではやはりあまり具合がよろしくないです。もしどうしても絶縁ができないときは、なるべくイオン化傾向が近い「親類の金属」でできたものを使うようにしてください。

空気中では強くても、海水中では意外と弱いステンレス

　アルミやステンレスといった金属は、ちょっと面白い性質を持っています。これらの金属表面が酸素と結び付いて、「不動態皮膜」という安定した表皮をつくるのです。この不動態皮膜は工業的にも非常に重要で、例えばアルミサッシ。木造家屋にマッチするように薄茶色になっていますよね。これは別段塗装しているわけでも、アルミの地金に色を混ぜているのでもありません。不動態皮膜に色をつけているのですね。また、こういった表面処理がされていないアルミでも、長年の風雨にさらされていると白っぽい粉を吹くことがありますが、あれがアルミの酸化皮膜です。この不動態皮膜を均一につけて、腐食が内部に進むのを防ぐのです。

　一見してもわからないのですが、ステンレスも同様に不動態皮膜を形成します。ただしステンレスの不動態皮膜にはちょっと変わった性質があって、空気がふんだんにある環境では十分に威力を発揮します。しかし空気がない状態ではその皮膜を維持することができません。そのため船上のパーツに使われるときは長持ちするのですが、水中パーツに使うときはその限りではないのです。これは水中では酸素濃度が低いからで、ステンレスの主要組成である鉄の性質が目立ってきます。ステンレスは、水中だと案外弱いのです。もちろん、異種金属の間での電蝕の犠牲者ともなり得ます。このように、ステンレスには置かれる環境によって、その耐蝕性が大きく異なることを覚えておいてください。不動態皮膜を持った空気中ではパッシブモード、不動態皮膜を失った水中ではアクティブモードなどと呼んだりします。とくにステンレスは孔蝕といって、狭く、深く深く腐食していく性質があるので厄介です。

アンカーのジンクは、亜鉛のドブ漬けメッキ

　通常、ボートに使われるアンカーやアンカーチェーンは鋼鉄製です。これに亜鉛のドブ漬けメッキを施したものが商品として販売されています。白っぽくて、鈍い光沢の金属に見えますよね？　あれがそうです。こういったアンカーやアンカーチェーンは使っていくうちに擦れて傷がつくなどして、鉄の地肌が剥き出しになることがよくあります。そうしたら電蝕を起こす心配はないのか？　と思われる方もいらっしゃるかと思いますが、心配に及びません。先の亜鉛のドブ漬けメッキがジンクの役目を果たすからです。ジンクの衣を着ているようなものですからね。

　そのため岩などに擦れて傷がついたり、チェーンのリンク部分が擦り減ったりしても電蝕することはないのです。剥き出しになった鉄の部分と、その付近の亜鉛メッキとの間に防蝕電気が流れ、亜鉛が溶け出すことによって本体の鉄が守られているのです。ただドブ漬けメッキしただけとはいっても、うまくできていますよね。もちろん空気中では錆びることがありますが、あまりこれがひどくなったら亜鉛含有塗料でも塗っておくとよいでしょう。この亜鉛含有塗料は防蝕性能が高いので筆者も重宝しています。よくエンジンベッドの足部とか、下回りの部分に使っていたりしますね。

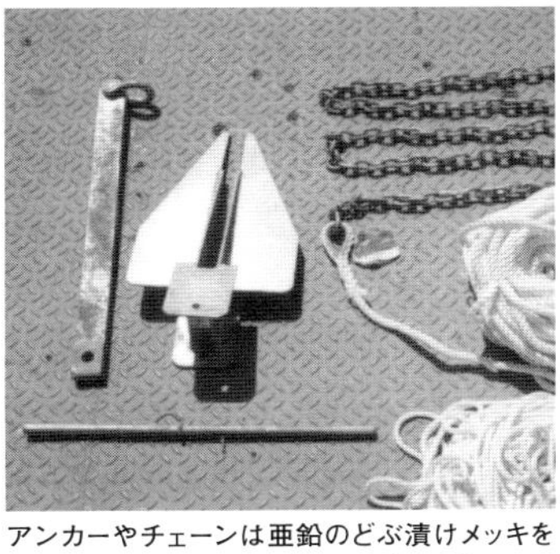

アンカーやチェーンは亜鉛のどぶ漬けメッキをされています。ちょうどジンクの衣をまとっているのと同じですね

Chapter 9　電蝕

3 陸電による電蝕

日本でも陸電の設備が整いはじめ、快適なマリーナでのひと時を過ごす機会が増えてきましたが、この陸電、重大な事態を招く電蝕と表裏一体の危険性をはらんでいます。ここでは、その危険性と対策について紹介していきましょう。

陸電にはアースが必須だが、このアースが重大な電蝕を招く

近年では設備が整った大型の係留型マリーナが増えてきて、マリーナでのボートライフもずいぶん豊かになってきました。こういったマリーナでは各ポンツーンに陸電ポストが設置され、マリーナ滞在中に快適な環境を提供してくれます。実に気持ちがよく、豊かな気分になりますよね。帰港後、ポンツーンに愛艇をつないで一日の疲れを癒すなんて、ボートオーナーには至福の時かもしれません。しかしこの陸電、用法を間違えるとひどい電蝕を引き起こしてしまうので要注意です。では簡単に陸電の構造をみてみましょう。

陸電のインレット。ホットとコールドのほかに、アース線があります。陸電を引くときは、必ずアース線をつながなくてはなりません。これを怠ると重大な事故を招きかねませんから、十分注意してください

AC電気を使うためには、まず家庭用コンセントのように2極が必要だということはご存じだと思います。しかし海の上につながれるボートでは、2極だけではいけません。ボートは周辺から絶縁されているため、万一電気機器が漏電してもブレーカーやヒューズが機能しなかったり、火災が起こったり感電したりする危険性があるからです。アメリカの規格でも、この2極式の陸電は安全性に問題があるとして認められていません。

では、こうした危険を回避するためにはどうしたらよいのでしょうか？ その答えがアースです。家庭でも洗濯機や電子レンジなど、水周りの機器や高電圧を扱う機器では、取扱説明書にアースの必要性を明記しているのが普通です。万一漏電したときには、このアースから電気を地中に逃がして火災や感電を防ぐというわけですね。ボートの場合も同様で、陸側のアースを引いてきて、ボートのボンディングとつなげてやるのです。これによりボートにも仮想の大地ができあがり、あとは各機器をこの仮想の大地にアースしておけば、万一の事態に備えることができます。

こうした理由から、しっかりしたマリーナの陸電ポストでは、必ずアースを含めた3極のレセプターとなっています。当然それに対応するボート側もアース線のある陸電ケーブルを使用して、アース線をしっかりとボンディングにつないでおかなければいけません。自分で設置した陸電レセプターを使うときは、ACの極性やアースがきちんとしているか必ず確認してください。テスターを使えばすぐわかりますが、専用の「ポーラリティーチェッカー」というものもあって手軽に確認することができます。アースはもちろん、家庭では問題とならないACの極性の間違えもボートとなると話が別です。深刻な問題を引き起こしますので注意が必要です。自らの安全のためにも、常に敏感になってください。

陸電の電蝕に関しては、実のと

ころここまでは前振りです。ここからが本題。今、陸電を引く際には必ずアース線をボートのボンディングにつながなくてはならないといいましたが、ここに大きな問題が生じます。電気というものは水や空気と同じように、(電圧が)高いところから低いところへ移動するものなのです。

陸電のアース線がボートにつながっているとき、陸側の電圧とボートの電圧に差があったらどうなるでしょうか？ 当然、陸電ケーブルのアース線を通じて、どちらか片方へ電気が流れることになります。このとき、陸側からボートへ流れるのなら問題ありません。しかし、ボートから陸側に向けて電気が流れたら一大事です。ボートから陸側に電気が流れるということは、すなわちボートの金属類が際限なく海に溶け出しているということ。つまりボートの金属類が電子を放出して、それがアース線を伝わって陸側に移動し、それと同時に電子を放出した金属がイオンとなって海水中に溶け出しているというわけです。

この場合、ボートのジンクは見る見るうちに減っていきますが、ジンクが小さくなって電気の生み出す力がなくなってくると、今度はボートの構造物自体が海に溶け出していきます。時々、係留型のマリーナで船内外機艇が電蝕によりドライブを落としてしまったり、船内機艇がスクリューをダメにしてしまったりという話を聞きます。あの丈夫なドライブが、本当にポロッともげてしまうのですから驚きです。まさに電蝕は、ボートを蝕むガンですよね。

ガルバニックアイソレーターを入れずに陸電を使ったので、電蝕してしまったウォーターヒーター。ガルバニックアイソレーターを入れないと、こうなってしまうという見本です。メーカー補償の対象からも外れてしまうほどですからね

陸電による電蝕を防ぐ、ガルバニックアイソレーターは必須

便利で快適な陸電ですが、以上のようにたいへん危険な電蝕を起こす危険性があります。では、これを防ぐ手立てはないのでしょうか？ 心配せずとも、ちゃんとした対策があります。それが「ガルバニックアイソレーター」とか「ジンクセーバー」とか呼ばれているものです。一見、何の変哲もないただの箱ですが、アースをボートのボンディングにつなぐ前に入れてやると、万一漏電した際には電気を通して、直流の腐食電流は通さないという役目を果たしてくれます。このガルバニックアイソレーターさえつけておけば、安心して陸電を引くことができるのです。

陸電設備を持つボートでは、このガルバニックアイソレーターが装備されていることを必ず確認してください。係留保管が前提になっている船内機艇ではほとんど装備されていますが、中型の船内外機パッケージボートなどでは陸電をパートタイムでしか使わないということで、コストの関係から装備されていないこともよくあります。こういった艇を長時間陸電につなぐと、先に述べた「事故」が起こるのです。とくに日本の場合、陸電設備を後づけした艇では注意が必要です。繰り返しますが、愛艇を守るのは自分自身なのです。電子機器のメーカー保証でも、温水器などではガルバニックアイソレーターを装備していないと対象外となる場合が多いですよ。

さらに、ガルバニックアイソレーターを装備しないで陸電を引いていると、自艇だけでなく周りの艇へ悪影響を与えることさえあります。アメリカのマリーナでは、ガルバニックアイソレーターを装備していないと保管契約すらできないという話を聞いたこともあります。日本でそのようなことはありませんが、それでも大型マリーナの場合、人がいないときは電気を切れといわれます。陸電を引くときにはガルバニックアイソレーター、これはもう各自のマナーとして定着させる必要がありますね。

Chapter 9　電蝕

4 コロージョンテストメーター

電蝕は怖いものと繰り返してしまいましたが、むやみに怖がるだけでは埒が明きません。ここでは科学的に、その電蝕を測る方法を紹介します。数値として把握できれば確かな対策を立てることができ、安心できるというものです。

アメリカから、通販で買うのが簡単

今この瞬間、愛艇のジンクが十分働いているかどうか……これを正確に知る手立てはないのでしょうか？ 実はあります。電蝕とは金属パーツに電気が生じることで起こるわけで、電気が流れるなら必ず電圧が生じます。その電圧を測定する計測器が「コロージョンテストメーター」というもので、この電蝕専用計測器を使えば電蝕の「今」がすぐにわかるのです。

とはいってもこのコロージョンテストメーター、残念ながら日本のショップで取り扱われているのを見たことがないので、筆者の場合、アメリカから通販で買っています。正確には「Corrosion Test Meter」といって、価格は300ドル弱程度です。

中の仕組みは1.5ボルトくらいまでを測る、精密な電圧計だと思ってください。使い方は簡単。メーターの赤と黒の端子に赤いコードと黒いコードを挿して、赤いコードの先端を船外の海の中にポチャンと投げ込み、黒いほうについているクリップ式プローブを船内の海水に接している金属パーツにくっつけるだけです。錆や塗装で金属パーツに直接触れられないときは、メーターの針が安定するまでクリップを押し付けてガリガリ擦ってやりましょう。電池も何も必要ありません。このとき暗くてコロージョンテストメーターが読めない、金属がどこにあるかがわからない……というのでしたら懐中電灯を使ってください。こうして海水と各金属パーツの電圧差を測定していくわけです。ちなみに赤いほうの先端は、塩化銀を使った特殊な電極となっていて、ここが一般的なテスターとは違うところです。

もし仮に測定結果がなんともなくても、以後色々と勘ぐったり不安に思ったりする必要がなくなるだけで、その意義はたいへん大きいと思います。

赤いほうを海中に、黒いほうを金属パーツに当てていく

測るときのポイントですが、まず海水に触れている金属という金属を測定してみて、もし測定値がバラバラだとしたら、その艇はボンディングされていません。つまりジンクが役に立っていないということです。たとえ見た目がボンディングされていたとしても、肝心のワイヤーが腐っていて役に立っていないのでしょう。大至急ボンディングを修繕する必要があります。ボンディングが完璧であれば、すべての金属パーツが同じ値を示すはずです。ここがボンディングの状態をチェックする非常に重要なポイントです。

さて、ここまでOKだったら次のステップ。コロージョンテストメーターが示す具体的な数値を読み取ります。その金属パーツが、ジンクによってどのくらいの電圧に保たれているかを測るのです。例えば900ミリボルトという具合ですが、900ミリボルトといっても、何のことだかわかりませんよね？ でもご安心ください。メーターにはちゃんと金属の種類ごとに安全範囲が表示されていて、グリーンゾーンであればOKというようになっています。目で見て安心できる、これは掛け替えのないことだと思います。もしグリーンゾーンに入っていなかったり、入っていてもギリギリだったりするときは、ジンクが消耗しているか、消耗していなくても、もともと小さ

コロージョンテストメーターの全景。右の赤いケーブルを艇外の海中に垂らし、クリップのついた左側を艇内の金属パーツに接触させていくと、その金属パーツの電蝕状況の「今」を直読みすることができます

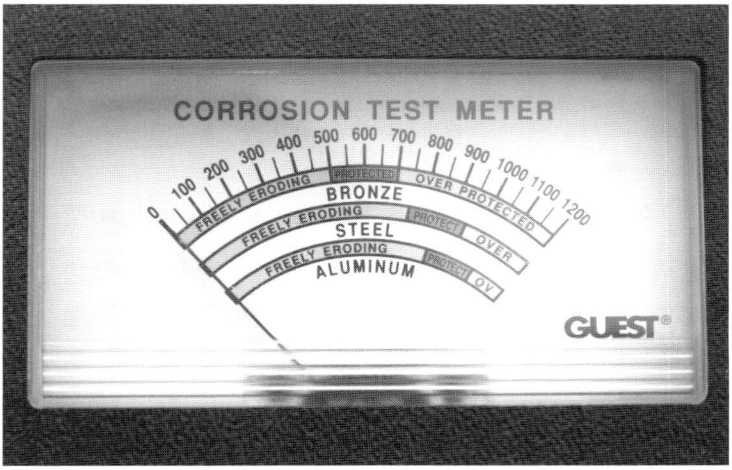

メーター指示部のクローズアップ。目盛り下には、ブロンズ、鉄（ステンレス）、アルミニウムの帯が刻まれていて、現在のメーター示度で、それらの金属が守られているかを一目で知ることができます。それぞれの帯中央にあるグリーン、「Protect」と書かれたところより、右に針があれば大丈夫で、グリーンに届いていなければその金属は電蝕にさらされています

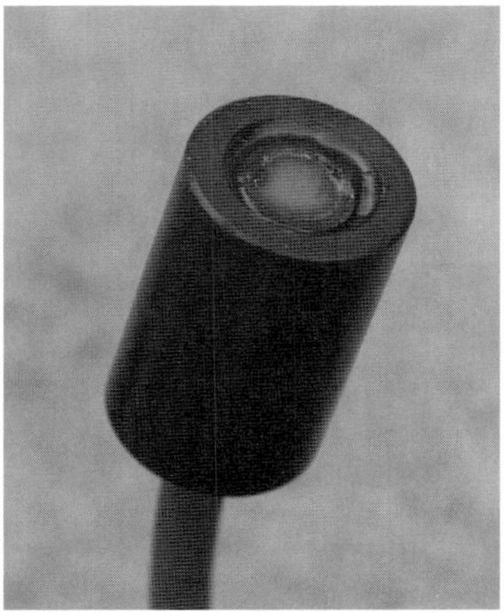

コロージョンテストメーターの心臓部、赤いケーブルの先端に取り付けられている、銀/塩化銀ハーフセルの参照電極です。むずかしい理屈はなしにして、この電極を海中に垂らすと、それを基準として金属パーツの電蝕状態を測ることができるのです

過ぎることを意味しています。即座に新品に交換するか、大きなものに交換しましょう。

　グリーンゾーンを超えてしまっている場合、防蝕電流が過剰に流れてしまっている状態なのですが……ジンクが大き過ぎるか、多過ぎるのですね……FRP艇であればそれほど心配する必要はありません。ただしウッドボートの場合、金属周辺の木材が焼けてグズグズになるなど影響は深刻です。

金属の種類によって、グリーンゾーンが違う

　今日のボートにはさまざまな金属が使われています。そして先の通り、コロージョンテストメーター

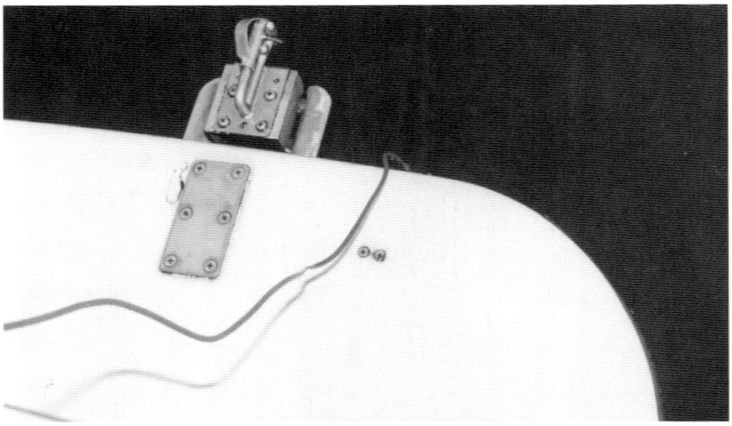

コロージョンテストメーターの使い方は、実に簡単。はじめに赤い電線を艇外にポチャンと垂らします。動いて揺れないようにしておけばベスト

メーターを読んで、金属パーツの電蝕状況を判断します。この金属パーツはブロンズですから、きっちり保護されていることがわかります。もしアルミのドライブなどを測ったときに、こんな示度だったら、ジンクが足らずにアルミが溶け出していることを意味しています

のグリーンゾーンは金属の種類によって、その範囲が違ってきます。例えばブロンズなら500ミリボルト以上、鉄(あまりボートでは使われていませんが、ほとんどステンレスと同じだと思っていて構いません)なら800ミリボルト以上、アルミなら900ミリボルト以上という具合です。アルミはブロンズなどよりもずっと大きなジンクが必要というわけですね。

かりに今、メーターの読みが810ミリボルトとなっていたらどうなるでしょう？　ブロンズなら大丈夫、スチールであればギリギリ、アルミだったらダメ……ということになります。一番条件の厳しい金属を守らなくてはいけませんからね。著者の場合、船底を這いずり回って海水に接する各金属パーツの位置と、そのメーター示度をメモしています。そうして図に表すと、愛艇の状態が手にとるようにわかりますよ。

話が前後しますが、アルミの900ミリボルト以上というのは厄介ですよね。しかもボートには多用されています。このアルミ部分を減らせればよいのですが、実際はそう簡単にいきません。とりあえずドライブの塗装をチェックしてみましょう。塗装が剥げてアルミの地金が露出していると、見掛け上の金属部分が増えてしまうので、ジンクが負けて自ずとメーターの示度が下がってしまいます。こんなときは導電性のない塗料で補修しておくとよいでしょう。

次にクリップのついたケーブルを、海水に接する金属パーツに接触させていきます。錆が浮いて接触が悪かったら、メーターの示度が安定するまで、ガシガシと擦り付けてやりましょう

陸電を引くときは、ガルバニックアイソレーターを確認

陸電を引いていると電蝕が加速されることもある、という怖い話をしましたが、コロージョンテストメーターさえあればそんな陸電の電蝕状態を測ることができます。

まず陸電ケーブルを取り外し、すべてのAC系スイッチを切ります。同じくバッテリーのメインスイッチを切ると同時に、DC系のスィッチも切っておきましょう。

この状態で、コロージョンテストメーターをセットします。赤いコ

ードの先端をポチャンと海に投げ入れ、引っ張ってもあまり動かないように固定できればベターです。そして黒いコードのクリップ式プローブを、海水に接している金属パーツに片端から触れていきましょう。エンジンとドライブ、シャフトは別々に触ってみてください。塗装してあればどこかネジを少し外して測るとか、ちょっとした工夫が要りますね。スルハルなどは表面が薄っすらと錆びついている場合が多いですから、ガシガシ擦る必要があります。すべて同じ数値を示せばここまではOKということになります。

次にどこか一カ所、スルハルでもラダーシャフトでも、クリップを取り付けやすい場所で構いません。そこに触れてメーターの針を見ながら、メインスイッチをオンにします。このとき、針が振れないかを注視します。針が振れなければOK。振れたらDC系のどこかが電蝕に関係します。振れないことを祈りましょう。次に各DC系機器のスイッチをひとつずつオンにしていきます。そしてその都度、針が振れるかどうかを調べていきます。もし針が振れた機器があったら、それが電蝕に関係しています。すべてで針が振れなければDC系機器は電蝕に一切関係なく、何をしてもOKです。

その次はAC系のチェックです。同じくクリップをどこかの金属パーツに当てたまま、今度は陸電ケーブルをつないでみます。この時点で、ガルバニックアイソレーターの有無が確認できます。針が一気に動いたら、ガルバニックアイソレーターが設置されていないという

これが、陸電による電蝕から艇を守るガルバニックアイソレーターです。使い方はいたって簡単で、ボート側と陸側、それをつなぐアース線の途中に入れるだけです。通常は、陸電インレットから入ってきたアース線が、艇のボンディングに落とされる直前に設置します。容量の違いにより30Aと50Aとがありますから、艇の陸電容量に合わせて使ってください

ことです。もちろん陸電ケーブルはアース内蔵の3極式で、ボンディングも完璧という前提ですが。針が振れなかったらガルバニックアイソレーターが機能していて、陸電ケーブルは電蝕に無関係ということになります。そして今度はDC系をチェックしたときと同じように、各AC系機器のスイッチをオンにしていき、その都度針の振れがないかを確認します。

最初は1カ月単位で、示度を記録してみる

以上がコロージョンテストメーターの基本的な使い方のすべてです。コロージョンテストメーターを入手したら自信を持って対処してください。電蝕しているかどうかを客観的に測ることができます。海水で係留しているなら、ぜひこのコロージョンテストメーターを使うことをお勧めします。

これは蛇足ですが、コロージョンテストメーターを使う際、ついでですから各金属パーツのボンディングワイヤーを外してみましょう。ワイヤーを外してみて、その都度メーターの針を確認するのです。ボンディングがなければどうなるのか？ ジンクがどのくらい効いているのか？ 電蝕をどのくらい防げているかがわかりますよ。

もちろんそのあとはボンディングを元通りにしておき、1週間経ち、1カ月経ったら、示度がどのくらい変わるかを記録してみましょう。ジンクが減ってくると段々と針の振れが小さくなります。あまり小さくなっていないように見えても防蝕効果はその表面積に比例しますから、1カ月目でもかなり示度が変化するはずです。例えば半年は大丈夫だとか、10カ月はもつはずなどと、おおよその傾向がつかめると思います。ですから最初に一回、しっかり計測しておけば以後それほど神経質になる必要はないのです。

Chapter 9　電蝕

5 電蝕対策の実践

コロージョンテストメーターの使い方を会得したところで、今度は具体的な電蝕対策をみてみましょう。数カ月に渡る電蝕対策の実例も挙げています。電蝕を科学的に判断することで的確な対処ができ、大切な愛艇を守ることが可能となるのです。

電蝕の被害は、係留場所によって違う？

よく「あのマリーナは電蝕がひどい」とか「同じマリーナでも、この場所はジンクの減りが早いな」なんていうオーナーさんの呟きを聞きます。本当にそんなことがあるのでしょうか？　電蝕は海水を介して発生するため、その海水の濃度、成分、潮通し、汚れ……などにより、影響を受けることはあり得るかもしれません。しかし実のところ、こういった要素は電蝕にあまり影響しません。それよりも問題になるのが他艇の影響でしょう。ガルバニックアイソレーターをつけずに陸電を引いているとか、ジンクが減り切っているとか……電蝕対策を怠っているために放出された、さまよえる電子たちによる影響のほうがずっと大きいのです。

こうした海中をさまよう電子による電蝕を「ストレイカレントコロージョン（Stray Current Corrosion）」つまり「浮遊電流」と呼びますが、そのものズバリ「浮遊電流による電蝕」という意味です。これが今まで説明してきた自艇が電池と化して起こる電蝕、ガルバニックコロージョンとは別の、第二の電蝕です。ガルバニックコロージョンは自艇だけに気を配ればそれでいいのですが、ストレイカレントコロージョンの場合は比べものにならないくらい厄介です。

このストレイカレントコロージョンを引き起こす浮遊電流、もちろん見た目でわかるはずはありません。結局、マリーナ内で場所を変えて係留し、コロージョンテストメーターを使って電蝕状況の変化を見ていくしかないのですが、場所を変えたからといって、すぐに示度が変化するわけではないので面倒です。最低でも1～2時間は同一地点で放置し、平衡状態に達してから判断します。もうひとつむずかしい点は、ストレイカレントコロージョンの原因が他艇の場合、その原因となる他艇の状態によって浮遊電流も変わるからです。例えば陸電ケーブルをつないだ、何かの電子機器を使った、とかですね。ですから余計に短時間では判断できないのです。非常に地味な作業となってしまいますね。

例えば今、ジンクなどの条件を一定にして、マリーナの「今」の係留場所と、サービスバースなど「ほか」の係留場所で、電蝕の影響がどの位違うのか？　をみてみましょう。今のバースで示度が930ミリボルトだったとして、ほかの場所ではどうなるのかを測ります。その示度が変われば、それに対して何らかの要因があることになります。ほかのボートから陸電が漏れている、マリーナの陸電処理の仕方が違う、海底に何か沈んでいる……などです。逆に、マリーナ内のどこへ行っても示度が変わらなければ、とりあえずその瞬間は場所が電蝕に関係していないといえますが、ほかのボートが陸電ケーブルをつないだときだけ示度が変わることも考えられます。しかしこういったケースでは、実際のところなかなか尻尾を捕まえることができません。それもあって、マリーナ各場所で示度が違っていても、その原因を究明する作業は、結局、徒労となってしまうことがほとんどです。

疑心暗鬼になっても仕方がないですから、とりあえずマリーナ内で測ったら、いったんそれは置いておいて、一度外部からの影響がまったくない外洋に出て、測ってみるとよいでしょう。そのときの示度とマリーナ内での示度が違えば、そのマリーナの影響は「そんなもんだ」というようになりますからね。いずれにせよ、外部からの影響、そして自艇が晒されている電蝕の「今」は、メーターを見れば一目でわかるのだから安心ですよね。

艇種別の電蝕対策。船内外機艇はかなり厄介

ここでは電蝕の原因を艇種別に考え、その一般的な対策について述べてみましょう。

船外機艇の電蝕対策は一番気が楽です。船体自身はFRPのドンガラで、船底にはほとんど何もありません。しかも、エンジン自体は通常保管時にチルトアップされていますから、メーカー指定のジンクだけつけておけばほぼ心配ないでしょう。唯一マリントイレを設けている場合には、スルハルが気になるところです。とはいっても海水中でのブロンズ単体は十分耐蝕性に優れているのですぐに問題となることはありません。ただし、保管場所の環境によって左右されることもあるので、係留場所のチェックは必要だと思います。これも樹脂製のスルハルとシーコックに替えてしまえば即解決といえるでしょう。

一方、船内外機艇の電蝕対策は一番厄介で、問題となるケースが多いといえます。ドライブについているジンクはドライブしか保護しませんし、表面積が大きいステンレス製のプロペラを使うときなどは防蝕しきれないこともあります。ステンレス製のプロペラを使うときは、ジンクの増設や、マーカソードなどといったアクティブアノードの設置をお勧めします。また、エンジンルームの船底に設けられたインテークのシーコックやマリントイレのスルハルは、何もジンクを設けないでボンディングすると一気に電蝕される可能性があります。またエンジン内部に海水が残りますから、ジンクのチェックを怠るとたいへんな事態を招きます。

船内機艇になると係留保管が前提となり、もともと耐蝕性の十分高い素材で構成されている場合がほとんどです。とはいえ、このクラスになると陸電を引くことも多くなり、いったんトラブルを起こせば甚大な被害となる可能性が高くなります。また、船底には多くの金属パーツが点在していますから、ボンディングの重要性が増してくるのです。繰り返しになりますが、海水に面する金属パーツはすべて必ずボンディングしてください。そのうえでしっかりしたジンクをつけて、さらにはコロージョンテストメーターによるチェックをお勧めします。

電蝕対策の実例。セールドライブ付近にジンクを増設

海水係留された、35フィートのセーリングクルーザーでの一例です。セールドライブ付近の電蝕が酷く、たった3カ月の上架インターバルでもプロペラジンクは消耗しており、プロペラやドライブ本体の電蝕も進んでいるとのこと。陸電を外してみたり、海中に外付けジンクを垂らしてみたりと、いろいろ試したそうですが改善が見られないと、オーナー氏は嘆いていました。係留場所の問題なのか、それとも塗装の剥げたセールドライブのせいなのか……？

ジンクは見掛けが半分になっていれば、その表面積は4分の1になっています。こうなると十分な防蝕電流を流せませんし、著者の経験からしても半分に減ってからの消耗は加速度を増していきます。ちょうど乾電池を使っていて、パワーが落ちてきたなあと感じてから一気に空っぽになってしまうのと似ています。仕組みが同じですからね。3カ月の上架インターバルでジンクのもちがギリギリでは、オーナー氏も気が気でありません。著者もその気持ちがよくわかります。

もちろん、コロージョンテストメーターを使って電蝕状況を数値化することは必要ですが、まずはこれ以上の電蝕を進めないように外付けジンクを垂らしてもらいました。そうしておいて、ゆっくり電蝕状況の調査（コロージョンサーベイ）をしたのです。先の外付けジンクではセールドライブやプロペラまで距離が開き過ぎていて、それだけで有効に機能させるのはむずかしい状況です。とりあえずの善処策は、ジンクの増設でしょう。海水の導電率は低いため、遠いジンクよりも近くの金属パーツにより強く影響されてしまうからです。しかもプロペラは海水に接する面積がとくに広いため、ジンクが多少なりとも離れてしまうとなかなか守ることができません。そこで今回は、水の抵抗を極力少なくしたいセーリングクルーザーでありながら、セールドライブに近い船底を窪ませて、そこにジンクを増設するという大工事をすることにな

電蝕してしまったセールドライブ。プロペラに近い部分が、そうとう腐食しているのがわかります。手の施しようがないので、右の新品に入れ替えました。しかしこれだけでは、また電蝕してしまうでしょう。今回はかなり大掛かりな対策を施すことになりました（写真提供：小川 征克氏）

りました。また、セールドライブ本体も電蝕が進み、塗装が剥げてアルミの地金が露出していたため……これもジンクに負担を掛ける一因ですね……これを新品と交換することになりました。

　さてこれらの大工事を終えて、いよいよ下架する運びとなりました。新設したジンクの効果などが気になるところです。以下はオーナー氏が電蝕状況の調査をしているときの会話です。

※

オーナー氏　陸電ケーブルを取り外して、AC系のスイッチを全部切ったよ。バッテリーのメインスイッチも切ったし、DC系のスイッチも全部切った。これで計測すればいいんだよね？

著者　こうすることでほかの要因に左右されない、ジンク単体の能力を測ることができるからね。どんな場合でも、ここからスタートするのが基本だよ。

オーナー氏　コロージョンテストメーターのクリップを、エンジン本体につけてみた。メーターの読みは930ミリボルトだったな。セールドライブでも930ミリボルト、ほかも測ってみたけどみんな同じだった。

著者　それは結構。ボンディングが万全ということだね。つまりセールドライブとエンジンとが電気的につながっているってこと。ときどきエンジンとセールドライブの間にあるミッションで通電が悪くなって違う数値になることがあるけど、それは心配しなくていい。930ミリボルトあるから、アルミのプロペラやセールドライブの防蝕も万全だね。まあ数値を見る限り必要ないと思うけど、あとはセールドライブにもボンディングケーブルを独自に取り付けておくといいかもしれないね。万一エンジンとセールドライブ間の導通が悪くなったりすると、せっかくの増設ジンクから流れる防蝕電流がセールドライブまで流れないからね。ボンディングは数珠つなぎだから、一カ所でも接触不良があるとその先が防蝕できなくなるんだ。万全に万全を重ねるなら、増設ジンクからのケーブルを、まず一番守りたいセールドライブにつなぐべきだな。でも今回の場合はエンジンとセールドライブは一体化しているから、電気的に接続がなくなることはあり得ないけどね。もちろん心配なら、気は心で1本つないでおいてもいいよ。石橋を叩いて渡る……ではなくて、石橋を叩き壊して確かめる……的なところはあるけどねえ。いや、自分がそうだから、その気持ちがよくわかるよ。

セールドライブとラダーの位置関係などがよくわかるカットです。こんな滑らかな船底にジンクを増設するとは、無粋な感じがして気が引けたのですが、セールドライブを電蝕から守るためには、やむを得ませんでした（写真提供：小川 征克氏）

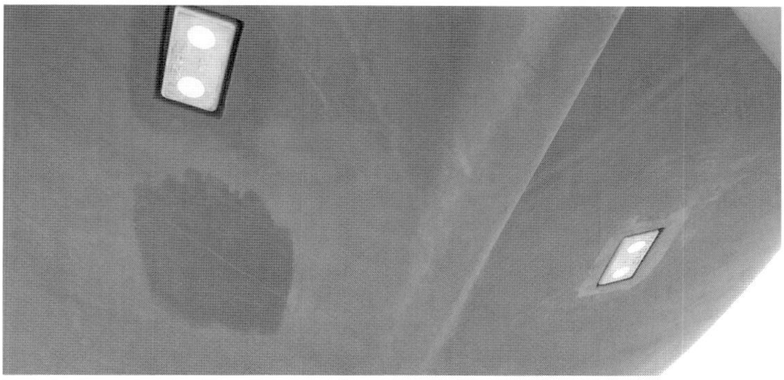

セールドライブの電蝕に悩んでいたセーリングクルーザーに、ハルジンクを増設。抵抗を少なくしたいので、ハルを窪ませてからジンクを増設するという大工事になりました。セーリングクルーザーで、ここまで電蝕対策をするケースは少ないと思います（写真提供：小川 征克氏）

ハルを窪ませる工事を、ハルの内側から見たものです。ハルを窪ませてからジンクを増設し、ボンディングを施して完成となりました（写真提供：小川 征克氏）

オーナー氏　セールドライブにクリップをつけっ放しにして、メインスイッチをオンにしたけど針が振れなかったよ。
著者　それでOK。メインスイッチから配電盤まではリーク電流なし。電蝕に影響なしということだよ。

オーナー氏　だけどDC系のスイッチをひとつずつオンにしたとき、停泊灯が930から940ミリボルトに、機走マスト灯も930から940ミリボルトに、デッキライトが930から970ミリボルトになったよ。大丈夫かな？
著者　数値が変わる場合は電蝕に何らかの影響があるんだけど、大きくなるんだったら大丈夫。なぜかというと、プラス側がリークしているということだからね。元々防蝕には、わざとプラス側の電気を流すという方法があって、つまりジンクの代わりにバッテリーから防蝕電気を流してやるということなんだけどね、これを商品化しているメーカーもあるぐらい。リークしている場所は、たぶん電球のソケット部分だと思う。塩がついて回り込んでいるんだろう。メガテスターというのを使えば場所を特定できるけど、ボート、ヨットの場合は塩がついているのが当たり前だから気にしなくていいよ。大きい方に振れるってことは、より防蝕されてるっていうことだから。

オーナー氏　もし小さい方に振れたらどうなるの？
著者　もしそうでも、ライトの類なら大丈夫。点灯している時間が短いからね。電蝕は長い時間を掛けて起こるものだから、短時間の影響は無視しても差し支えない。ただし、バッテリーの電気がライトまで行かずに、どこからか漏れている、というのはある。ライトがなんとなく暗くなってきた……なんて感じたら、一度バルブを外してソケットをワイヤーブラシなんかでゴシゴシ擦ってやればいいよ。ちなみにDC系で、電蝕の影響を心配しなくちゃならないのはビルジポンプだけだね。配線が常時つながっているからね。オートビルジのフロートを持ち上げてビルジポンプを動かしても、コロージョンテストメーターの値が変わらないか一度チェックしとくといいね。これがOKだったら、DC系は総てシロ。電蝕への影響は心配しなくていい。
オーナー氏　クリップをつないだまま、陸電ケーブルをつないでみたけど針は振れないな。
著者　それなら陸電も電蝕に影響がないな。ガルバニックアイソレーターがちゃんと機能しているってこと。陸電レセプターやケーブルの外側を伝う、もれ電流なども皆無だと科学的に確認できたわけだね。

オーナー氏　陸電って結構怖いんだろ？
著者　そう、もしメーターの針が大きく振れたら一大事だよ。ボートと陸が電池を形成しているってことだからね。放っておくと破滅的なトラブルになってしまう。ただし、アース線がない陸電ケーブルを使っていても針が振れないから、そこが厄介なんだ。感電の危険性もあるし。そこは確認した？

オーナー氏　それはさすがに確認済み。3極のレセプターだよ。あとはAC系のスイッチをひとつずつ入れてみた。2カ所しかないけどね。どちらもメーターの読みは930ミリボルトで、変化はなかった。

3カ月係留後の増設ハルジンクです。1〜2割の消耗といったところでしょうか？ これによりセールドライブの電蝕は、完全に抑えられました（写真提供：小川 征克氏）

同じく、3カ月係留後の増設プロペラジンク。3〜4割の消耗といったところでしょうか？ 想像以上に消耗していました。この様子だと、今回ハルジンクを増設していなかったら、もうほとんど残っていなかったでしょう。右の写真で新しいプロペラジンクと比較すると、消耗の度合いがよくわかります（写真提供：小川 征克氏）

著者　AC系もすべて電蝕には無縁だね。安心してバッテリーチャージャーを使えるよ。常にバッテリーを満充電にしておくといい。せっかくの陸電だからね。ここまでで、自艇のDC系やAC系は、電蝕に関して何ら外乱として影響していない、ということが確認できたわけだ。もうどういくら電気を使おうと電蝕には関係がないから安心しよう。

オーナー氏　試しに今回増設したジンクから引いたボンディングワイヤーを外してみたよ。外す前は930ミリボルトだったのが、外すと875ミリボルトまで落ちたんだ。
著者　その差が増設したジンクが出している防蝕パワーだね。大工事をしてジンクを増設した甲斐があったよ。875ミリボルトではアルミを守るのにギリギリの線だからね。やっぱり元々ついていたセールドライブのジンクだけでは不足だったんだよ。ドライブのメーカーも計算して十分と判断したんだろうけど、その艇では足りないんだろうな。どうりで早くジンクが減ったわけだ。交換前のドライブが電蝕されていたのも、うなずけるね。今の段階で930ミリボルトあるなら減るまでの時間が長くなり、今後は次の上架インターバルまで余裕を持てるよ。

オーナー氏　ついでに吊り下げジンクもつけたほうがいいかな？
著者　FRP艇では心配する必要はないけど、メーターにも一応「Over Protection」とあるぐらいだから、艇に悪影響がでることもある。ただ船底のジンクを交換するのはたいへんだから、インターバルを長くするという意味ではいいかもしれない。その場合は吊るしたあとのメーターを確認しておいた方がいいよ。もし数値が変わらなければ、通電がうまくいっていなくて、その吊り下げジンクは何も機能していないということになるからね。

オーナー氏　船を動かしてみたよ。港内から外に出て、再度計測したら900ミリボルトになっていた。早くもジンクが消耗したってこと？
著者　そのぐらいでは何ともいえないな。ジンクを増設した直後は、全体が平衡するまで時間が掛かるときがある。ポーラライズというんだけどね。日によっても多少違うし、塗装が剥げただけでも変わる。電蝕はゆっくり起こるものだから長い目で見ることが必要だよ。とりあえず係留場所の影響はないと考えていいんじゃないかな。

※

どうやら、艇の改装工事は電蝕対策としてたいへん意義があったようです。しかし「今後」がどうなのか、それを正確に知るためには今回のジンク増設から1カ月経過したあとに再計測が必要になります。できれば以降も毎月1回のペースで続けて、示度の変化をグラフにしておけば完璧なのですが、1度目の再計測でおおよその傾向がつかめるでしょう。

以下は3カ月ほど経ってから、オーナー氏と著者が交わした会話です。

※

オーナー氏　上架してみて結果が出た。3カ月間でプロペラジンクが35パーセント損耗、増設ジンクが15パーセント消耗といったところだな。それから上架する前に増設したジンクから引いたボンディングワイヤーを外して計測してみたんだ。全体では750から755ミリボルトだったな。
著者　増設ジンクをつけたわりに

は、プロペラジンクの消耗が激しいね。このペースからすると、増設ジンクがなかったとしたら半年ほどで消耗しきってしまうね。やっぱりジンクの消耗が激しい艇なんだな。ジンクの消耗の具合は、艇ごとに違って当たり前だから気にしなくていい。また逆説的に、ジンクが減るということは、ちゃんと正しく防蝕されている、ということだからね。たまにジンクの減りが少ないことを自慢する人もいるけど、ボンディングワイヤーが腐っていただけ、なんていうこともあるくらいだ。750ミリボルトということは、アルミのセールドライブやプロペラは、すでにわずかでも腐食されていることになるね。

オーナー氏　それから上架する前に計測してみたんだ。全体では880ミリボルトだった。まだアルミを守るのに十分な力が残っているみたいだから、今回ジンクの交換はしなくていいかな？

著者　増設ジンクのほうはそのままでいいかな。しかしプロペラジンクのほうはどうだろう？ 消耗ペースが速いようだし、大きさが半分になれば、その力は4分の1になってしまうからね。プロペラジンクの力がなくなれば、全体としてもガクッと力が落ちるんだ。ジンクを増設したからといっても、やっぱり定期的な交換は必要になる。少しでも上架インターバルが延びれば、それでよしとしなければ。

オーナー氏　今回の上架ではドライブやプロペラの電蝕はなかったから、まずは上々の結果だったということだね。ところで、マリーナ仲間の1人が鉛キールの電蝕を心配しているんだけれど、何か対策はある？

著者　どうだろう。これについては、今後も要チェックだよね。国内では見掛けないけど、鉛のキールに、独立したジンクをつけることもある、という話を聞いたことはあるよ。

※

相談を持ち掛けられるまでは、筆者もセーリングクルーザーのことをよく知らなかったので、このオーナー氏にはずいぶん勉強させてもらいました。スルハルもラダーも非金属、ラダーシャフトはほとんど水没していないし、ボンディングやハルジンクもほとんどなく、プロペラシャフトについているジンクやセールドライブのプロペラジンク程度しかない。極限まで抵抗を減らしているのですね。そんなところへ大きなジンクを増設する運びとなって、そのことについては恐縮してしまいましたが、無事電蝕を防げるようになって本当にひと安心です。このオーナー氏、今後のボートライフで電蝕に悩むことはもうないと思います。きっと電蝕マスターとして、周りで困っている方に正しい知識を伝えていることでしょう。

電蝕対策の実例。定期的な測定から対策を考察

増設ジンクの設置やドライブの交換などの大工事を終えて下架したあと、しばらくコロージョンテストメーターにて定期的な測定を行いました。下の表はその数値をまとめたものです。

【1】はプロペラジンク、【2】は増設ジンク、【3】は、吊り下げジンクを意味しています。例えば【1】+【2】では、プロペラジンクと増設ジンクを組み合わせたときの測定値となります。

また、【A】、【B】、【C】は、それぞれエンジンやセールドライブの各所、測定場所を意味しています。

10月8日が大工事の直後に下架したときの測定値、1月13日は上架インターバル直前、1月20日

	ジンク【1】のみ			ジンク【1】+【2】+【3】			ジンク【1】+【2】			ジンク【1】+【3】		
測定場所	A	B	C	A	B	C	A	B	C	A	B	C
10月8日	875	875	875	-	-	-	930	-	930	-	-	-
10月14日	-	-	-	900	-	900	900	-	900	-	-	-
10月22日	-	-	-	910	-	910	900	-	900	-	-	-
10月28日	-	-	-	925	-	925	905	-	905	-	-	-
11月11日	-	-	-	900	-	900	895	-	895	-	-	-
11月23日	-	-	-	880	-	880	-	-	-	-	-	-
12月2日	-	-	-	860	-	860	-	-	-	-	-	-
12月9日	-	-	-	910	910	910	860	860	860	-	-	-
12月23日	-	-	-	870	870	870	820	820	820	-	-	-
1月3日	-	-	-	880	875	875	830	830	830	-	-	-
1月13日	750	755	755	880	880	880	840	840	840	890	890	890
1月20日	755	755	755	850	850	875	830	830	830	805	805	825
1月26日	-	-	-	890	890	900	865	865	870	-	-	-

（資料提供：小川 征克氏）

はジンク交換後、下架したときのものです。

まず、この測定結果で大切なことは、3つの測定場所で測定値に差がないということです。つまり電気的な接続に不備がなく、防蝕電流がボンディングワイヤーを通して十分行き渡っているということですね。下架直後にわずかな違いが見られますが、これはプローブの当たり具合や、全体が均衡状態に達していないなど、測定誤差として無視できる程度のものです。こういった場所を変えての測定は、必ずしもエンジンやセールドライブのようなチェックポイントである必要はなく、普段はどこか手の届きやすい場所だけで測っておき、時々導通が悪くなっていないかチェックする意味で急所を測る、ということで構いません。

第二に注目していただきたいのが、測定された値がわずか数日間でも常に変動している点です。例えば、【1】、【2】、【3】、すべてのジンクを取り付けた状態で、最大925ミリボルトから最小860ミリボルトまで変位しています。これが自艇によるものなのか、もしくは環境によるものなのか、それを見極めるために第一段階のテスト……陸電ケーブルを外してDC、AC系ともにすべてのスイッチを切ってから、順に入れ直していく……というセルフテストが必要だったのです。セルフテストで自艇の電気使用状況は電蝕に何ら影響しないことがわかっていますから、この変位は潮の具合や気温の具合、周りにある他艇の具合……そういったものによる影響だとわかります。ですから、ある瞬間だけ見て一喜一憂することはありません。電蝕はすべてにおいてスローペースです。ちなみにセルフテストで見落としがちなのが、ビルジポンプ。普段動いていないので、なかなか気づきにくいものです。手でフロートを上げたりして、強制的に動かした状態で測定するとよいでしょう。また自艇の電装系装備を変更したときには、念のためセルフテストをしておくようにお勧めします。

第三に、【1】だけの場合で1月13日と1月20日の変化を見てください。この間に【1】のプロペラジンクを新品に交換していますから、つまり35パーセント減った状態と新品の状態が、ほぼ同じ数値750ミリボルトを示しているということです。これを見て、プロペラジンクは完全になくなるまでその効力を発揮する、などと考えてはいけません。ジンクの効果は、金属パーツの表面積に対するジンクの表面積で決まります。表面積の減少に対して体積のそれはさらに加速されますから、ある時点で急速にへなへなと力を落としてしまいます。定期的に測定し続けて、示度が下がりはじめた時点で限界というわけですが、そんなリスキーな方法はとりたくないですよね。そこで定期的なジンクの交換を励行するのです。今回、ジンクを増設する以前は、たった3カ月のインターバルでもプロペラやドライブ本体まで電蝕が及んでいたのが、ジンクの増設によってそれを防げるようになりました。これだけでも、ジンクの交換インターバルが延びたことは明白で、喜ぶべき結果なのです。実際のジンク交換インターバルは、引き続き測定を続けて割り出さなくてはなりませんが、コロージョンテストメーターさえあれば、目で見てそれを確認できるのですから心強いですよね。

最後に、具体的な各測定値で、実際にどのくらいの電蝕具合かというと、アルミに場合は、「850ミリボルトでは溶けない」、「750ミリボルトではほとんど溶けない」、「300ミリボルトではじゃんじゃん溶ける」と思ってください。ですから今回のプロペラジンク【1】だけの値、つまりメーカー指定のジンクだけでの値は、ぎりぎり許容できる範囲だともいえます。しかし元々このような小さなジンクは効力を失うのも早く、そこが一番の問題だと思っています。筆者の経験でもメーカー指定のジンクだけでは、程度の差はあるにせよ、ドライブまで電蝕が進んでしまうことはあります。完璧を期すのであれば、インターバル中ずっと850ミリボルト以上を維持できるように、ジンクを増設すべきだと個人的には思います。

後日測定を続けたところ、やはり鉛キールの電蝕が酷く、しかも艇のジンクの消耗が激しい状態が続きました。原因としては海水に曝している鉛のキールしか考えらず、FRPで包んでしまう大工事を実施しました。その結果、防蝕電位も上がりジンクの消耗も減りました。やはり海水に接する金属の影響は無視できないということですね。

筆者も改めて電蝕対策のむずかしさを知った事例でした。根気強くコロージョンテストをしていただいたオーナー氏に、感謝の意を述べさせていただきます。

Chapter 10

AC系

エアコンにテレビ。快適ボートライフを考える

Chapter 10　AC系

1 ACの配線

発電所や発電機が生み出す電気のことをACといいます。家庭用のコンセントに代表されるように簡単で手軽なイメージがありますが、ボートでは思わぬ事故を招くこともしばしばです。まずはACの基本的な性質について知りましょう。

発電機から生まれるACは、プラスとマイナスを繰り返す

まずは、AC電気の基本的な性質をみてみましょう。ACも基本的な部分はDCと変わりませんが、もっとも異なる点はクルクルと回る発電機によって生み出されているということです。そのため電気の流れる向きが、常に一定の周期で変化します。その電圧の変化をグラフに表すと、0を中心としたプラス側とマイナス側に、山と谷が規則正しく繰り返す波形となるのですが、これを「サインカーブ（正弦波）」と呼んだりします。皆さん、三角関数というのを覚えてらっしゃいますか？　ちゃんと覚えてなくても、何となく円と角度が関係していたな、という感じで思い出していただければ結構です。サイン、コサイン……とかあるヤツですね。クルクル回る発電機と円を使った三角関数、なんとなくイメージが重なりませんか？　そう、サインカーブとは三角関数のグラフなのです。

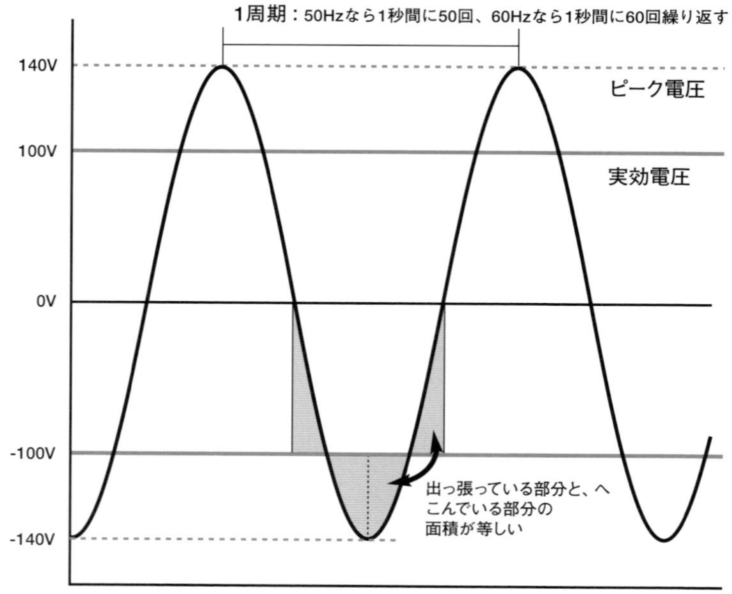

ACの電気が繰り返す波形です。電流の流れる向きや大きさが、常に周期的に変化します。1秒間に繰り返す数を周波数といいますが、東海以北では50Hz、関西では60Hzが普通です

以上のように電気の向きが入れ替わる、つまりプラスとマイナスが交互に繰り返す電気なので「Alternate Current（交互に入れ替わる電流）」、これを略してACと呼ばれています。そして、その繰り返しが1秒間に何回行われるかという値を「周波数」といいます。これが東日本では50ヘルツ、西日本では60ヘルツ、家庭でもお馴染みですよね。一昔前、東から西、あるいは西から東へ引っ越しするときに、洗濯機や電子レンジ、レコードプレーヤーなどを新しい周波数に対応させないと使えない……などということがありましたが、現在ではほとんどの家電製品がユニバーサル対応になっているので、すっかりこの周波数を気にすることがなくなりました。しかしボートの世界では今でもかなり注意が必要です。

ここでひとつ、不思議なことがあります。プラスとマイナスが入れ替わるのに、どうして100ボルトなどと決まった電圧があるのでしょうか？　答えは意外と単純で、マイナス分もプラスと考えて、つまりは平均値をとっているのです。

こうした平均値を「実効電圧」と呼びますが、テスターで計測したときはこの実効電圧を測ることになります。余談になりますが、実際の最大電圧は140ボルトくらいになっているのですよ。まあ、こんなことは知らなくても大丈夫。普通はテスターをつないで表示される電圧が、そのACの電圧だと思っていてまったく問題ありません。一方、電流の大きさに関してはDC系とまったく同じです。

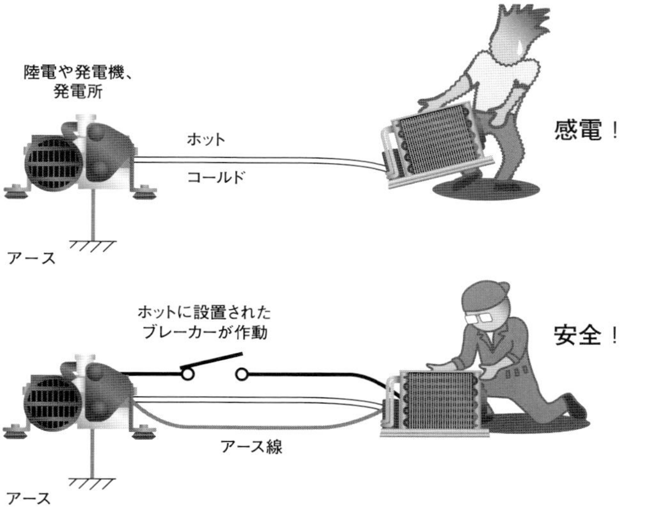

アースをしていないと感電する危険性があります。アースさえすれば感電しませんし、漏電した場合でも、ちゃんとサーキットブレーカーが落ちてくれます

電圧が高く感電の危険性が高い。とくにボートではアースが必須

ACで注意していただきたいことは、なんといっても感電です。DCと違ってACは電圧が高いため、取り扱いを間違えると感電したり、漏電によって火災を引き起こしたりします。バッテリーで使うDCではこういった心配がないですけどね。このためACの配線を扱う作業には、国家資格を有する者しか携わることができません。私たちが作業できるのは、コンセントから先のテーブルタップや、コードリールなどの電線をつなぐことくらいです。とはいってもボートで扱うACには、これら簡単な作業でも一歩間違えれば、感電や漏電の可能性があるということをよく認識しておいてください。経年変化した配線には、潮が付着していたり、腐食していたりと、家庭内のACでは考えられないような危険性が潜んでいるのです。デッキに設置されたコンセントに触るとビリビリする……なんていうのが典型的な例ですね。

そもそも、この感電はどうして起こるのでしょうか？ それは人体に電気の導電性があるからです。本来であれば電線を通っていくはずの電気が、人体を通るほうが簡単な場合、人体の側を選んでしまうのです。例えば手から胴体を通って足へ抜ける……という感じですね。とくに濡れた手なんかで触ったら……言わずもがな、です。そういった意味でも、ボートでACを取り扱うときには注意が必要です。この100ボルトでの感電、通常であればちょっとビリビリするだけで済みますが、場合によっては心臓麻痺などの重大な事態を引き起こします。とくに危険なのが水中での感電。マリーナで泳いではいけないというのも、陸電設備に万一不備があった場合を考えて、ということもあるのです。

経年変化で電線の被覆がボロボロになって銅線が剥き出しになっている……ソルトブリッジができて漏電している……施工時にミスがあった……さまざまな要因が危険となって、ぽっかりと口を開けて待っているのです。また人間が感電するということは、同時にボートも感電しているということになります。ボートは感電していても何も言いませんが、木部で漏電

下がボートに設置されたアース付きのコンセント。差し込むプラグもアース付きの三つ足のものを使います。上はDC用のコンセント。プラスとマイナスを区別するためにT字型のコンセントを使っています

していれば炭化して火を噴きかねないですし、金属部分で漏れていれば人間が感電しかねません。しかも、マリーナ中に漏電した電気が流れれば、自艇だけの問題では済まなくなります。

こういった危険を少しでも回避するために、ボートでのAC系には必ずアース（グランド線）というものが存在します。このアースさえつないでおけば、万一、機器でトラブルがあっても、人体ではなくこのアースを通って電気が逃げてくれます。人体を通るより、アースを通ったほうが簡単だからです。ですからボートでACを取り扱うときは基本的にアースをつなげるのです。家庭内でも洗濯機や電子レンジ、冷蔵庫など、水を使ったり大きな電流を使ったりする機器ではアースをつなぐことが推奨されています。とくに海に浮かぶボートの場合、アースには敏感になりましょう。後々、自分を守ってくれるものですからね。

ホットとコールド、極性の間違いは危険

先ほどACはプラスとマイナスが入れ替わるといったので、ACには極性がないと思った方もいらっしゃるかもしれません。しかし、そんなことはないのです。もちろんDCのようにプラスとマイナスを間違えるということではなく、ACの場合には「ホット」と「コールド」という独自の極性があります。

ACの電気は発電機で生まれるといいましたが、発電機の片側は地球に接続されています。つまりアースですね。そこから延びているコールドは、このアースと基本的に同じです。発電機が回転すると、このコールドを0として、プラスとマイナスの電圧を繰り返すのです。そして、その電気をホットと呼んでいます。つまりコールドは常に0ボルトで、一方のホットが実効電圧100ボルトとなるのです。

家庭内でコンセントを挿すとき、普通はコールド、ホットなど意識しないですよね？ 家庭内ではどちらがどちらでも、さして問題ないからですが、厳密にいうとやはり違いがあって、本格的にオーディオを趣味にしている方などは相当気にするようです。筆者にはわかりませんが、逆につなぐとハム音がでるとか。家庭用のコンセントも、一見すると左右で違いがないように見えますが、実はあるのです。微妙に形が違いますから、一度じっくり見てみてください。左右の差し込みサイズが微妙に違います。幅が長い方がコールドです。ただし配線の色は明確に取り決められていて、壁の裏の配線では必ずコールドは白、ホットは黒となっています。これはボートでも共通の決まりごととなっています。

ACの取り扱いで、とくに気をつける必要があるのがホットの配線です。これを間違えると感電や漏電の危険があります。一方、コールドは電圧が0ですから、いくら触っても感電しません。まずこの違いだけをしっかり覚えてください。ボートではDCとACがゴッチャ混ぜに存在しているうえに、DCのマイナスとACのホットに同じ黒の配線が使われているので、余計に注意が必要です。このホットとコールドの極性を、逆に接続してしまうことを「逆接」といいますが、通常、家庭では問題にならなくても、ボートでは深刻な事態を引き起こすことがあります。

メインスイッチは配電盤。ホットとコールドの両切り

AC系の場合、エアコン、ウォーターヒーター、充電器、テレビ、照明など、各AC機器を、配電盤でオンオフするのがベストです。後述するように、複数のエネルギーソース、陸電、ジェネレーター、インバーターなどですが、それを切り替えるソースセレクターを組み込むためにも、配電盤を設置する必要性が高いのです。

まずこの配電盤から話を進めましょう。配電盤には大元となるACのメインスイッチが設置されています。このACのメインスイッチ、DCのメインスイッチとは異なり、ホットとコールドの両方、同時にオンオフする仕組みになっています。つまり完全に電気が遮断されるわけですね。このようなメインスイッチを装備するAC系の配電盤には、プラス側の電線しか引かれていないDC系の配電盤とは異なり、ホットとコールド、両方の電線が導かれていることがおわかりいただけるでしょう。これに加えて、アースの電線も配電盤近くまで引かれていることが多いですね。また、ACのメインスイッチはブレーカーを兼ねていて、艇の最大電力に応じた容量が決められています。ベーシックに陸電だけを持つ艇では、通常、この容量が30アンペアとなっていることでしょう。ACの電気を使い過ぎると、つまり容量

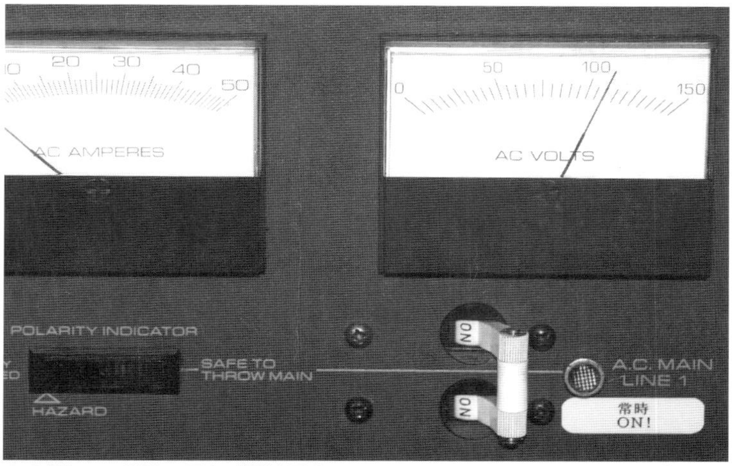

ホット側とコールド側の、両方の極性を同時に切るACのメインスイッチ。ACの大元は、必ずホット側もコールド側も切るようにしなくてはなりません。左側に見えるのがポーラリティーワーニングランプ。陸電の極性が違っていると危険なので、赤く光って知らせてくれます。ブザーが鳴るものもありますね。コードリールなどで陸電を引いている方は、コンセントの挿し込み具合によって、赤く光るのを見たことはありませんか?

を超えるとパチンと音を立てて、ホットとコールド、両方を完全に遮断してしまうというわけです。

このメインスイッチから先は、各AC機器をオンオフするブランチスイッチにつながっています。この区間とそれ以降の配線はDC系の配線と似たような感じで、ブランチスイッチは、ホット側のみをオンオフする、いわゆる片切りのスイッチ、コールド側はバスバー(一般的には細長い棒状の金属板)などで一括りにされていて常時つながっています。唯一の違いは、AC系の場合、各ブランチスイッチもブレーカーとなっているので独立したヒューズが必要ない、ということでしょうか。

ここで注意していただきたいのは、ブランチスイッチはホットのみ、片側しか切らないので、万一、メインスイッチに入力される大元からホットとコールドが逆になっていると、ブランチスイッチを切っても各機器には常にホットからの電圧が掛かっている状態になります。つまり、電気を切ることができなくなってしまうのです。コールド側を切っても何の意味もない……ちょっと怖いですよね。この点だけでも、ACの取り扱いには注意が必要だということが、おわかりになるでしょう。ポーラリティーワーニング(極性注意)ランプが配電盤に設置されているのも道理です。

エネルギーソースは、配電盤で切り替えよう

DC系と違って、AC系には複数のエネルギーソースが考えられます。具体的には、陸電、ジェネレーター、インバーターなどで、これらのエネルギーソースを切り替えるのが、「ソースセレクター」です。例えば陸電とマリンジェネレーターを持つ艇で、停泊中は陸電に、航海中はジェネレーターに、というふうに切り替えます。このセレクタースイッチ、万が一にも2つのエネルギーソースと同時につながらないように、ロータリー型スイッチと、スライド式のカバーがあるトグル型スイッチとがあります。筆者は両方使ったことがありますが、後者の方が好みですね。セレクタースイッチは取り付け場所に困るので、新規に配電盤を設置するなら、予めセレクタースイッチが組み込まれた配電盤を選ぶのがよいと思います。

このセレクタースイッチ、ホットとコールド、その両方を同時に切り替えます。もしこれを片切りのスイッチなどで代用すると、ジェネレーターを壊してしまうことにもつながります。ジェネレーターを搭載できない、小、中型艇でインバーターを使う場合にも、やはりこのセレクタースイッチを使うことをお勧めします。

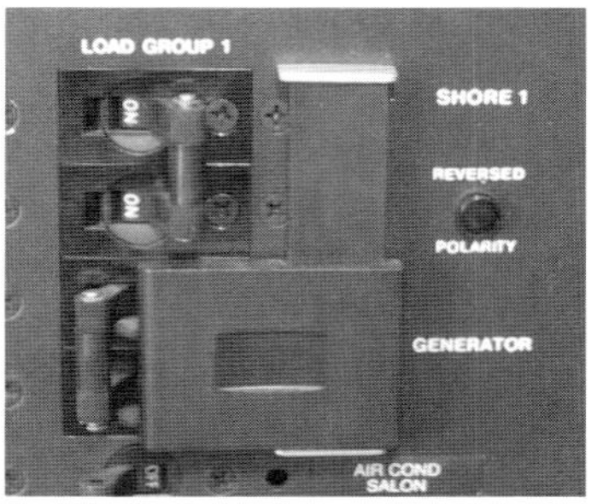

こちらはスライドカバーのついたソースセレクター。陸電とジェネレーターのスイッチにはスライドカバーがついていて、同時に両方を入れることはできないようになっています

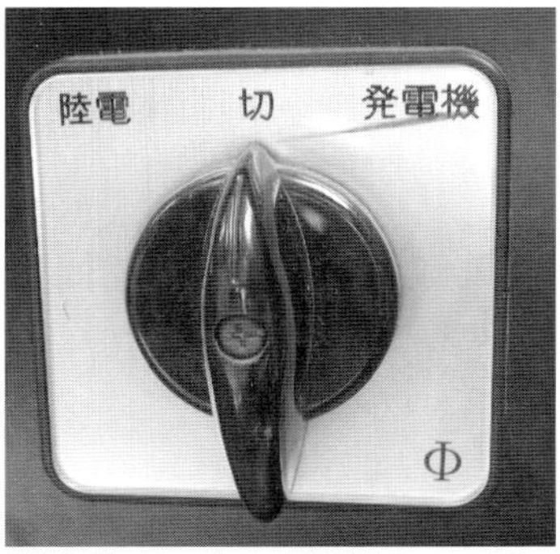

陸電とジェネレーターを切り替える、ロータリー式のソースセレクター

Chapter 10　AC系

2 ACの規格

ACの配線は基本的に電気工事士の資格がないとしてはいけません。一般ユーザーができるのは、テーブルタップをつないだりすることだけです。感電や漏電、火災の危険すらあります。ここではACの基礎知識のみを解説しています。

電圧と周波数、ほかにも位相が関係する

ACにはDCにはない独特の使われ方があります。ACの特徴としてプラスとマイナスが入れ替わることは先にいいましたが、これに関してもうひとつ付け加えることがあります。

サインカーブというのを思い出してください。波形のグラフですが、縦軸が電圧の変化……プラスとマイナスを繰り返していることがわかりますよね。そして横軸、これは角度……すなわち時間の経過……を意味しています。三角関数のsinθでいうθの値ですね。このθが0から90、180、360となって、さらに2回転で720、3回転で1080……というように続いていくのですが、これは実際の発電機も同じです。クルッと1回転していくごとに、同じ波形が繰り返されるのです。

さて、ここで注目して欲しいのはスタート位置です。ここではたまたま0度のところからはじまっていますが、これはあくまで便宜上のもので、回転しながら常に大きくなったり小さくなったりとサインカーブを描きながら変化するので、横の位置に関しては基点というものがありません。これによってDCとは違った性質が生まれます。

仮にここに同じ規格、実効電圧100ボルトで50ヘルツの発電機が2台あったとしたらどうなるでしょうか？　DCの場合、例えば乾電池を2つ直列につないだら電圧が単純に1.5×2で3ボルト、並列につないだとしたら容量が倍となりますよね。ところがACの場合、電圧が一定ではなくサインカーブを描くので、直列でも並列でも単純に足し合わせるということができません。発電機が2台あったとしても、並列運転や直列運転はできないのです。最新のポータブル発電機の中には、コントロールケーブルをつなぐことで並列運転を可能にするタイプがありますが、これはインバーターで生み出される電気の位相を電子的にコントロールする、特別な仕組みが内蔵されているからです。一般の発電機では決してできませんから、くれぐれも注意してください。

このようにACには実効電圧や周波数のほかに、サインカーブを横にスライドさせて重ねたり、または、ずらしたりする要素が絡んできます。こうした操作を「位相を合わせる」とか「位相をずらす」などと呼びます。ずらすときはθの値を使って、例えば120度ずらす、などといういい方をします。また、ひとつのサインカーブしかないものを「単相」、複数のサインカーブを、位相をずらして重ね合わせている状態、例えばサインカーブが3つのときは「三相」などと呼びます。この位相をずらせて重ね合わせることによって、少ない電線で多くのACを流すことができるのです。ACにはこういった位相という概念があるということだけ覚えておいてください。

単相100ボルト。家庭でもコンセントでお馴染み

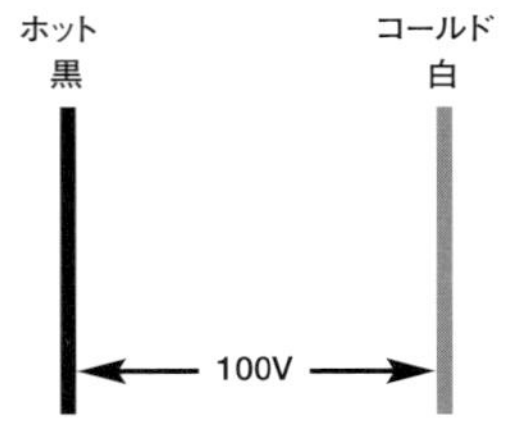

それでは実際のACがどのように使われているかをみていきましょう。それぞれの電圧と位相を組み合わせて呼びますが、代表的なものは単相100ボルト、単相200

ボルト、三相200ボルトなどです。

まずは最も基本的で単純な、単相100ボルト。これは2本の電線によって供給されるACで、家庭内でも一般的に使われているものです。コンセントに来ている電気といってもいいでしょう。一番単純な形ですね。

単相200ボルト。近年増えてきた家庭ACの強化型

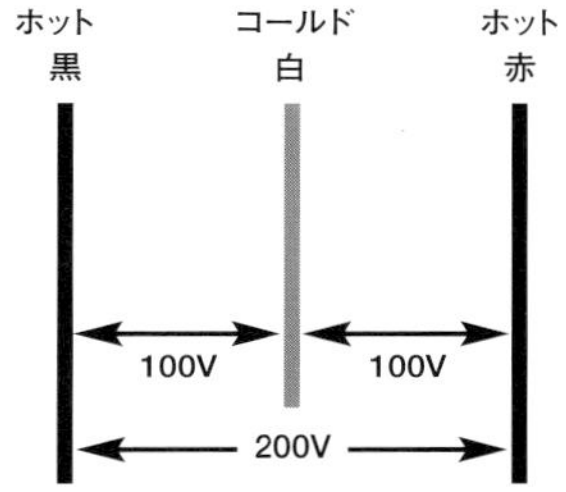

次が単相200ボルトです。これは普通3本の電線で構成され、100ボルトでも200ボルトでも使えるという、たいへん便利な仕組みになっています。近年ではIHクッキングヒーターなどが普及し、この単相200ボルトが引かれている家庭も多いですね。

電線を3本使っているのがミソで、その内訳はホットが2本、コールドが1本となっています。そしてこの2本のホットは、逆位相のサインカーブとなっていています。こうすることによって、どちらか片側のホットとコールドで電気をとると100ボルト、ホット同士でとると200ボルトとなります。

家庭での使い方は、IHクッキングヒーターや大型のエアコンなどの大容量機器なら200ボルトで、一般的な機器では100ボルトで、という具合です。3本の電線で、3つの使い方ができるのですから、よく工夫されていますよね。両端でとれば200ボルト、真ん中と両端どちらかでとれば100ボルトです。

マリンの世界では陸電ポストの配線がこのタイプです。100ボルト仕様の陸電ポストでは、黒-白、赤-白の組に分けられて、2つの差し込み口として使われています。200ボルト仕様の陸電ポストでは、この黒-白-赤の3線式配線が、そのまま差し込み口となっています。ですからY字型アダプターを使って、200ボルト仕様の陸電ポストから100ボルトを2つとれるのですね。

三相200ボルト。送電にも使われる業務用規格

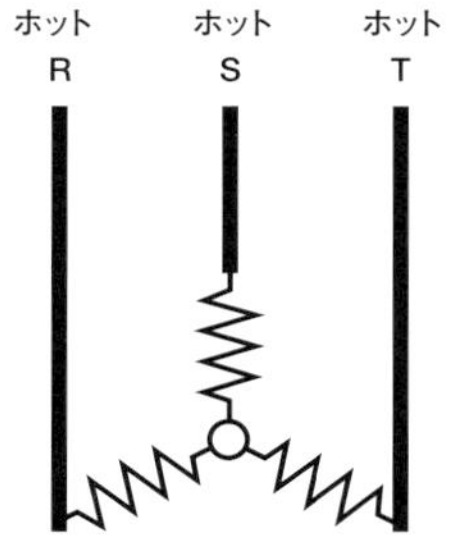

最後が三相200ボルトです。ボートでは使われることはありませんが、一応覚えておきましょう。

これもやはり3本の電線ですが、コールドがなくて、3本ともホットになっています。ただし、R-S、S-T、T-Rに流すACの位相を、120度ずつずらしています。つまり3つの位相があるので三相と呼ばれているのです。こうすると、たった3本の電線で、3つの単相ACを一度に送電することができます。この三相200ボルトは発電所、変電所からの送電線や、大型の工場などに使われています。たった3本の電線から3組の単相ACがとれるので、効率がよいということですね。

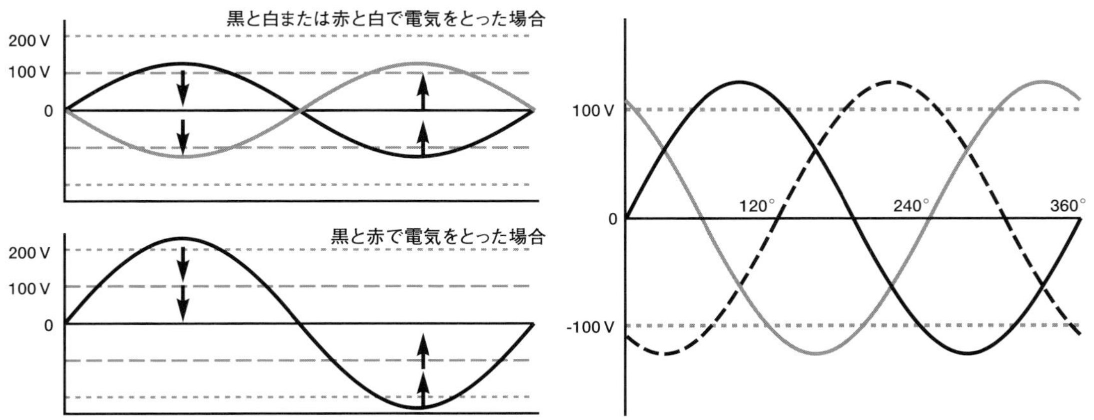

左は単相3線式200VのACを表す模式図です。ニュートラル線と片側のホットでとると100V、両側のホットで取ると200Vの電気がとれます。右は三相のACを表す模式図。120度ずつ位相(波形)のずれたものを合成したものとなっています。主に動力用に使われます

Chapter 10　AC系

3 陸電

近年、設備の整った係留型マリーナが増えてきたこともあって、小、中型艇でも陸電の設備をもつことが増えています。しかし便利な陸電でも高電圧ですから、いい加減な心構えで取り扱うと、思いもよらない事故を招いたりします。

マリーナ側とボート側、陸電設備と陸電ケーブルが必要

ショアパワーとも呼ばれ、快適なボートライフには欠かすことができない陸電。近年では陸電設備の整ったマリーナが増えてきましたから、受電設備を持ち、その恩恵に授かっている小型艇も珍しくありません。もちろんDCだけでも工夫次第でできますが、常にバッテリーの容量と相談しながらということになるので、やはり陸電はなんとも便利なものです。エアコンにテレビ、電子レンジやポットなど、いずれも恒久的なACがないと苦労するものばかり。その中でもとくにエアコンは装備したいもののナンバーワンといえるでしょう。艇の大きさなどの制約から、または予算的な制約から、マリンジェネレーターの搭載は見送らざるを得なかったとしても、せめて陸電をつけてマリーナ停泊中ぐらいは快適に過ごしたいと思う方は多いはずです。

まず、陸電とは陸上の商用電源をボート内に引いてくることをいいます。つまりマリーナ停泊中のボートを陸続きの設備へと変え、自由に電気を使える状態にするのです。この陸電を実現するためには、陸電を供給するマリーナ側の陸電ポストと、陸電を受け取るボート側の受電設備、そして両者をつなぐ陸電ケーブルが必要です。これら一式をまとめて「陸電」と呼ぶのです。ちなみに陸電ケーブルといえば、あの黄色いアメリカはMARINCO社の陸電ケーブルを思い起こす人も多いでしょう。海水と戦うボートの上、利用中も航行中もしっかり防水して、水の浸入や漏電などを防がなければならないため、こういったメーカー製の専用品には一日の長があります。中には安く済ませようと、これを自作しようとする方もいらっしゃいますが、かえって高くつく場合が少なくありません。

近代的マリーナに設置された陸電ポスト。こういった設備のあるところでは、ぜひ積極的に陸電を活用して、ボートのQOLを向上させましょう

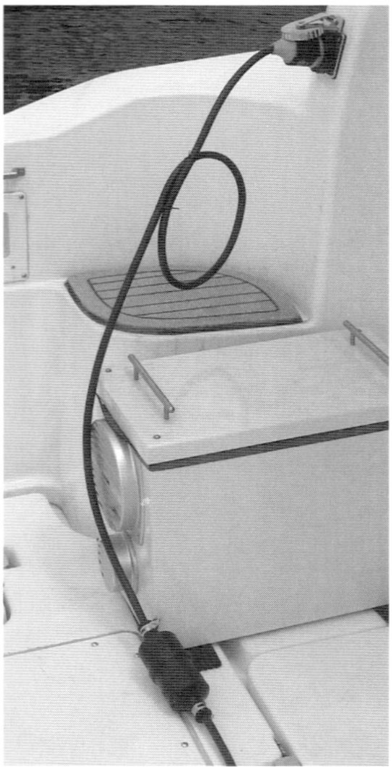

陸電を艇内に引き込んでいる様子。ケーブルはDIYのようです。手前に見えるBOXは、汎用発電機用の防音BOXですね。このオーナーさん、相当の腕前です

ボート側の受電設備には、用途に応じて3つの規格がある

マリーナ側の陸電ポストはさておいて、まずはボート側の受電設備に注目しましょう。ボートの受電設備には、電圧と電流の違いで、いくつかの規格が決められています。

最も一般的なのは「125ボルト30アンペア」の規格。ボートが100ボルト仕様で、使う電流もさして大きくない場合に使われます。最初から受電設備があるボートビルダー製の場合も、ほとんどがこの規格です。電線はホット、コールド、アースの3線式。いわゆる一般家庭のコンセントと同じタイプ、同じ配線です。

次に多いのが「125ボルト50アンペア」の規格。同じく100ボルト仕様のボートに対応していますが、艇が大きく、より多くの電流を必要とする場合に使われています。これも電線はホット、コールド、アースの3線式ですが、電線そのものが太く、マリーナ側の陸電レセプターの形も、30アンペアのものとは違います。もちろん30アンペアと間違えて接続されることを防ぐためです。ただしこの50アンペアの規格を用意しているマリーナはほとんどなく、既存の30アンペアの規格に変換アダプターなどをつけてしのいでいる、というケースが多いようです。

最後が大型艇で使われている「125ボルト/250ボルト50アンペア」の規格です。さすがにこのタイプのケーブルは非常に太くて、艇から出し入れするだけで嫌

筆者の愛艇の陸電インレット。大型艇では、容量の関係で2系統の受電設備を持つものがあります

艇内設置されたガルバニックアイソレーターとトランス。陸電を取るときは、人間と艇の安全のために、必ずアースを取ってガルバニックアイソレーターを入れなければなりません。ボートでの機器が110V仕様になっているので、昇圧トランスを入れることも多いですね。このトランスは単巻の絶縁されていないものなので、ガルバニックアイソレーターも入れています

気が差してしまいますが、200ボルト仕様になっている大型艇では使うよりほか仕方ありません。電線はホット、コールド、ホット、アースの4線式。いわゆる電柱から家庭に引き込まれているタイプと同じです。もちろん陸電レセプターの形も異なります。この規格を持つマリーナは、大型で近代的なものだけに限られます。そのためか、30アンペアの受電設備を2つ持っている大型艇もありますね。この場合、船内の配電盤も系統を2つに分けています。

アースとガルバニックアイソレーター、とくにアースの不備は重大事態に

まず自艇に陸電の受電設備を設置するときは、しっかりとした業者に依頼することが大切です。ホットとコールド、アースやガルバニックアイソレーターなど、その接続のうち1カ所でもミスがあると重大な事態を引き起こしかねません。また受電設備の工事費をケチって一般のコードリールなどで代用していると、ホット、コールドの極性を間違えたり、そもそもアース線がなかったりしますから、感電や漏電、電蝕の危険が著しく高くなります。

なぜ、陸電におけるアースがそこまで重要なのかというと、万が一でも漏電したら、陸上と違って電気の逃げ場がないからです。「海水は電気を通すのだろう？ そっちに逃げるから大丈夫なはず」などと考えていたら大間違い。海水の電気導電率は案外低くて、人体には十分影響するけれど、ブランチスイッチのブレーカーを落とすまでにはいかない、といった漏電状態が延々と続いてしまうことが多いのです。こうなってしまうと、当然艇全体に漏電していますから、艇のあちらこちらを触っただけでビリビリと感電することになります。また、電蝕防止に張り巡らされたボンディングワイヤーに漏電した電気が流れると、金属パーツ、例えばシャフトなどを介して漏電した電気が海中に漂い流れてしまうことになります。万一、このとき水中に人がいると、非常に重大な結果を招くことがあります。桟橋から落ちて心臓麻痺……と診断されていたけれど、実は感電が死因だったと判明……というケースが実際アメリカでありました。係留型のマリーナで水泳してはいけないといわれるのも、もちろん混み合っているので危険という意味合いもありますが、こういった感電の危険性が潜んでいるからなのです。

漏電は目に見えませんが、とくにボートでは非常に危険なものとなるのです。しかしこの危険な漏電事故も、アースさえつないでおけば完全に防ぐことができます。電線は海中やボート、人体よりもはるかに電気の導電性が高く、漏電した電気は必ずアースを流れて出て行きます。しかもこの場合、即座にブレーカーが落ちますし、万一、艇のブレーカーが落ちなくても、マリーナの漏電ブレーカーが落ちます。ただし、アースには必ずガルバニックアイソレーターを入れておかなければいけませんよ。どんどんと愛艇が電蝕されることになりますからね。

ホットとコールド、間違えると、艇全体が100ボルトに帯電

今度はホットとコールド、その極性を逆接したときの危険性について考えてみましょう。これも非常に危険な事態を招くことになってしまいます。

逆接した場合、当然ですが本来ホットの配線であるところがコールドに、コールドの配線であるところがホットになります。この状態でACのメインスイッチをオンすると、その途端、ホットの電気が、常時つながっているブランチスイッチのコールド側を通過し、ボートに積まれている機器すべてに流れます。すべての機器が、100ボルトに帯電すると言い換えてもいいでしょう。

このとき、ちょっと絶縁が悪くなっている個所があると、感電の危険もさることながら、電気がアースに流れ出てしまい、艇に張り巡らされたボンディングワイヤーへ、ひいては艇全体に電気が流れることになります。

つまりエンジンをはじめとする、すべての金属パーツが100ボルトに帯電してしまうのです。もちろん前述のように海中にも漏電しますし、さらには海水に接している金属パーツが、条件次第で凄まじい電蝕を起こしてしまいます。こういった原因で起こる電蝕のことを、英語で「Stray Current Corrosion」と呼びますが、これはいくらジンクをつけても防げません。ACの極性を逆接するということは、こんなにも危険なことなのです。

トラブル防止の切り札、複巻のアイソレーショントランス。これを使えば、ボートと陸は完全に絶縁され、アースや電蝕の心配がなくなります。もちろんこれを使えば、ガルバニックアイソレーターも不要になります

アイソレーショントランス、高価だが、これを使う手も

もしアース線やガルバニックアイソレーターが予め用意されていなかったら、「アイソレーショントランス（複巻のトランス）」という機器を使う手もあります。この機器の中には、鉄心を挟んで2つのコイルが一対あり、この2つのコイルは向き合いながらも距離を置いて配置されていて、電気的につながっていません。2つのコイルをそれぞれ1次、2次だとすると、1次側に電気が流れて電磁気が起こり、その電磁気が2次側に電気を起こすという仕組みになっています。なんと面倒な……と思うのですが、2つのトランスは電気的につながっていない、という点がミソなのです。つまり、入力側と出力側、陸側とボート側が遮断され、不必要な電気、例えば腐食電流などが流れるのを防ぐことができます。また、艇側から見ると、このトランスがあたかも発電所のように見えていて、陸電のホット、コールドの逆接、漏電による感電の心配も必要なくなります。同様の仕組みのものが、電気の質に厳しい規制が設けられている医療現場などでも使われています。このようにたいへん便利なものなのですが、ただし少々値が張ります。3キロワット程度のもので、だいたい5、6万円くらいですかね。まあ、こんな方法もあるという参考までに。

なおトランスの中には、単に電圧を上げ下げするだけのポーラリティートランス（単巻のトランス）というものがあります。海外旅行用の電圧変換機などはすべてこのタイプです。こういった単巻のトランスは、1次側と2次側が電気的につながっているため、アイソレーター（絶縁装置）としては役に立たないので注意してください。

間違った接続手順では、一大事故に発展することも

最後に陸電をつなぐ際の手順を確認しましょう。陸電をつないだり外したりするときは、ボート側とマリーナ側、両方のメインスイッチを切った状態で、陸電ケーブルをつなぎます。しっかりコネクターのリングを締めつけたのを確認してから、マリーナ側、そしてボート側の順で、スイッチを入れます（ボート側はACのセレクタースイッチを陸電に合わせ、メインスイッチを入れます）。そして100ボルトの電圧がボートに届いているのを確認してから、各ブランチスイッチを入れていきます。

外すときはこの逆に、ボート側、そしてマリーナ側の順で、メインスイッチとセレクタースイッチを切ります。そうしてから陸電ケーブルを外しますが、その際、陸電ケーブルはきれいにコイルして片づけましょう。さらにケーブルのエンドに、雨などが入り込まないようにキャップを被せておくとよいですね。この手順をぜひ励行してください。もしボート側もマリーナ側もスイッチを入れた状態で、陸電ケーブルをつなげたり外したりしたらどうなるでしょうか？ 途中うっかり陸電ケーブルを海に落としたらマリーナ全体の漏電ブレーカーを落としてしまうかもしれませんし、不完全な接触状態でコネクターからスパークが飛ぶことだってありえます。ブランチスイッチまでも入った状態だったら、機器を壊してしまうかもしれません。とくに200ボルトの陸電を引いてきて100ボルトで使うようなことをしている艇では、コネクターが接触するか、しないかの一瞬、コールドの接触だけが遅れたら、一気に200ボルト流れてしまいますから、下手すれば火を噴きますよ。こんな危険を未然に防ぐためにも、陸電をつないだり外したりするときは、必ずボート側とマリーナ側、両方の接続スイッチを切ることが必要です。

Chapter 10　AC系

4 航行中にACを使うには

航行中にAC100ボルトが欲しいとき、マリンジェネレーターを使うことが王道ですが、その重量と設置スペースは艇を選んでしまうことも事実です。代用品のインバーターや汎用発電機も一長一短、それらの特徴と注意点を解説します。

大きさと重量、そして価格がネック。本命マリンジェネレーター

このジェネレーター、エンジンとそれによって回される発電機とで構成されています。エンジン部分はごく普通の小型エンジンで、ディーゼル駆動のものも、ガソリン駆動のものもあります。まあボートで使われるものは、ほとんどすべてがディーゼル駆動といっていいでしょう。これには主エンジンの燃料と同じにするという意味合いが強いですね。ガソリン駆動のものは、わずかガソリン艇に積まれているのを見る程度です。ただしガソリン駆動のジェネレーターは、小型軽量、おまけに静かなので、主機の燃料とは異なっていても、あえてこれがチョイスされるケースもあるようです。

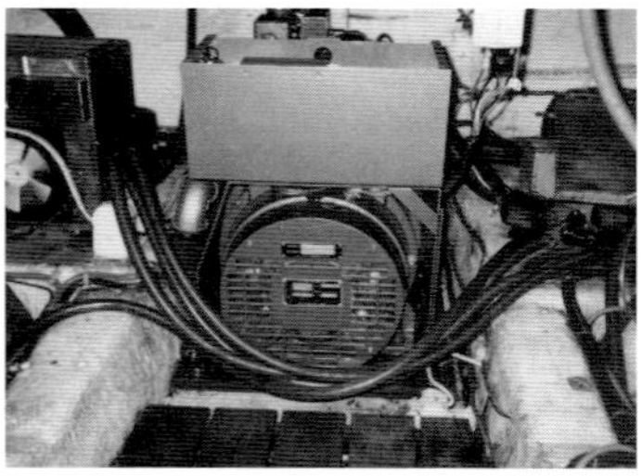

エンジンルームに設置されたマリンジェネレーター。これがあればボートで快適に100Vが使えます。サウンドシールドを装備すると、ぐっと静かになります

一方の発電機側ですが、これはどこにでもある汎用発電機と同じものです。その仕組みは、大小の差はあってもオルタネーターと同じものです。唯一、エンジンの回転数を常に一定に保って、生み出すACの周波数を60ヘルツに調節している……という点だけが特徴ですかね。

さて金銭的なことはさておいて、ジェネレーターを積むにあたっての注意点を挙げていきます。まず問題となるのは、その重量ですね。小型のジェネレーターとはいっても、鉄の塊、エンジンを載せるのですから、重いのは当然です。この重量、25〜28フィートクラスの艇にとっては、決して無視できません。有効乾舷の減少や、航行性能の低下など、由々しき問題を引き起こします。人間2〜3人分重くなるわけですからね。その弊害たるや、ちょっと考えても想像できるでしょう。同じ船体で、船外機とディーゼル船内外機とを選択できる場合でも、船内外機艇の定員が少なかったりしますよね？　それと同じです。こういった理由で、ジェネレーターを後づけで搭載するときは、定員数の削減を覚悟せねばなりません。またボートにとっての重量加算は、自動車の場合よりもさらなる燃費の低下を意味します。このこともよく覚えておきましょう。

またサイズ的にもかなりのスペースが必要ですし、排気や冷却水の取り回しも考えねばなりません。こういった点も、小、中型艇ではネックとなりますね。

マリンジェネレーターのエンジンは機構的にはごく普通の水冷式エンジンになっていますが、唯一、ガバナーと呼ばれる装置で、発電機を常に一定の回転数に保っている点が異なります。通常は毎分1800回転、小型高出力型やガソリン型では毎分3600回転、大型の低騒音型で毎分1200回転といったところですが、負担が掛かっても、掛からなくても、この回転数は常に維持されます。停泊中はこの騒音が気になることも多いので、大型のジェネレーターでは、サウンドシールドと呼ばれる防音箱に収められていることが多くなります。ちなみにこのサウンドシールド、設置スペースが増してしまいますし、施工自体にも手間が掛かり、もちろん費用もかさみます。あとから装備しようと思い立って

も、なかなかむずかしい場合が多いですね。さらに、ジェネレーターがサウンドシールドに覆われてしまうので、メインテナンスがしにくくなってしまうのも気をつけたいポイントです。ある意味、これも弊害といえるでしょう。ちなみにマリンジェネレーターの場合、主エンジンと違って常時注意が払われることがありませんから、万一の油圧の低下やオーバーヒートなどの際には、勝手にシャットダウンしてしまうようにできています。主エンジンでいうところのワーニングブザーが、自動的にエンジンを止めてしまうようなものですね。

始動と停止の際には、無負荷の運転を心がける

さてこんなジェネレーターですが、エンジン側の扱いは通常通りです。ACのメインのスイッチを入れるときは、ジェネレーターを始動して2～3分の暖機運転をしてから、止めるときはACのメインのスイッチを先に切って、ジェネレーターに掛かる負担をなくし、2～3分クールダウンする。この程度で構わないでしょう。あとはオイルと水さえ循環していれば十分です。

一方の発電機側ですが、配電盤のブランチスイッチを入れるとき、消費電力の大きな機器から先につないでやる、という習慣をつけてください。発電機が電気を生み出しているとき、ジェネレーターのエンジンには負担が掛かっています。機器が起動するときには、とくに大きな電流を必要とし、余計エンジンに負担が掛かります。そのため、先にさまざまな機器をつないだ状態で、消費電力の大きな機器をつないでしまうと、ジェネレーターのエンジンには定格以上の負担が掛かることがあります。このとき、当然コイルにも無理が掛かっていることでしょう。具体的な数値としてどのくらい、とはいえませんが、きっとジェネレーターの寿命を縮めていると思います。

たかがスイッチの入れ方と言うなかれ。こういった細かい心遣いの積み重ねが、愛艇を守ることになるのです。とくにジェネレーターを始動するときと、停止するとき、必ずACのメインスイッチは切っておきましょう。これは鉄則です。うっかりエアコンなどを入れっぱなしにしている状態でジェネレーターを回したり止めたりしたら、一気に電圧が下がる分、過大な電流が発電機のコイルに流れて焼けてしまうことさえあるのです。絶対に励行してください。

便利なインバーターは、バッテリー喰いの代表格

どうしてもACが使いたいんだけど、ジェネレーターを載せることまではちょっと……という方は多いでしょう。そんなとき思い浮かべるのが、このインバーターです。インバーターというのは、バッテリーのDC12ボルトからAC100ボルトをつくり出すたいへん便利な機器。

ジェネレーターに比べると格段に小型軽量で、配電盤を持たずとも直に配線をつなぎスイッチを入れるだけで簡単にAC100ボルトが手に入りますから、自動車にインバーターを積んでいる方も多いですよね。こんな便利なインバーターですが、それなりに注意が必要です。その注意とは、なんといってもバッテリーを喰うという点に尽きるでしょう。

インバーターはボートに搭載する機器の中でも、電気喰いの代表格。出力300ワット程度の小さなインバーターでも、変換効率を加味すると最大30アンペア近くの電流を消費します。ざっと見てACの消費電流の10倍、ACで5アンペア喰う機器をインバーターで動かすと、50アンペアのDCを消費するとみてください。電子レンジでしたら短時間ですからなんとかなりますが、それでも小型船外機艇のバッテリーには酷でしょう。いずれにしろ、エアコンのように連続して大電流を必要とする機器をインバーターで運転することは、事実上不可能だと思ってください。

また、こんな大電流を流すのですから、当然バッテリーケーブルのような太い電線が必要になります。それに加えて、万一のショートに備えて300アンペア程度の大容量T字型ヒューズをそろえていく、さらにインバーター用のバッテリーを用意する必要が……となると、最早、安価にお手軽に、というわけにはいかなくなってしまいます。この辺りも注意してください。ただし高級なインバーターの中には、陸電などからAC100ボルトを引いて、自らがバッテリーチャージャーとなるタイプもあって、それを購入すれば別途バッテリーチャージャーを用意する必要がなくなります。その点ではお得といえますけどね。

インバーターの電気は、本物のACと少し波形が違う

このインバーター、どうやってDC12ボルトからAC100ボルトをつくっているのでしょうか？ まずはACの波形、サインカーブのことを思い出してください。

通常のインバーターは、バッテリーから来る定格13.7ボルトのDCを、まずは10倍して一定時間持続し、プラスとマイナスの極性を反転させて、また同じことをして……という作業を、毎秒50回または60回繰り返します。こうすると、プラス側に約140ボルト、マイナス側に同じく約140ボルト、それを50か60ヘルツで繰り返す電気となります。そうして実効電圧が100ボルトとなるように、140ボルトを維持する時間を調整すると、サインカーブ「もどき」ができます。「もどき」というのは、滑らかなサインカーブと違って、上

インバーターの動作原理

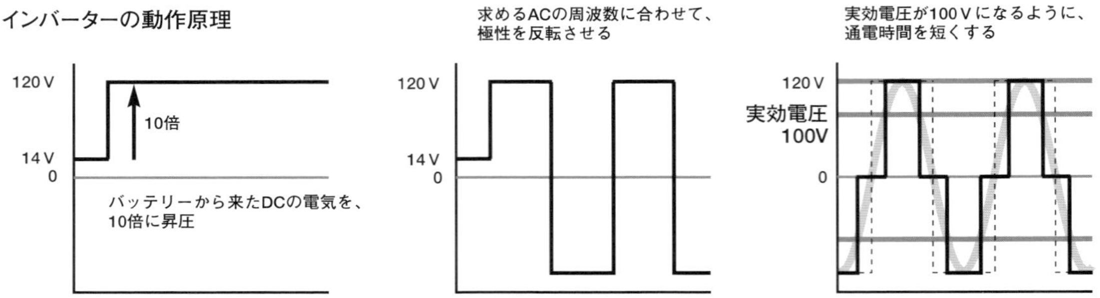

インバーターの動作原理を簡単にいうと、普及価格のものでは、まずバッテリーのDC12Vを10倍してDC120Vに昇圧し、極性を毎秒50回または60回入れ替えるというものです。これで周波数50Hzまたは60Hzの電気が生まれるというわけです。実際のところ満充電されたバッテリーは12.8V程度ありますし、エンジンが動いている間は、オルタネーターから電気が供給され14.0V程度ありますから、それにしたがってインバーターは実効電圧100Vになるように電気を流す時間を短く調整しています。意外と簡単な仕組みだといえるでしょう。最近ではオールトランジスタになりましたが、一昔前は大きなトランスを使って昇圧していました

バッテリー電圧が低くなるとうまく動かなくなる理由

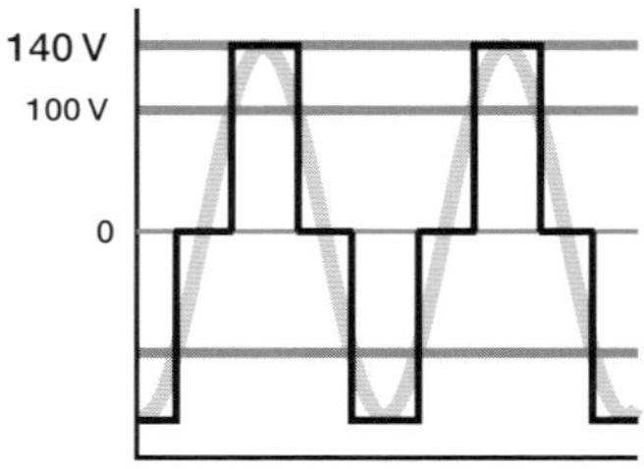

バッテリー電圧が低くなってくると、インバーターにつながれているAC機器が正常に動作しないことがあります。これはインバーターの昇圧倍率が、例えば10倍に固定されているためです。エンジンが動いていてインバーターに供給されるDCの電圧が14Vと十分に高い場合には、インバーターが生み出す電圧も、ピークは140V。これを実効電圧100Vにするために、通電する時間を短くしています。ギザギザとはしているものの、左の状態では、まだなんとなくサインカーブに見えますよね

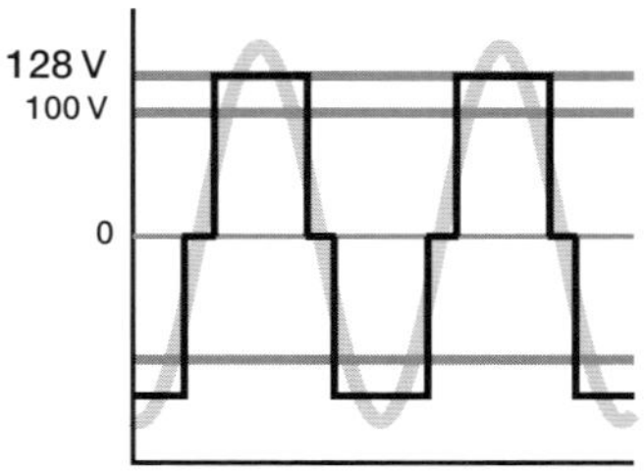

エンジンが止まって、インバーターに供給されるDCの電圧が12.8Vになると、昇圧倍率10倍でピーク電圧は128V。これを実効電圧100Vになるようにすると、通電時間は当然エンジンが掛かっているときよりも長くなります。左のように、だいぶサインカーブの形から崩れてきました。こうなるとAC機器によっては、唸りを上げたり、うまく動かなくなったりするものもでてきます

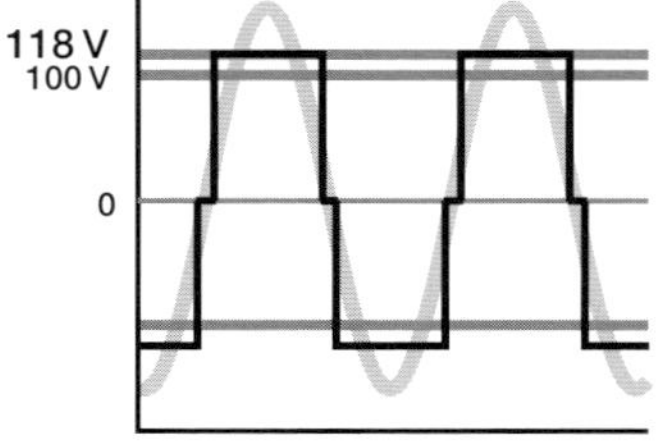

バッテリーが消耗してきたり大電流が使われたりして、インバーターに供給されるDCの電気が12Vを下回ってくると、インバーターは実効電圧100Vを維持しようとして、通電時間をさらに長くし、左のようにサインカーブとは似ても似つかない矩形波になってしまいます。こうなると、ほとんどのAC機器が正常に動作しなくなってしまいます。以上が、バッテリー電圧が下がるとAC機器が正常に動かなくなる理由です

手軽にバッテリーからAC100Vを生み出すインバーター。消費電力が大きいので、バッテリーの負担には注意が必要です

高級インバーターの波形

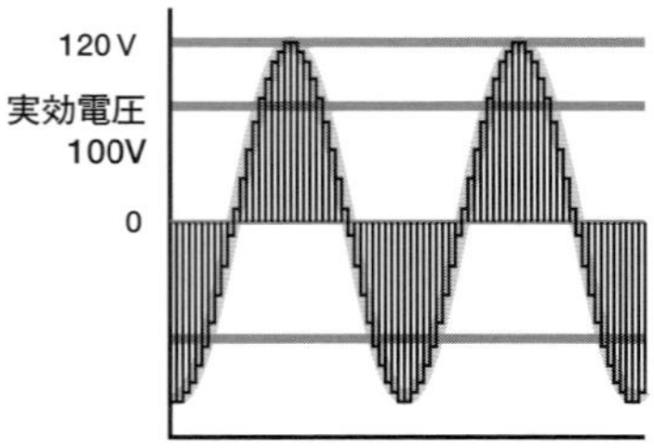

「PureSignWave」などと銘打たれて販売されている高級インバーターの波形です。昇圧倍率が可変になっていて、入力されたDCの電気を非常に細かな矩形に分けて、サインウェーブとそっくりな形をつくりだします。これならばデリケートなAC機器でも、ちゃんと動きますよね。ただし、目の玉が飛び出るくらい高額なのが玉に瑕です

下にカクカクッとした長方形が繰り返す波形となるからです。こうした波形を「矩形波」と呼びますが、普通のインバーターが生み出す電気は皆これです。ちなみに矩形(くけい)とは長方形のことです。この方式は「Modified Sign Wave(擬似正弦波)」などとも呼ばれていますが、まさにAC「もどき」といったところです。これでもたいていの機器は「騙されて」なのか、はたまた「嫌々ながら」なのか働いてくれます。

バッテリーが消耗すると、次第に波形が崩れてくる

ところがインバーターを使っていて、どうもテレビがチラチラする、空気清浄機などが唸る……などの症状が出ることがあります。とくにエンジンを止めた停泊中がひどいですね。こういうときは、まずバッテリーの電圧低下を疑ってください。バッテリーのパワーが限界近くに来ているのです。インバーターの電圧倍率係数は決まっていますから、バッテリーからの入力電圧が下がると、長方形の横を長くして、実効電圧100ボルトを保とうとします。このためサインカーブ「もどき」の形がさらに崩れてきて、機器が動かなくなるのです。当たり前といえばそれまでですが、高度な電子回路を持った機器ほど弱いですね。テスターで測れば確かに実効電圧100ボルトを維持しているかもしれませんが、波形がサインカーブと似ても似つかないものになっているのでしょう。ことさら大電流が必要なエアコンを使っていると、余計にバッテリーの電圧は下がり気味。するとできあがるAC「もどき」の品質はますます下がる一方……という悪循環が起こります。こうなるとインテリジェントタイプのエアコンなどは、動くほうがおかしいという状況になってしまいます。こういったトラブルを回避するために、本物のサインカーブと区別できない高品質な電気を生み出す超高級インバーターもありますが、なにしろ目の玉が飛び出るくらい高価ですから、とても気軽に使えるものではありません。

インバーター使用には、専用バッテリーの増設が必須

インバーターの使用中に機器の動きがおかしくなってきたら、一にも二にもバッテリーの電圧を疑ってください。バッテリーが元気だとしても、エンジンが動いていなければ12.6ボルトぐらいがせいぜいですが、エンジンが動いていれば14ボルト近くまでいくはず。この差が、機器を正常に動かすか否かの境目になり得るのです。もちろん同じテレビでもメーカーや機種によって、電源の品質に敏感なものや、鈍感なものまでありますが、まさか店頭で試すわけにはいきませんよね。買うときはちょっとドキドキしてしまいます。まあ一種の賭けのようなところがあるのは、仕方がないところです。経験的には、やはり余計な電子回路のついていない単純な製品のほうが強いように思います。

最後にインバーターを使ううえでの注意を繰り返しますが、インバーターを使うときには決してバッテリーのことを忘れないでください。インバーターを使い過ぎてエンジンが掛からなくなってしまったら、こんなに情けないことはありません。インバーター用のバッテリーは、エンジン用のものと完全に分離することが基本です。これを怠ると「バッテリーエンコ」しても文句はいえませんよ。

安価な汎用発電機では、それなりに制約が多い

小、中型艇にお乗りの方で「愛艇にも100ボルトが欲しい……」と思われている方は多いと思います。一番の望みはエアコンでしょうか? このためにはACが必須ですからね。でもマリンジェネレーターはかさ張って置く場所がないし、何より高額で手が出ない……どうせ自分には高根の花……と諦めている方も多いかと思います。しかし、なんであんなに高いんでしょうかね? 家では普通に使える電気を得るために、軽く100万円を超えてしまうのですから、めげてしまう気持ちもよくわかります。最近は安価な小型タイプが登場していますが、それでも高額であることは変わりません。カタログを見ながら呻吟する毎日が続きます。それではインバーターを……と考えても、先の通り大電力を連続して使うのには向いていないのです。

そんな思い悩む日々が続くとき、ホームセンターに並んでいる空冷の汎用発電機は安価で魅力的な存在です。思いあぐねて、この汎用発電機を載せてしまおうかと画策する方も多いと思います。し

かし元々開けた土地で使うためのものですから、ボートで使うのにはさまざまな制約や危険性を伴います。このことをしっかりと覚えておいてください。

汎用発電機の騒音は、実質的に防ぎようがない

空冷の汎用発電機は、第一に音がかなりうるさいです。野外イベントなどで使われているような300ワットや500ワットぐらいの、ごく小型のものでも結構賑やかな音を立てています。ああいった開けた場所で使うにはまだ気になりませんが、ボートでは、とくに停泊中ではかなり煩わしく感じます。ましてや2キロワットもあるような大型の汎用発電機では、その騒音は耐えがたいほどだったりします。買ってから後悔しないように、買うなら「覚悟の上」で購入してください。実は筆者もこのクチだったりして、ははは。ところで、この騒音をなんとかしようと、イケスの中に入れてしまおうか、はたまた防音箱をつくってそこに入れてしまおうか、などと色々取り組んでいる事例を見掛けますが、筆者としてはいずれもお勧めできません。その理由のひとつに、まず冷却の問題があります。こういった空冷の汎用発電機は、空気の自然な流れでエンジンを冷却しているため、外部に相当の熱を発します。それを狭い空間に閉じこめてしまうのですから、よほど効率よく換気しないと最悪ガソリンが沸騰してしまうことにもなって、危険なことこの上なしです。さらに、これも換気にまつわることですが、大量の排気ガスをどう処理するのかという点も難題です。単にコックピットに置いて使ったとしても、この排気の問題は疎かにできません。排気ガスは空気よりも重いので、そのまま運転しているとガンネルに囲まれたコックピットが、排気ガスのプールになってしまいます。この溜まったガスが隙間からキャビンの中に侵入してきたら……と思うと、ゾッとしますよね。ましてや室内で使ったとしたら、あきれてものもいえません。雨に濡れることを理由にキャビン内で汎用発電機を動かして、一酸化炭素中毒で亡くなってしまった事例も実際あります。決して甘く見てはいけません。

とくにディーゼルの場合、エンジンルームに置くのは禁物

さらに念を押しておくと、汎用発電機をディーゼル艇のエンジンルームに持ち込むのは絶対に禁物です。ディーゼルエンジンはガソリンエンジンと違って補機類が防爆形になっていないことがあります。つまりガソリン蒸気が溜まることを想定していないので、いつ補機類からスパークが飛んでもおかしくはないのです。そこへ汎用発電機からガソリンが漏れ出したら……考えるだけでも背筋が凍ります。

ですから筆者としては、短時間の使用、例えば電子レンジのために汎用発電機を使うのであれば十分実用できると思いますが、長時間に渡り、例えばエアコンのために汎用発電機を使うことは、事実上不可能だと思っています。

もちろん、小型のものでも汎用発電機がひとつあると、いざというときとても心強いですけどね。ごく最近では、静穏性能に優れた新世代の汎用発電機が登場していて、ボートオーナーでもこれを愛用している方が多いようです。どうせ買うなら、こういったものを買いたいですね。ただしマリン用のエアコンは想定以上に電気を喰います。1万2000btuのマリンエアコンが、1.6キロワットの汎用発電機でも動かせなかったという事例もありますから、やはり汎用発電機にあまり過度な期待をしてはいけないようです。

最後に、これは補機として使う小型船外機に対する注意と同じなのですが、とくに2ストロークの汎用発電機を使う場合、オイルを燃料に混ぜて燃焼させるものですから、キャブレターがオイルで詰まりやすくなっています。たまにしか使わないのであれば、なおさら詰まりやすいはずです。2ストロークの汎用発電機を使った際には、必ず燃料コックを閉めて、キャブレターから燃料が抜けるまで空運転するなどの配慮が必要です。これは、次回すんなり使うための秘訣ですよ。

コックピットに置かれた空冷の汎用発電機。かなり音がうるさいのは、致し方ないところ。排気ガスが室内に入ってこないように、その処理にはくれぐれも注意してください

あとがき

プレジャーボートの電装系ガイドを目指した本書はいかがでしたでしょうか？　巻頭でも述べましたように、ボートオーナーの多くは「電気は苦手で……」とおっしゃる方が多いようです。

誰しも最初から、わかっているわけではありません。少しずつ分かる範囲でスキルを上げて、ミステリアスな電装系をマスターしましょう。きっと楽しいボートライフが待っているはずです。本書がそうしたビギナーの方の参考になれますように。

著者プロフィール

小川 淳　おがわ あつし

1961年4月東京都大田区の羽田生まれ。舵社刊行のマリン雑誌『ボート倶楽部』では、「ボーティングトラブル一件落着」の連載が100回を超える。町工場で生まれ育ち、父親の仕事を手伝って小学生のころから旋盤を回していた。大学での専攻は工業化学。バッテリーや海水の電気分解、いわゆる電蝕などを研究テーマとする。卒業後は某精密機器メーカーに勤務。会社では、社内技術系システムのソフトウエア開発に携わっている。

少年時代は近所の人に20フィートぐらいの海苔船へ乗せてもらい、羽田周辺の海を闊歩。以来、海と船が大好きとなる。1987年、大学卒業後にオーストラリアのゴールドコーストへ旅行に行き、水上スキーとPWCを体験。帰国後すぐにPWCを購入し、その後、父親とボートを購入し山中湖をベースにマリンスポーツを楽しむ。1995年の東京国際ボートショーを見学して、いよいよ海に出ることを決意。会社の仲間2人と従兄弟4人で、25フィートの中古艇を購入する。その後オーシャンヨット35SS、ウエルクラフト37コズメルと乗り継ぐ。東京都江戸川区にあるIZUMIマリーンがホームポート。現在は2007年6月に乗り換えた、愛艇〈TRITON Ⅳ〉（ティアラ36）で、家族や友人とともに週末のクルージングを楽しんでいる。

電気に強いプレジャーボートオーナーになろう!

電装系大研究

2008年2月18日 第1版第1刷発行
2009年6月18日 第2版第1刷発行

著　者　小川 淳
発行者　大田川茂樹
発　行　株式会社 舵社
〒105-0013
東京都港区浜松町1-2-17
ストークベル浜松町
TEL: 03-3434-5181
FAX: 03-3434-2640

写　真　小川 淳
協　力　IZUMIマリーン
イラスト　木全 圭
校　正　小高照男
装丁・デザイン　佐藤和美
印　刷　図書印刷株式会社

ISBN 978-4-8072-5118-6
定価はカバーに表示してあります。